高等职业教育机电类系列教材
高等职业教育双证制教学改革用书
电切削工职业技能鉴定考核培训教程

数控线切割操作工培训教程

主　编　孙庆东
副主编　徐小青　王传红
参　编　王志伟　李小忠

机 械 工 业 出 版 社

本书是依据《国家职业标准 电切削工》中数控线切割操作工的知识和工作要求，为职业技能鉴定而编写的培训教材。

本书全面系统地介绍数控线切割机床的加工原理和操作，主要内容有数控电火花线切割加工基础知识、数控电火花线切割机床结构、数控电火花线切割编程技术、数控电火花线切割加工工艺、数控线切割操作工（电切削工）职业技能鉴定理论试题和操作技能试题、电火花线切割机床的基本操作。HF 系统线切割机床操作实训、AutoCut 系统线切割机床操作实训等，并介绍提高切割形状精度的方法和线切割加工中常见问题的处理。尤其是针对职业技能鉴定中的操作技能环节，精选典型样题，并进行操作流程的详细讲解，以便读者迅速提高操作技能、增加学习兴趣。

本书可作为电切削工职业技能培训与鉴定考核用书，也可作为大中专、高职、技校等相关院校相关课程的教材，还可以作为数控线切割编程与操作工程技术人员的实用参考书。

本书配有电子课件，凡使用本书作教材的教师可登录机械工业出版社教育服务网（http://www.cmpedu.com）下载，或发送电子邮件至 cmpgaozhi@sina.com 索取。咨询电话：010-88379375。

图书在版编目（CIP）数据

数控线切割操作工培训教程/孙庆东主编. —北京：机械工业出版社，2014.12（2023.6 重印）
高等职业教育机电类系列教材 高等职业教育双证制教学改革用书 电切削工职业技能鉴定考核培训教程
ISBN 978-7-111-45577-6

Ⅰ. ①数… Ⅱ. ①孙… Ⅲ. ①数控线切割-高等职业教育-教材 Ⅳ. ①TG481

中国版本图书馆 CIP 数据核字（2014）第 016315 号

机械工业出版社（北京市百万庄大街 22 号 邮政编码 100037）
策划编辑：王英杰 责任编辑：王英杰
版式设计：霍永明 责任校对：陈秀丽
封面设计：赵颖喆 责任印制：李 昂
北京建宏印刷有限公司印刷
2023 年 6 月第 1 版 · 第 5 次印刷
184mm×260mm · 14.25 印张 · 349 千字
标准书号：ISBN 978-7-111-45577-6
定价：39.90 元

电话服务	网络服务
客服电话：010-88361066	机 工 官 网：www.cmpbook.com
010-88379833	机 工 官 博：weibo.com/cmp1952
010-68326294	金 书 网：www.golden-book.com
封底无防伪标均为盗版	机工教育服务网：www.cmpedu.com

前　言

电火花加工技术是一种利用电能和热能进行加工的新技术，是传统机械切削加工方法的重要补充和发展，是模具制造的重要工艺手段。随着数控技术的发展及其在电火花加工中的应用，电火花加工技术在精密加工与特种加工领域发挥着越来越重要的作用。数控电火花加工是数控、模具专业高技能人才必须掌握的技能。

本书是为了适应职业教育发展和教学改革的需要，根据电切削工国家职业标准和职业资格技能鉴定的要求，以生产实际为目的，并结合职业院校理论教学和实践教学的特点编写而成的。本书加强了针对性和实用性，强化了实践操作技能。

全书共9章，主要内容包括数控电火花线切割加工基础知识、数控电火花线切割机床结构、数控电火花线切割编程技术、数控电火花线切割加工工艺、电火花线切割机床的基本操作、HF系统和AutoCut系统线切割机床操作实训。在内容安排上，将技能鉴定中理论知识考核和操作技能考核分别编排在理论知识和机床操作系统讲解结束后，以符合认知和学习的规律。尤其是数控线切割操作技能考核环节，对精选的样题作了绘图、编程及加工的详细讲解。通过本书的学习，读者可具备数控电火花线切割机床的工艺制订、操作实施的能力。

本书主要特色如下：

(1) 依据《国家职业标准 电切削工》中的知识和技能要求编写，具有很强的实用性和通用性。

(2) 技能操作的样题具有很强的代表性，并对考核流程中的绘图、编程和加工等重要环节进行详细讲解，且样题均经过机床操作验证。

(3) 对CAXA线切割XP系统与机床操作的HF系统及AutoCut系统的综合应用作了操作讲解和有益的探讨，有利于读者掌握多系统操作的方法。

本书编写分工如下：孙庆东编写第4、8、9章，徐小青编写第5、6、7章，王传红编写第3章和附录，王志伟编写第1章，李小忠编写第2章。全书由孙庆东担任主编，徐小青、王传红担任副主编，并由孙庆东完成统稿。

本书在编写过程中参考了苏州工业园区江南赛特数控设备有限公司、苏三光科技有限公司、阿奇夏米尔机电有限公司、沙迪克机电有限公司等企业的技术资料；此外，还参考了一些书籍的案例，这些对本书的编写起到了重要的作用。在此向这些资料和案例的原创作公司和作者一并表示衷心的感谢。

由于笔者知识水平和经验有限，书中难免存在不足之处，恳请广大专家和读者给予批评指正。

本书配有电子课件，凡使用本书作教材的教师可登录机械工业出版社教材服务网(http://www.cmpedu.com)下载，或发送电子邮件至 sunqd17@sina.com 或 cmpgaozhi@sina.com 索取。咨询电话：010-88379375。

编　者

目　　录

第 1 章　数控电火花线切割加工基础知识

1.1　数控电火花线切割加工方法概述

1.1.1　数控电火花线切割加工的产生与发展

电火花加工又称放电加工（EDM），其加工过程与传统的机械加工完全不同。电火花加工是一种直接利用电能、热能加工的方法。加工时，工件与加工所用的工具为极性不同的电极对，电极对之间多充满工作液，主要起压缩放电通道、恢复电极间的绝缘状态及带走放电时产生的热量的作用，以维持电火花加工的持续放电。在正常电火花加工过程中，电极与工件并不接触，而是保持一定的距离（称为放电间隙），在工件与电极间施加一定的脉冲电压，当电极向工件进给至某一距离时，两极间的工作液介质被击穿，局部产生火花放电，放电产生的瞬时高温将电极对的材料表面熔化甚至汽化，使材料表面形成电腐蚀的坑穴。如果能适当控制这一过程，就能准确地加工出所需的工件形状。由于在放电过程中常伴有火花，故而这种加工方法称为电火花加工，日本、美国、英国等国家通常也称为放电加工。

电火花线切割加工（Wire Cut EDM）是电火花加工的重要分支，是在电火花加工基础上发展起来的一种新的工艺形式，它是用线状电极（钼丝或铜丝等）依靠火花放电对工件进行切割加工的，简称线切割。线切割加工技术已得到了迅速发展，逐步成为一种高精度和高自动化的加工方法，在模具、各种难加工材料、成形刀具和复杂表面零件的加工等方面得到了广泛应用。

1870 年，英国科学家普里斯特利（Priestley）最早发现放电对金属的腐蚀作用。在日常生活中，放电对金属的腐蚀作用是比较常见的现象。例如在插拔插头或开断电器开关触头时，常常发生放电而将接触表面烧毛，腐蚀成粗糙不平的凹坑现象。在很长一段时间里，电腐蚀一直被认为是有害的现象，直到 1943 年，前苏联科学家鲍·洛·拉扎林柯夫妇在研究开关触头遭受放电腐蚀损坏的现象和原因时，发现放电时产生的瞬时高温可使局部的金属熔化、汽化而被腐蚀。经过反复的试验研究，拉扎林柯夫妇利用电容器充放电回路发明了第一台实用的电火花加工装置，把对人类有害的电火花烧蚀转化为对人类有益的一种全新工艺方法，开创了人类利用电腐蚀的先河。随后前苏联又于 1955 年制成了电火花线切割机床，瑞士于 1968 年制成了数控电火花线切割机床。电火花线切割加工历经半个多世纪的发展，已经成为先进制造技术领域的重要组成部分。电火花线切割加工不需要制作成形电极，能方便地加工形状复杂的大厚度工件，工件材料的预加工量少，因此在模具制造、新产品试制和零件加工中得到了广泛应用。尤其是进入20世纪90年代后，随着信息技术、网络技术、航空和航天技术、材料科学技术等高新技术的发展，电火花线切割加工技术也朝着更深层次、更高水平的方向发展。

我国是国际上开展电火花加工技术研究较早的国家之一，由中国科学院电工研究所牵头，到20世纪50年代后期先后研制了电火花穿孔机床和线切割机床。电火花成形机床经历了双机差动式主轴头、电液压主轴头、力矩电动机或步进电动机主轴头、直流伺服电动机主轴头、交流伺服电动机主轴头到直线电动机主轴头的发展历程；控制系统也由单轴简易数控逐步发展到对双轴、三轴联动乃至更多轴的联动控制；脉冲电源也由最初的RC张弛式电源逐步推出了电子管电源、闸流管电源、晶体管电源、晶闸管电源及RC、RLC电源复合的脉冲电源；成形机床的机械部分也从滑动导轨、滑动丝杠副逐步发展为滑动贴塑导轨、滚珠导轨、直线滚动导轨及滚珠丝杠副，机床的机械精度达到了微米级；最佳加工表面粗糙度值已由最初的 $Ra32\mu m$ 提高到目前的 $Ra0.02\mu m$，从而使电火花成形加工步入镜面、精密加工技术领域，与国际先进水平的差距逐步缩小。线切割加工机床经历了靠模仿形、光电跟踪、简易数控等发展阶段，在上海张维良高级技师发明了世界独创的快走丝线切割技术后，出现了众多形式的数控线切割机床，线切割加工技术突飞猛进，为我国国民经济，特别是模具工业的发展作出了巨大的贡献。随着精密模具需求的增加，对线切割加工的精度要求越来越高，目前快走丝线切割机床的结构与配置已无法满足生产的要求。在大量引进国外慢走丝精密线切割机床的同时，也开始了国产慢走丝机床的研制工作，至今已有多种国产慢走丝线切割机床问世。我国的线切割加工技术的发展要高于电火花成形加工技术，如在国际市场上除快走丝技术外，我国还陆续推出了大厚度（≥300mm）及超大厚度（≥600mm）线切割机床，在大型模具与工件的线切割加工方面，发挥了巨大的作用，拓宽了线切割工艺的应用范围，在国际上处于先进水平。

1.1.2 数控电火花线切割技术的发展趋势

随着模具等制造业的快速发展，近年来我国电火花线切割机床的生产和技术得到了飞速发展，同时也对电火花线切割机床提出了更高的要求，促使我国电火花线切割生产企业积极采用现代研究手段和先进技术深入开发研究，向信息化、智能化和绿色化方向不断发展，以满足市场的需要。电火花线切割技术未来的发展，主要表现在以下几个方面：

1. 稳步发展快走丝线切割机床的同时，重视慢走丝电火花线切割机床的开发和发展

1）快走丝机床依然稳步发展。快走丝电火花线切割机床是我国发明创造的。由于快走丝有利于改善排屑条件，适合大厚度和大电流高速切割，加工性价比优异，因而在未来较长的一段时间内，快走丝电火花线切割机床仍是我国电加工行业的主要发展机型。目前的发展重点是提高快走丝电火花线切割机床的质量和加工稳定性，使其满足那些量大面宽的普遍模具及一般精度要求的零件加工要求。根据市场的发展需要，快走丝电火花线切割机床的工艺水平必须相应提高，其最大切割速度应稳定在 $100mm^2/min$ 以上，而加工尺寸精度应控制在0.005～0.01mm，加工表面粗糙度应达到 $Ra1\sim2\mu m$。这就需要积极采用各种先进技术，在机床结构、加工工艺、高频电流及控制系统等方面加以改善，重视窄脉宽、高峰值电流的高频电源的开发及应用。

2）重视慢走丝电火花线切割机床的开发和发展。慢走丝电火花线切割机床由于电极丝移动平稳，易获得较高加工精度和较低表面粗糙度值，适于精密模具和高精度零件的加工。我国在引进、消化、吸收的基础上，也开发并批量生产了慢走丝电火花线切割机床，满足了国内市场的部分需要。现在应该加强对慢走丝机床的深入研究，开发新的规格品种，为市场提供更多的国产慢走丝电火花线切割机床。与此同时，还应该在大量实验研究的基础上，建立完整的工艺数据库，完善 CAD/CAM 软件，使自主版权的 CAD/CAM 软件商品化。

2. 进一步完善机床结构设计，改进走丝机构

1）为使机床结构更加合理，必须用先进的技术手段对机床总体结构进行分析。这方面的研究涉及运用先进的计算机有限元模拟软件对机床的结构进行力学和热稳定性分析。为了更好地参与国际市场竞争，还应注意造型设计，在保证机床技术性能和清洁加工的前提下，使机床结构合理，操作方便，外形新颖。

2）为了提高坐标工作台精度，除考虑热变形及先进的导向结构外，还应采用螺距误差补偿和间隙补偿技术，以提高机床的运动精度。

3）快走丝电火花线切割机床的走丝机构是影响其加工质量及加工稳定性的关键部件，目前存在的问题较多，必须认真加以改进。目前已开发的恒张力装置及可调速的走丝系统，应在进一步完善的基础上推广应用。

4）支持新机型的开发研究。目前新开发的自旋式电火花线切割机床、高低双速电火花线切割机床、走丝速度连续可调的电火花线切割机床，在机床结构和走丝方式上都有创新。尽管它们还不够完善，但这类的开发研究工作都有助于电火花线切割技术的发展，必须积极支持，并帮助完善。

3. 积极推广多次切割工艺，提高综合工艺水平

根据放电腐蚀原理及电火花线切割工艺规律可知，切割速度和加工表面质量是一种矛盾，要想在一次切割过程中既获得很高的切割速度，又要获得很好的加工质量是很困难的。提高电火花线切割的综合工艺水平，采用多次切割是一种有效的方法。

多次切割工艺在慢走丝电火花线切割机床上早已推广应用，并获得了较好的工艺效果。当前的任务是通过大量的工艺实验来完善各种机型的各种工艺数据库，并培训广大操作人员合理掌握工艺参数的优化选取，以提高其综合工艺效果。在此基础上，可以开发多次切割的工艺软件，帮助操作人员合理掌握多次切割工艺。

4. 发展计算机控制系统，扩充线切割机床的控制功能

随着计算机技术的发展，其性能和稳定性都在不断增强，而价格却持续下降，为电火花线切割机床开发应用计算机数控系统创造了条件。目前国内已有的基于计算机的电火花线切割数控系统，主要用于加工轨迹的编程和控制，但计算机的资源还没有得到充分开发利用，今后可以在以下几个方面进行深入开发研究：

1）开发和完善开放式的数控系统。进一步充分利用、开发计算机的资源，扩充数控系统的功能。

2）继续完善数控电火花线切割加工的计算机绘图、自动编程、加工规准控制及其缩放功能，扩充自动定位、自动找中心、慢走丝的自动穿丝、快走丝的自动紧缩等功能，提高电火花线切割加工的自动化程度。

3）研究放电间隙状态数值检测技术，建立伺服控制模型，开发加工过程伺服进给自适应控制系统。为了提高加工精度，还应对传动系统的螺距误差及传动间隙进行精确检测，并利用计算机进行自动补偿。

4）开发和完善数值脉冲电源，并在工艺实验基础上建立工艺数据库，开发加工参数优化选取系统，以帮助操作者根据不同的加工条件和要求合理选用加工参数，充分发挥机床潜力。

5）深入研究电火花线切割加工工艺规律，建立加工参数的控制模型，开发加工参数的自适应控制系统，提高加工稳定性。

6）开发有自主版权的电火花线切割 CAD/CAM 和人工智能软件。在上述各模块开发利用的基础上，建立电火花线切割 CAD/CAM 集成系统和人工智能系统，并使其商品化，以全面提高我国电火花线切割加工的自动化程度及工艺水平。

1.1.3 数控电火花线切割加工的特点

数控电火花线切割加工具有如下一些优点：

1）数控电火花线切割加工能加工传统机床及切削方法难以完成或无法完成的结构形状复杂的零件，如冲模、凸轮、样板、外形复杂的精密零件及窄缝等。

2）电极丝在加工中不与工件接触，两者之间的作用力很小，因而不需要电极丝、工件及夹具具有足够的刚度来抵抗切削变形。

3）电极丝不必比工件材料硬，可以加工高硬度、高强度、高脆性、高韧性等难以加工的半导体材料。

4）直接利用电能、热能进行加工，可以方便地对影响加工精度的参数，如加工电流、脉冲宽度、脉冲间隔等进行调整，有利于加工精度的提高，便于实现加工过程的自动化控制。

5）由于线切割加工产生的切缝窄，实际金属腐蚀量很少，能有效地节约贵重材料，提高材料利用率。

6）与电火花成形机床相比，数控电火花线切割机床直接利用线状电极作为工具电极，不需要做专用电极，省去了成形工具电极的设计和制造费用，缩短了生产准备时间。

7）数控线切割加工的对象主要是平面形状，但是除了所加工零件的内侧拐角处有最小圆弧半径的限制外（最小圆弧半径尺寸为电极丝半径 + 放电间隙），其他任何复杂的形状都可以加工。

8）可忽略电极丝损耗。在快走丝线切割加工中采用低损耗脉冲电源，而慢走丝线切割加工采用单向供丝，在加工区总是保持新电极丝加工，故加工精度高。

9）数控线切割机床一般依靠微型计算机来控制电极丝的轨迹和间隙补偿功能，因此在同时加工凸、凹模时，配合间隙可以在一定范围内任意调节。

10）采用乳化液或去离子水作为工作液，不必担心发生火灾，可以昼夜无人连续加工。

11）任何复杂形状的零件，只要能编制加工程序就可以进行加工，因此特别适合小批量零件和试制品的加工。

12）有的数控电火花线切割机床具有四轴联动功能，可以加工上、下异形件，形状扭曲面体，变锥度和球形体等零件。

数控电火花线切割加工的缺点是：不能加工不导电的材料。由于是用电极丝进行贯穿加工，所以不能加工不通孔的零件和阶梯表面。若加工表面有变质层、毛刺等，则需要处理后才能加工。线切割加工有厚度极限，工件过薄或过厚将使加工不稳定，甚至无法进行。另外，与传统切削加工相比，加工效率较低，加工成本较高，不宜加工形状简单的大批量零件。

1.1.4　线切割加工的应用

线切割加工为新产品试制、精密零件加工及模具制造等开辟了一条新的工艺途径，主要应用于以下几个方面。

1）加工模具零件。电火花线切割加工主要应用于冲模、挤压模、塑料模的加工等。电火花线切割加工机床的加工速度和精度在迅速提高，目前已达到可与坐标磨床相竞争的程度。例如中小型冲模，材料为模具钢，过去用曲线磨削的方法加工，现在改用电火花线切割整体加工的方法，制造周期可缩短 3/4～4/5，成本降低 2/3～3/4，配合精度高，不需要熟练的操作工人。因此，一些工业发达国家的精密冲模的磨削等工序，已被电火花成形加工和电火花线切割加工所代替。

2）切割电火花成形加工用的电极。一般穿孔加工用的电极以及带锥度型腔加工用的电极，以及铜钨、银钨合金之类的电极材料，用线切割加工特别经济；同时，电火花线切割也适用于加工微细复杂形状的电极。

3）试制新产品及零件加工。在新产品开发过程中需要单件的样品，使用线切割直接切割出零件。例如试制切割特殊微电机硅钢片定子、转子铁心，由于不需要另行制造模具，可大大缩短制造周期、降低成本。又如在冲压生产时，未制造落料模时，先用线切割加工的试样进行成形等后续加工，得到验证后再制造落料模。另外修改设计、变更加工程序比较方便，加工薄件时还可多片叠在一起加工。在零件制造方面，可用于加工品种多、数量少的零件，特殊难加工材料的零件，材料试验件，各种型孔、型面、特殊齿轮、凸轮、样板、成形刀具。有些具有锥度切割的线切割机床，可以加工出“天圆地方”等上、下异形面的零件。同时还可进行微细加工，如异形槽和标准缺陷的加工等。表 1-1 为电火花线切割加工的应用领域。图 1-1 所示为电火花线切割加工的产品实例。

表 1-1　电火花线切割加工的应用领域

应用领域	具 体 说 明
平面形状的金属模加工	冲模、粉末冶金模、拉拔模、挤压模的加工
立体形状的金属模加工	冲模用凹模的退刀槽加工、压铸模、塑料膜等分型面加工
电火花成形加工用电极制作	形状复杂的微细电极的加工、一般穿孔用电极的加工、带锥度电极的加工

（续）

应用领域	具 体 说 明
试制品及零件加工	试制零件的直接加工、批量小品种多的零件加工、特殊材料的零件加工、材料试件的加工
轮廓量规的加工	各种卡板量具的加工、凸轮及模板的加工、成形车刀的成形加工
微细加工	化纤喷嘴加工、异形槽和窄槽加工、标准缺陷加工

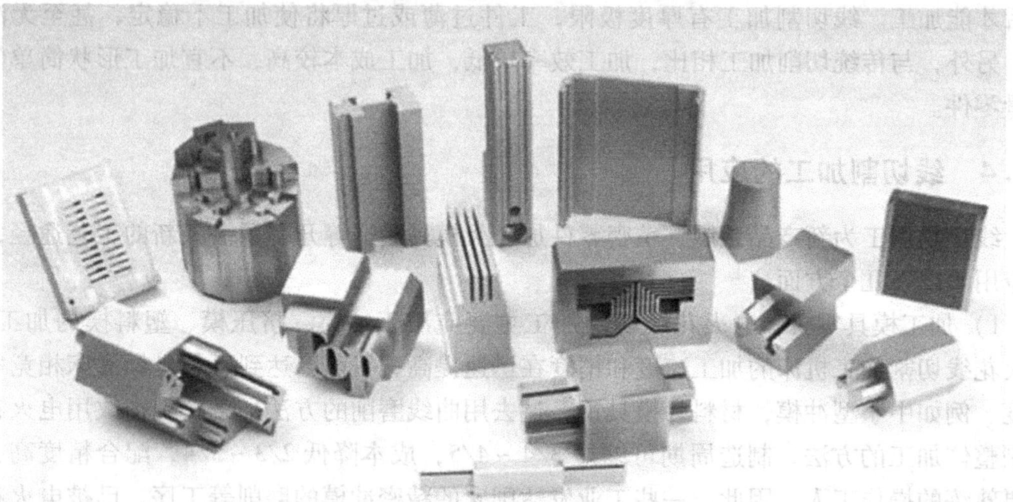

图 1-1 电火花线切割加工产品实例

1.2 电火花线切割加工原理

1.2.1 电火花线切割加工的基本原理

电火花线切割加工原理同电火花成形加工原理一样，利用工具电极（电极丝）和工件两极之间瞬时的脉冲放电产生的高温对工件进行尺寸加工。线切割加工时（图1-2），绕在滚丝筒（又称储丝筒）上的电极丝沿滚丝筒的回转方向以一定的速度移动，装夹在机床工作台上的工件由工作台按预定控制轨迹相对于电极丝做成形运动。脉冲电源的一极接工件，另一极接电极丝；在工件与电极丝之间总是保持一定的放电间隙且喷洒工作液，电极之间的火花放电蚀出一定的缝隙，连续不断的脉冲放电就切出了所需形状和尺寸的工件。

1.2.2 电火花加工的物理本质

电火花放电时，电极表面的金属材料究竟是怎样被蚀除下来的，这一微观的物理过程即所谓的电火花加工机理，也就是电火花加工的物理本质。了解这一微观过程，有助于掌握电火花加工的基本规律，从而能对脉冲电源、进给装置、机床设备等提出合理的要求。每次电火花腐蚀的微观过程是电场力、磁力、热力、流体动力、电化学和胶体化学等综合作用的过程。这一过程大致可分为以下四个连续的阶段：极间介质的电离、击穿，形成放电通道；介质热分解、电极材料熔化、汽化热膨胀；蚀除产物的抛出；极间介质的消电离，如图1-3和图1-4所示。

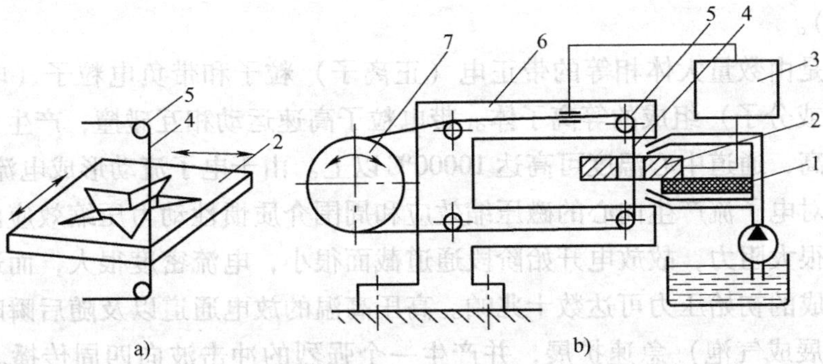

图1-2　快走丝电火花线切割加工原理

a）线切割工艺示意图　b）装置结构

1—绝缘底板　2—工件　3—脉冲电源　4—钼丝　5—导丝轮　6—支架　7—储丝筒

1. 极间介质的电离、击穿，形成放电通道

图1-3所示为矩形波脉冲放电时的电压和电流波形。当80～100V的脉冲电压施加于工具电极与工件之间时（见图1-3a中的0～1段和1～2段），两极之间立即形成一个电场。电场强度与电压成正比，与距离成反比，即随着极间电压的升高或极间距离的减小，极间电场强度也随着增大。由于工具电极和工件的微观表面是凹凸不平的，极间距离又很小，因而极间电场强度是很不均匀的，两极间离得最近的突出点或尖端处的电场强度一般为最大。

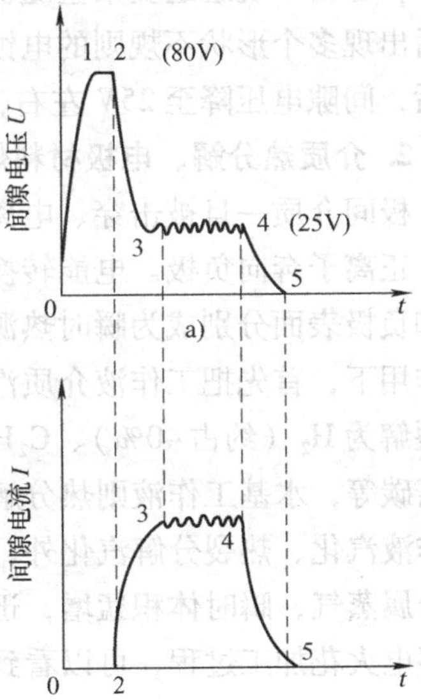

图1-3　极间放电电压和电流波形

a）电压波形　b）电流波形

液体介质中不可避免地含有某些杂质（如金属微粒、碳粒子、胶体粒子等），也有一些自由电子，使介质呈现一定的电导率。在电场作用下，这些杂质使极间电场更不均匀。当阴极表面某处的电场强度增加到10^5V/mm即100V/μm左右时，就会由阴极表面向阳极逸出电子。在电场作用下，电子高速向阳极运动并撞击工作液介质中的分子或中性原子，产生碰撞电离，形成带负电的粒子（主要是电子）和带正电的粒子（正离子），导致带电粒子雪崩式增多，使介质击穿而形成放电通道，如图1-4a所示。这种由于电场强度高而引起的电子发射形成的间隙介质击穿，称为场致发射击穿。同时，由于负极表面温度升高、局部过热而引起大量电子发射形成的间隙介质击穿，称为热击穿。

从雪崩电离开始到建立放电通道的过程非常迅速，一般小于0.1μs，间隙电阻从绝缘状况迅速降低到几分之一欧，间隙电流迅速上升到最大值（几安到几百安）。由于通道直径很小，所以通道中的电流密度可高达 $10^3 \sim 10^4 A/mm^2$。间隙电压则由击穿电压迅速下降到火花维持电压（一般约为 25V），电流则由 0 上升到某一峰值电流，如图 1-3a、b 中的 2 ~3 段至 3 ~4）。

放电通道是由数量大体相等的带正电（正离子）粒子和带负电粒子（电子）以及中性粒子（原子或分子）组成的等离子体。带电粒子高速运动相互碰撞，产生大量的热，使通道温度相当高，通道中心温度可高达 10000℃以上。由于电子流动形成电流而产生磁场，磁场又反过来对电子流产生向心的磁压缩效应和周围介质惯性动力压缩效应的作用，通道瞬间扩展受到很大阻力，故放电开始阶段通道截面很小，电流密度很大，而通道内由瞬时高温热膨胀形成的初始压力可达数十兆帕。高压高温的放电通道以及随后瞬时汽化形成的气体（以后发展成气泡）急速扩展，并产生一个强烈的冲击波向四周传播。在放电过程中，同时还伴随着一系列派生现象，其中有热效应、电磁效应、光效应、声效应及频率范围很宽的电磁波辐射和局部爆炸冲击波等。

关于通道的结构，一般认为是单通道，即在一次放电时间内只存在一个放电通道；少数人认为可能有多通道，即在一次放电时间内可能同时存在几个放电通道，理由是单次脉冲放电后电极表面有时会出现几个电蚀坑。最近的实验表明，单个脉冲放电时有可能先后出现多次击穿（即一个脉冲内间隙击穿后，有时产生短路和开路，接着又产生击穿放电）。另外，也会出现通道受某些随机因素的影响而产生游移、徙动，因而在单个脉冲周期内会先后出现多个形状不规则的电蚀坑，但同一时间内只存在一个放电通道，这是因为形成通道后，间隙电压降至 25V 左右，不可能再击穿而形成第二个通道。

2. 介质热分解、电极材料熔化、汽化热膨胀

极间介质一旦被击穿、电离、形成放电通道后，脉冲电源使通道间的电子高速奔向正极，正离子奔向负极。电能转换成动能，动能通过碰撞又转变为热能。于是在通道内，正极和负极表面分别成为瞬时热源，温度急剧升高，分别达到 5000℃以上。放电通道在高温的作用下，首先把工作液介质汽化，进而热裂分解汽化，如煤油等碳氢化合物工作液高温后裂解为 H_2（约占 40%）、C_2H_2（约占 30%）、CH_4（约占 15%）、C_2H_4（约占 10%）和游离碳等，水基工作液则热分解为 H_2、O_2 的分子甚至原子等。正、负极表面的高温除使工作液汽化、热裂分解汽化外，也使金属材料熔化，直至沸腾汽化。这些汽化后的工作液和金属蒸气，瞬时体积猛增，迅速热膨胀，就像火药、爆竹点燃后那样具有爆炸的特性。观察电火花加工过程，可以看到放电间隙间冒出很多小气泡（图 1-4b），工作液逐渐变黑，并听到轻微而清脆的爆炸声。从超高速摄影中可以看到，这一阶段中各种小气泡最后形成一个大气泡充满在放电通道的周围，并不断向外扩大。

这种热膨胀和局部微爆炸，使熔化、汽化了的电极材料抛出而形成蚀除，相当于图 1-3 中 3 ~4 段，此时 80 ~100V 的空载电压降为 25V 左右的火花维持电压，由于它含有高频成分而呈锯齿状，电流则上升为锯齿状的放电峰值电流。

3. 蚀除产物的抛出

通道和正、负极表面放电点瞬时高温使工作液汽化和金属材料熔化、汽化，热膨胀产生很高的瞬时压力。通道中心的压力最高，使汽化了的气体体积不断向外膨胀，形成一个扩张的气泡。气泡上下、内外的瞬时压力并不相等，压力高处的熔融金属液体和蒸气就被排挤、抛出而进入工作液中。

表面张力和内聚力的作用使抛出的材料具有最小的表面积，冷凝时凝聚成细小的圆球颗粒（直径为 $\phi0.1\sim300\mu m$，随脉冲能量而异），如图 1-4c 所示。图 1-4a、b、c、d 所示为放电过程中四个阶段放电间隙状态的示意图。

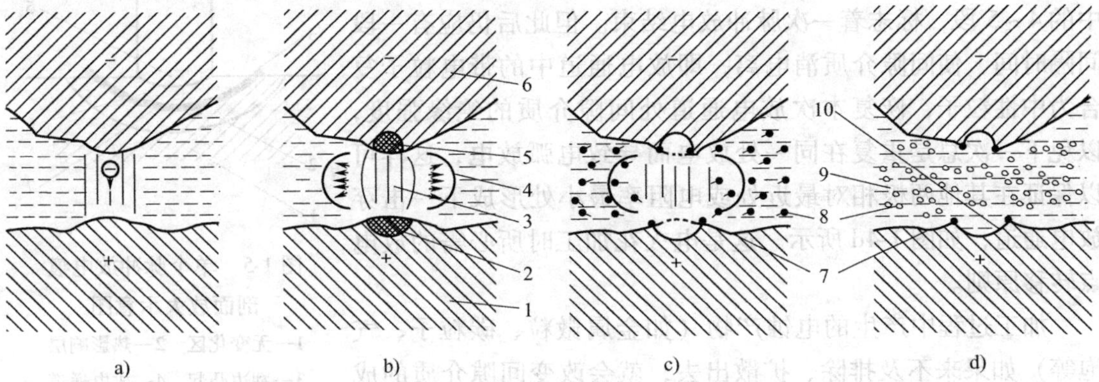

图 1-4　放电间隙状态示意图

1—正极　2—从正极上熔化并抛出金属的区域　3—放电通道　4—气泡　5—在负极上熔化并抛出金属的区域　6—负极　7—翻边凸起　8—在工作液中凝固的微粒　9—工作液　10—放电形成的凹坑

实际上，熔化和汽化了的金属在抛离电极表面时，向四处飞溅，除绝大部分抛入工作液中收缩成小颗粒外，有一小部分飞溅、镀覆、吸附在对面的电极表面上。这种互相飞溅、镀覆以及吸附的现象，在某些条件下可以用来减少或补偿工具电极在加工过程中的损耗。

半裸在空气中进行电火花加工时，可以看到橘红色甚至蓝白色的火花四溅，它们就是被抛出的金属高温熔滴、小屑。

观察电火花加工中铜加工钢后的电极表面，可以看到钢上粘有铜、铜上粘有钢的痕迹。如果进一步分析电加工后的产物，在显微镜下可以看到除了游离碳粒、大小不等的铜和钢的球状颗粒之外，还有一些钢包铜、铜包钢互相飞溅包容的颗粒，此外还有少数由气态金属冷凝成的中心带有空泡的空心球状颗粒产物。

当放电结束后，气泡温度不再升高，但由于液体介质惯性作用使气泡继续扩展，气泡内压力急剧降低，甚至降到大气压以下，形成局部真空，再加上材料本身在低压下再沸腾的特性，使在高压下溶解在过热材料中的气体析出。压力的骤降使熔融金属材料及其蒸气从小坑中再次爆沸飞溅而被抛出。熔融材料抛出后，在电极表面形成单个脉冲的放电痕，其剖面放大示意图如图 1-5 所示。熔化区未被抛出的材料冷凝后残留在电极表面，形成熔化凝固层，在四周形成稍凸起的翻边。熔化凝固层下面是热影响层，再往下才是无变化的材料基体。

总之，材料的抛出是热爆炸力、电磁动力、流体动力等综合作用的结果，对这一复杂的抛出机理的认识还在不断深化中。

因为正极、负极分别受电子、正离子撞击的能量、热量不同，不同电极材料的熔点、汽化点不同，脉冲宽度、脉冲电流大小不同，故而正、负电极上被抛出材料的数量也不会相同，目前还无法定量计算。

4. 极间介质的消电离

随着脉冲电压的下降，脉冲电流也迅速降为零，如图1-3中的4～5段，标志着一次脉冲放电结束。但此后仍应有一段间隔时间，使间隙介质消电离，即放电通道中的带电粒子复合为中性粒子，恢复本次放电通道处间隙介质的绝缘强度，以免下一次总是重复在同一处放电而导致电弧放电，这样可以保证在其他两极相对最近处或电阻率最小处形成下一击穿放电通道，如图1-4d所示。这是电火花加工时所必需的放电点转移原则。

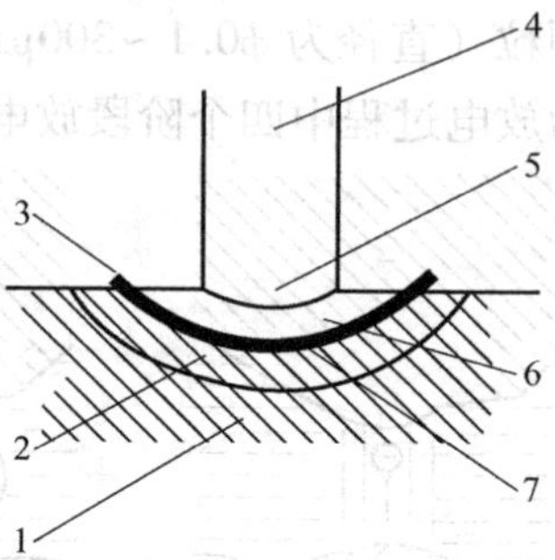

图1-5 单个脉冲放电痕剖面放大示意图

1—无变化区 2—热影响层
3—翻边凸起 4—放电通道
5—汽化区 6—熔化区
7—熔化凝固层

加工过程中产生的电蚀产物（如金属微粒、碳粒子、气泡等）如果来不及排除、扩散出去，就会改变间隙介质的成分和降低绝缘强度。脉冲火花放电时产生的热量如不及时传出，带电粒子的自由能不易降低，将大大减少复合的概率，使消电离过程不充分，结果使下一个脉冲放电通道不能顺利地转移到其他部位，而始终集中在某一部位，导致该处介质局部过热而破坏消电离过程，脉冲火花放电转变为有害的稳定电弧放电；同时，工作液局部高温分解后可能积炭，在该处聚集成焦粒而在两极间搭桥，使加工无法进行下去，并烧伤电极对。

由此可见，为了保证电火花加工过程正常地进行，在两次脉冲放电之间都应有足够的脉冲间隔时间 t_0，最小脉冲间隔时间的确定，不仅要考虑介质本身消电离所需的时间（与脉冲能量有关），还要考虑电蚀产物排离出放电区域的难易程度（与脉冲爆炸力大小、放电间隙大小、抬刀及加工面积、加工深度有关）。

到目前为止，人们对于电火花加工微观过程的了解还是很不够的，如工作液成分作用，间隙介质的击穿，放电间隙内的状况，正负电极间能量的转换与分配，材料的抛出，电火花加工过程中热场、流场、力场的变化以及通道结构及其振荡等，都还需要进一步研究。

1.2.3 数控电火花线切割加工的必备条件

经过多年的生产实际总结，利用电腐蚀现象加工金属材料应具备以下条件：

1）必须使工具电极和工件被加工表面之间保持一定的放电间隙，这一间隙由加工条件而定，通常为0.01～0.1mm。如果间隙过大，极间电压不能击穿极间介质，因而不会产生火花放电；如果间隙过小，很容易形成短路接触，同样也不能产生火花放电。为此，在电火花加工中必须有工具电极的自动进给调节装置，使工件和电极之间保持某一放电间隙。

2）火花放电必须是瞬时的脉冲性放电，放电延续一段时间后（1～1000μs），需停歇一段时间（20～100μs），这样才能使放电所产生的热量不会传导扩散到工件的其余部分，把每一次的放电蚀除点局限在很小的范围内。否则，会形成电弧放电，使工件表面烧伤而无法进行加工。为此，电火花加工必须采用脉冲电源。

3）两极之间应充入有一定绝缘性能的介质。对导电材料进行加工时，两极间为液体介质；进行材料表面强化时，两极间为气体介质。液体介质又称工作液，它们必须具有较高的绝缘强度（10^3～$10^7\Omega\cdot cm$），如煤油、皂化液或去离子水等，以有利于产生脉冲性的火花放电。同时，液体介质还能把电火花加工过程中产生的金属小屑、炭黑等电蚀产物从放电间隙中悬浮排除出去，并且对电极和工件表面有较好的冷却作用。

1.3　数控电火花线切割机床简介

1.3.1　数控电火花线切割机床的分类

1. 机床分类

根据电极丝的移动速度即走丝速度，电火花线切割机床通常分为两大类：一类是快走丝电火花线切割机床（WEDM-HS）或往复走丝电火花线切割机床，如图 1-6 所示，这类机床的电极丝作高速往复运动，一般走丝速度为 8～10m/s，这是我国生产和使用的主要机种，也是我国独创的电火花线切割加工机床，用于加工中、低精度的模具和零件。另一类是慢走丝电火花线切割机床（WEDM-LS）或单向走丝电火花线切割机床，如图 1-7 所示，这类机床的电极丝作低速单向运动，一般走丝速度低于 0.2m/s，这是国外生产和使用的主要机种，用于加工高精度的模具和零件。

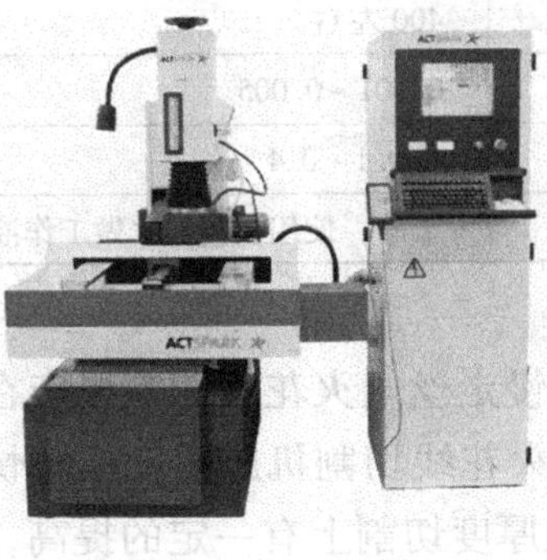

图 1-6　快走丝电火花线切割机床

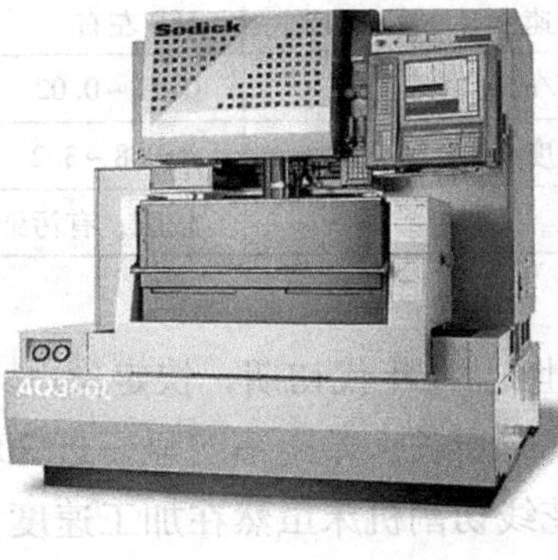

图 1-7　慢走丝电火花线切割机床

2. 快走丝电火花线切割机床与慢走丝电火花线切割机床的主要区别

（1）结构　走丝系统是这两种机床结构上的主要区别。快走丝电火花线切割机床的电极丝是往复移动，电极丝的两端都固定在储丝筒上，因走丝速度高，加工区的电极丝由导丝轮定位。慢走丝电火花线切割机床的电极丝是单向移动，一端是放丝轮，一端是收丝轮，加工区的电极丝由高精度的导向器定位。

（2）功能　慢走丝电火花线切割机床比快走丝电火花线切割机床的功能更完善、先进、可靠。例如，慢走丝电火花线切割机床的控制系统采用闭环控制，电极丝具有恒张力控制的特点，可进行拐角控制、自动穿丝等，这些特点都是大多数快走丝电火花线切割机床所不具备的。

（3）工艺指标　快走丝电火花线切割机床和慢走丝电火花线切割机床的工艺指标见表1-2。

表 1-2　快走丝电火花线切割机床与慢走丝电火花线切割机床的工艺指标

工艺指标	快走丝电火花线切割机床	慢走丝电火花线切割机床
走丝速度/(m/s)	6～10	0.001～0.26
电极丝工作状态	往复运动，反复使用	单向运行，一次性使用
电极丝材料	钼、钨钼合金	黄铜、以铜为主的合金或镀覆材料
电极丝直径/mm	常用值 0.12～0.20	常用值 0.1～0.25
穿丝方式	只能手动穿丝	可手动穿丝可自动穿丝
电极丝长度	数百米	数千米
电极丝张力	上丝后即固定不变	可调节，通常 2.0～25N
运丝系统结构	较简单	复杂
电极丝损耗	均布于参与工作的电极丝全长	忽略不计
脉冲电源	开路电压 80～110V，工作电流 1～5A	开路电压 300V 左右，工作电流 1～32A
单边放电间隙/mm	0.01～0.03	0.003～0.12
工作液	乳化液或水基工作液	去离子水、煤油
导丝结构形式	普通导丝轮，寿命较短	蓝宝石或金刚石导向器，寿命较长
机床价格/万元	2～20	25～150
最大切割速度/(mm^2/min)	180 左右	400 左右
加工精度/mm	0.01～0.02	0.001～0.005
表面粗糙度/μm	*Ra*0.8～3.2	*Ra*0.1～0.4
工作环保	较脏，有污染	干净，使用去离子水做工作液，无害

20 世纪 80 年代初期，快走丝电火花线切割机床与慢走丝电火花线切割机床在工艺指标上还各有所长，差距不明显。近 20 年来，慢走丝电火花线切割机床的发展很快，快走丝电火花线切割机床虽然在加工速度、表面粗糙度、大厚度切割上有一定的提高，并开始采用多次切割（习惯将采用多次切割的快走丝电火花线切割机床称为中走丝电火花线切割机床），但是在加工精度上仍然徘徊不前。从表 1-2 可以看出，快走丝电火花线切割机床比慢走丝电火花线切割机床的工艺指标已经差了一个档次。

1.3.2　数控电火花线切割机床的型号

目前国内使用的电火花线切割机床分国内企业生产的机床和境外企业生产的机床。境外生产电火花线切割机床的企业主要在瑞士和日本两国，主要公司有瑞士阿奇夏米尔公司、日本沙迪克公司、日本三菱机电公司等。境外机床的编号一般以系列代码加基本参数代号来编制，如日本沙迪克的 A 系列、AQ 系列、AP 系列。国内生产电火花线切割机床的企业有主要有苏州三光科技有限公司、汉川机床集团公司等。

我国电火花线切割机床型号是根据 JB/T 7445.2—2012《特种加工机床 第 2 部分：型号编制方法》的规定编制的。例如，快走丝电火花线切割机床型号 DK7732 的含义如下：

D 为机床类别代号，表示电加工机床；

K 为机床特性代号，表示数控；

7 为组别代号，表示电火花加工机床；

7 为型别代号，表示线切割机床；

32 为基本参数代号，表示工作台横向行程为 320mm。

电火花线切割机床的主要技术参数包括工作台行程（纵向行程 × 横向行程）、最大切割厚度、加工表面粗糙度、加工精度、切割速度以及数控系统的控制功能等。

1.3.3　数控电火花线切割机床的常见功能

（1）模拟加工功能　模拟显示加工时电极丝的运动轨迹及其坐标。

（2）短路回退功能　加工过程中若进给速度太快而电腐蚀速度慢，在加工时出现短路现象，控制器会改变加工条件并沿原来的轨迹快速后退，消除短路，防止断丝。

（3）回原点功能　遇到断丝或其他一些情况，需要回到起割点，可用此操作使电极丝回到程序原点。

（4）单段加工功能　加工完当前段程序后自动暂停，并有相关提示信息，如：单段停止！按 OFF 键停止加工，按 RST 键继续加工。此功能主要用于检查程序每一段的执行情况。

（5）暂停功能　暂时中止当前的功能，如加工、单段加工、模拟、回退等。

（6）MDI 功能　手动数据输入方式输入程序功能，即可通过操作面板上的键盘，把数控指令逐条输入存储器中。

（7）进给控制功能　能根据加工间隙的平均电压或放电状态的变化，通过取样、变频电路，不断地定期向计算机发出中断申请，自动调整伺服进给速度，保持平均放电间隙，使加工稳定，提高切割速度和加工精度。

（8）间隙补偿功能　线切割加工数控系统所控制的是电极丝中心移动的轨迹。因此，加工零件时应有补偿量，其大小为电极丝半径与单边放电间隙之和。

（9）自动找中心功能　电极丝自动找正后停在孔中心处。

（10）信息显示功能　可动态显示程序号、计数长度、电规准参数、切割轨迹图形等参数。

（11）断丝保护功能　在断丝时，控制机器停在断丝坐标位置上，等待处理，同时高频停止输出脉冲，储丝筒停止运转。

（12）停电记忆功能　可保存全部内存加工程序，当前没有加工完的程序可保持 24h，随时可停机。

(13) 断电保护功能　在加工时如果突然发生断电，系统会自动将当时的加工状态记下来。在下次来电加工时，系统自动进入自动方式，并提示：

从断电处开始加工吗？按 OFF 键退出！按 RST 键继续！

这时，如果想继续从断电处开始加工，则按下 RST 键，系统将从断电处开始加工，否则按 OFF 键退出加工。

＊说明：使用该功能时不要轻易移动工件和电极丝，否则来电继续加工时，会发生很长时间的回退，影响加工效果甚至导致工件报废。

(14) 分时控制功能　可以一边进行切割加工，一边绘制图形、编写另外的程序。

(15) 倒切加工功能　倒切加工是指从用户编程的反方向进行加工，主要用于加工大工件、厚工件时电极丝断丝等场合。电极丝在加工中断丝后穿丝较困难，若从起割点重切，耗时长，并且重复加工时间隙内的污物多，易造成拉弧、断丝。此时采用倒切加工功能，即回到起始点，用倒切加工完成加工任务。

(16) 平移功能　平移功能主要用在切割完当前图形后，在另一个位置加工同样图形等场合。这种功能可以省掉重新画图的时间。

(17) 跳步功能　跳步功能指将多个加工轨迹连接成一个跳步轨迹（见图 1-8）的功能，它可以简化加工的操作过程。图 1-8 中实线为零件形状，双点画线为电极丝路径。

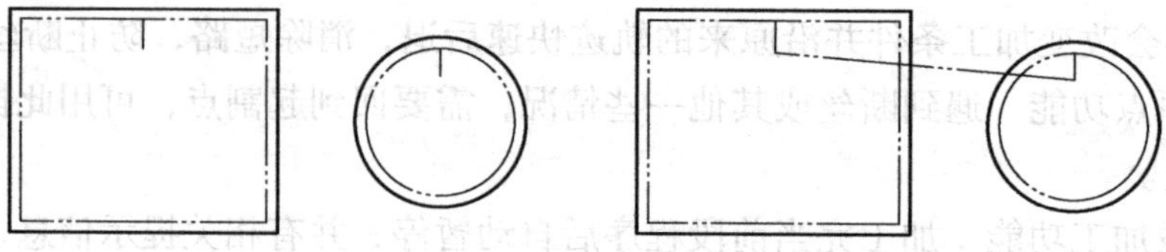

a)　　　　b)

图 1-8　图形坐标

a) 跳步前轨迹　b) 跳步后轨迹

(18) 任意角度旋转功能　任意角度旋转功能可以大大简化某些轴对称零件的编程工艺，如齿轮，只需先画一个齿形，然后让它旋转几次，就可圆满完成。

(19) 代码转换功能　利用代码转换功能能将 ISO 代码转换为 3B 代码等。

(20) 锥度切割功能　利用该功能可加工出具有一定锥度要求的零件。

(21) 上下异形功能　利用该功能可加工出上下表面形状不一致的零件，如上面为圆形，下面为方形等。

第 2 章　数控电火花线切割机床结构

2.1　数控电火花线切割机床的组成

2.1.1　数控快走丝线切割机床的组成

数控电火花线切割机床主要由机床本体、脉冲电源、工作液循环系统、控制系统和机床附件等几部分组成。快走丝电火花线切割机床一般采用箱形床身上安置十字工作台的布局形式，走丝机构和丝架安装在床身上，机床电器箱及脉冲电源放置在机床的一侧，这样布局结构简单，易于操作。机床由床身、工作台、丝架、储丝筒等组成。电极丝的移动由丝架和储丝筒完成，因此，丝架和储丝筒也称为走丝系统。工作台由上滑板和下滑板组成。数控快走丝电火花线切割机床外形如图 1-6 所示，设备组成如图 2-1 所示。

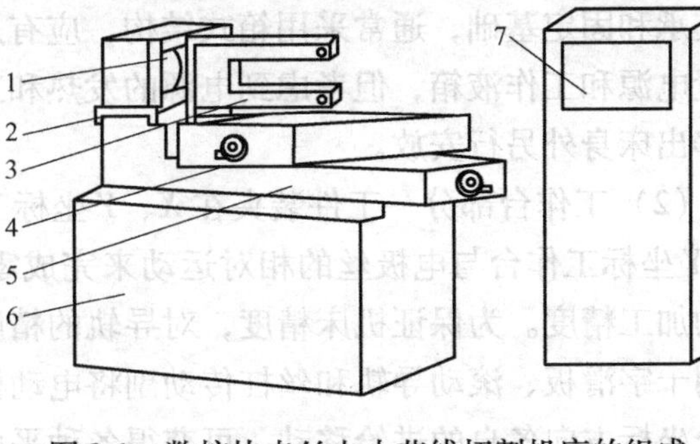

图 2-1　数控快走丝电火花线切割机床的组成

1—储丝筒　2—走丝溜板　3—丝架　4—上滑板　5—下滑板　6—床身　7—电源及控制柜

2.1.2　数控慢走丝线切割机床的组成

与快走丝电火花线切割机床基本相似，慢走丝电火花线切割机床主要由机床本体、脉

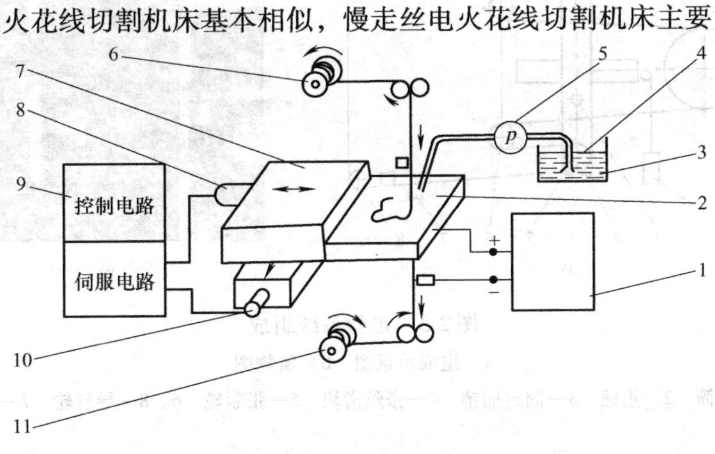

图 2-2　数控慢走丝电火花线切割机床的组成

1—脉冲电源　2—工件　3—工作液箱　4—去离子水　5—泵　6—新丝放丝卷筒　7—工作台　8—*X* 轴电动机　9—数控装置　10—*Y* 轴电动机　11—废丝卷筒

冲电源、工作液循环系统、控制系统等部分组成。由于数控慢走丝线切割机床的走丝速度比较慢，所以两者在整体布局、机械结构及机床外观等方面都存在着较大差异。数控慢走丝线切割机床外形如图1-7所示，设备组成如图2-2所示。

2.2 数控电火花线切割机床结构

2.2.1 快走丝电火花线切割机床结构

快走丝电火花线切割机床由机床床身、X坐标工作台、Y坐标工作台、走丝机构、丝架、工作液箱、附件和夹具等几部分组成。

（1）机床床身　床身一般为铸件，是X坐标工作台、Y坐标工作台、绕丝机构及丝架的支承和固定基础，通常采用箱式结构，应有足够的强度和刚度。一般情况下，床身内部安置电源和工作液箱，但考虑到电源的发热和工作液泵的振动，有些机床将电源和工作液箱移出床身外另行安放。

（2）工作台部分　工件装夹在X、Y坐标工作台上，电火花线切割机床最终都是通过X、Y坐标工作台与电极丝的相对运动来完成零件加工的，因此机床的精度将直接影响工件的加工精度。为保证机床精度，对导轨的精度、刚度和耐磨性都有较高的要求。一般都采用十字滑板、滚动导轨和丝杠传动副将电动机的旋转运动变为工作台的直线运动，通过两个坐标方向各自的进给移动，可获得各种平面图形、曲线轨迹。为保证工作台的定位精度和灵敏度，传动丝杠和螺母之间必须消除间隙。

（3）走丝系统　快走丝电火花线切割机床的走丝系统如图2-3所示。走丝系统使电极丝以一定的速度运动并保持一定的张力。

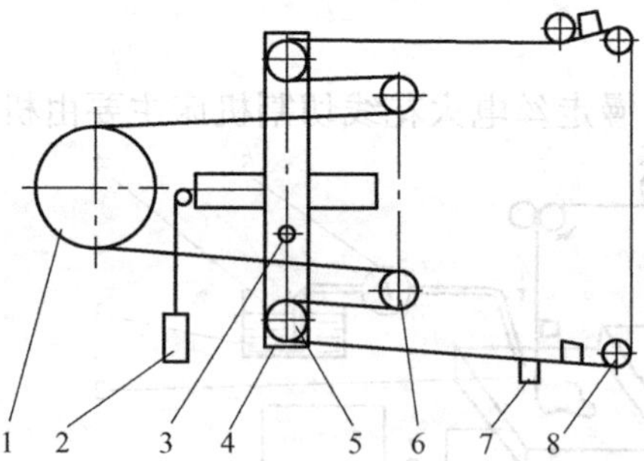

a)

b)

图2-3　走丝系统组成

a）组成示意图　b）实物图

1—储丝筒　2—重锤　3—固定插销　4—张丝滑块　5—张紧轮　6、8—导丝轮　7—导电块

在快走丝线切割机床上，一定长度的电极丝平整地卷绕在储丝筒上（见图2-4a），电极丝张力与排绕时的拉紧力有关，储丝筒通过联轴器与驱动电动机相连。为了重复使用该段电极丝，电动机由专门的换向装置（见图2-4b）控制作正反向交替运转，走丝速度等于

储丝筒周边的线速度，通常为 8～10m/s。在运动过程中，电极丝由丝架支撑，并依靠导丝轮保持电极丝与工作台垂直或倾斜（锥度切割时）一定的几何角度。

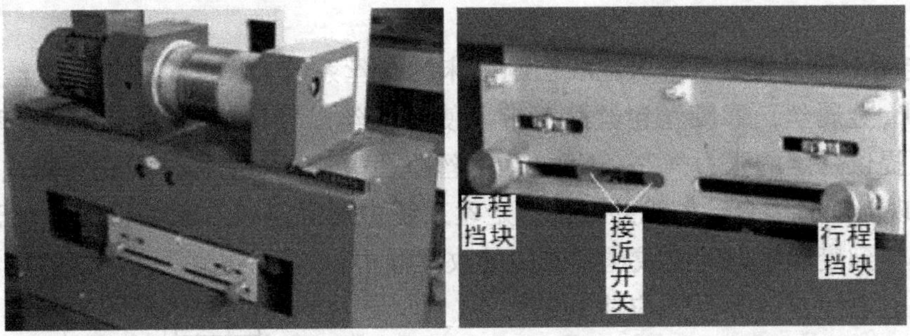

a)　　b)

图 2-4　储丝筒及运丝换向装置

a）储丝筒　b）运丝换向装置

1）导丝轮。图 2-3 所示的导丝轮又称导向轮或导轮。在线切割加工中，电极丝的丝速通常为 8～10m/s，如采用固定导向器来定位快速运动的电极丝，即使是高硬度的金刚石，寿命也很短。因此，采用由滚动轴承支承的导丝轮，利用滚动轴承的高速旋转功能来实现电极丝的高速移动。

2）导电块。导电块有时又称导电器，高频电源的负极通过导电块与高速运行的电极丝连接。因此，导电块必须耐磨，而且接触电阻要小。由于切割微粒粘附在电极丝上，导电块磨损后拉出一条凹槽，凹槽会增加电极丝与导电块的摩擦，加大电极丝的纵向振动，影响加工精度和表面粗糙度。因此，导电块要能多次使用。快走丝电火花线切割机床的导电块有两种：一种是圆柱形，电极丝与导电块的圆柱面接触导电，可以轴向移动和圆周转动，以满足多次使用的要求；另一种是方形或圆形的薄片，电极丝与导电块大面接触导电，方形薄片的移动和圆形薄片的转动可满足多次使用的要求。导电块的材料都采用硬质合金，既耐磨又导电。

3）张力调节器。在加工时电极丝因往复运行，经受交变应力及放电时的热轰击而被伸长，张力减小，影响了加工精度和表面粗糙度。没有张力调节器，就需人工紧丝，如果加工大工件，中途紧丝就会在加工表面形成接痕，影响表面粗糙度。张力调节器（见图 2-3 中件 2、4、5 组成）的作用就是把伸长的丝收入张力调节器，使运行的电极丝保持一个恒定的张力，故也称恒张力机构。图 2-3 中，张紧重锤 2 在重力作用下，带动张紧滑块 4，两个张紧轮 5 沿导轨移动，始终保持电极丝处于拉紧状态，保证加工平稳。

2.2.2　慢走丝电火花线切割机床结构

（1）组成　与快走丝电火花线切割机床一样，慢走丝电火花线切割机床主要由机床、脉冲电源、控制系统等部分组成，如图 2-2 所示。慢走丝电火花线切割机床的数控装置 9 与工作台 7 组成闭环控制，提高了加工精度。为了保证工作液的电阻率和加工区的热稳定，适应高精度加工的需要，去离子水 4 配备有一套过滤、空冷和离子交换系统。从图 2-

2 中可以看出，慢走丝电火花线切割机床与快走丝电火花线切割机床的主要区别是走丝系统。慢走丝电火花线切割机床的电极丝是单向运行，由新丝放丝卷筒 6 放丝，由废丝卷筒 11 收丝。

（2）走丝系统　慢走丝电火花线切割机床的走丝系统如图 2-5 所示。新丝放丝卷筒 2（绕有 1 ~ 3kg 金属丝）靠废丝卷丝筒 1 带动使金属丝以较低的速度（通常 0.2m/s 以下）移动。为了提供一定的张力（2 ~ 5N），在走丝路径中装有一个机械式或电磁式张力机构 4 和 5。为实现断丝时能自动停机并报警，走丝系统中通常还装有断丝检测微动开关。用过的电极丝集中到废丝卷丝筒上或送到专门的收集器中。

为了减轻电极丝的振动，应使其跨度尽可能小（按工件厚度调整），通常在工件的上下采用蓝宝石 V 形导向器或圆孔金刚石模块导向器；其附近装有引电部分，工作液一般通过引电区和导向器再进入加工区，可使全部电极丝通电部分都能冷却。性能较好的机床上还装有靠高压水射流冲刷引导的自动穿丝机构，能使电极丝经一个导向器穿过工件上的穿丝孔而被传送到另一个导向器，必要时也能自动切断并再穿丝，为无人连续切割创造了条件。

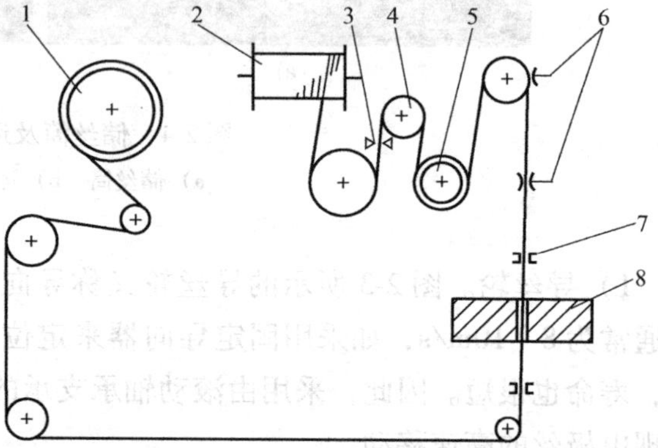

图 2-5　慢走丝电火花线切割机床的走丝系统示意图
1—废丝卷丝筒　2—新丝放丝卷筒　3—拉丝模　4—张力电动机　5—电极丝张力调节轴　6—退火装置　7—导向器　8—工件

在图 2-5 中，加工区两端的导向器 7 是保持加工区电极丝位置精度的关键零件。因此，采用高硬度的蓝宝石或金刚石作为固定导向器，而且要求能够多次使用，但是导向器仍然会磨损。

导向器的结构有两种，一种是 V 形导向器，用两个对顶的圆截锥形组合成 V 形，加上一个做封闭用的长圆柱，形成完整的三点式导向。接触点磨损后，转动圆截锥形和长圆柱，可满足多次使用的要求。另一种是模块导向器，模块的导向孔对电极丝形成全封闭、无间隙导向，定位精度高，但是导向器磨损后需更换。有的机床把 V 形导向器和模块导向器组合在一起使用，称为复合式导向器。

（3）张力控制系统　张力控制系统如图 2-6 所示。这种张力控制系统是利用电极丝的移动速度来控制电极丝的张力的。如加工区的张力小于设定张力，则设定张力的直流电动机增大放丝阻力，调整加工区的张力到设定张力，采用一个有效的阻尼系统将电极丝的振动幅度压到最低。在精加工时，该系统对提高电极丝的位置精度

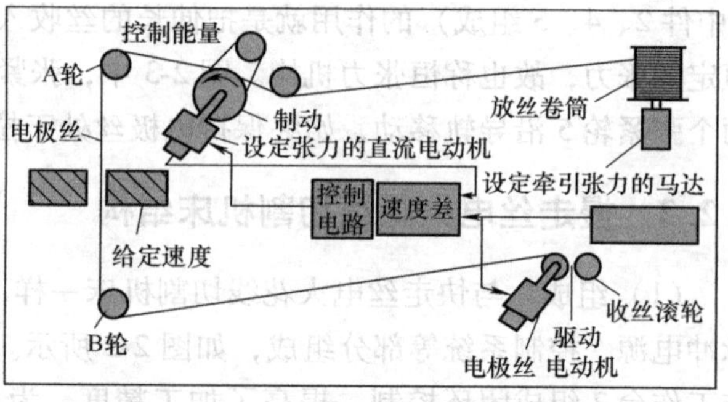

图 2-6　张力控制系统

有很大作用。

（4）自动穿丝装置　在放丝卷筒换新丝、意外断丝、多孔加工时，都需要把丝重新穿过上导向器、工件起始孔、下导向器，高压空气（穿丝气流）首先将电极丝通过导向孔穿入导向器，然后依靠高压水流形成的负压使电极丝在高压冲液水柱的包络下穿入导向器，采用搜索功能，电极丝的尖端在搜索中找到工件起始孔的位置，并可靠地自动插入直径小到 $\phi0.3$mm 的起始孔。

2.3　数控电火花线切割加工机床的脉冲电源

脉冲电源是线切割加工设备的重要组成部分，是影响线切割加工工艺指标最关键的一个组成部分。一台线切割机床加工质量的好坏和加工速度的快慢，在一定条件下，主要取决于脉冲电源的性能。

2.3.1　脉冲电源的要求及分类

1. 数控电火花线切割机床对脉冲电源的要求

电火花线切割加工机床的脉冲电源与电火花成形加工机床的脉冲电源的工作原理相似，但是由于加工条件和加工要求的不同，它们又各有各的特点。电火花线切割加工属于中、精加工，通常工件只需一次加工完成，因此对加工精度、表面粗糙度和切割速度等工艺指标有较高的要求。为了满足电火花线切割加工条件和工艺指标的需要，脉冲电源不仅要满足使用稳定可靠、易于制造和方便维修等一般要求外，还要满足如下要求：

1）脉冲峰值电流要适当，并便于调节。脉冲峰值电流必须适当，不能太大也不能太小。在实际加工中，由于加工精度和电极丝运转张力的要求，电极丝的直径受到限制，不能太粗，因此它所允许的放电峰值电流也就不能太大；此外，由于加工工件具有一定的厚度，要维持稳定的加工，放电峰值电流又不能太小，否则加工将不易稳定进行或根本无法加工。由此可见，线切割加工的放电峰值电流的变化范围不宜太大，一般在 10～35A。

2）脉冲宽度要窄，并可以在一定范围内调节。在电火花线切割加工中，必须控制单个脉冲的能量，使每次放电脉冲在工件上产生的放电凹坑大小适当，从而保证较高的加工精度和较低的表面粗糙度值。当根据加工条件选定脉冲峰值电流后，应尽量减少脉冲宽度。脉冲宽度越窄，放电时间就越短，放电所产生的热量由于来不及扩散而被局限在工件和电极丝间很小的范围内，这样就减少热传导损耗，提高了能量利用率，更重要的是在工件上形成的凹坑不但小，而且分散重叠较好，表面光滑平整，使放电表面凸凹不平度小，从而可以得到较高的加工精度和较低的表面粗糙度值。

当然，线切割脉冲电源的脉冲宽度又不能选择得太窄，否则单个脉冲能量就很小，致使线切割加工速度大大降低，或者加工根本无法进行。

电火花线切割加工机床脉冲电源的脉冲宽度要比电火花成形加工机床脉冲电源的脉冲宽度小得很多，这样，脉冲能量就被控制在一定的范围内。电火花线切割加工机床脉冲电源的脉冲宽度一般在 2～60μs，可根据加工工件的厚度来选择其大小。当工件厚度较小时，脉冲宽度应选择较小值；当工件厚度较大时，脉冲宽度应选择较大值。

3）脉冲重复频率要尽量高。脉冲宽度窄，放电能量小，虽然有利于提高加工精度和降低表面粗糙度值，但会使线切割加工速度大大降低。为了兼顾这几项工艺指标，应尽可能提高脉冲频率，即缩短脉冲间隔，增大单位时间内放电次数。这样，既能获得较低的表面粗糙度值，又能得到较高的加工速度。

但是脉冲间隔也不能太小，否则会使消电离过程不充分，造成电弧放电，同时还会引起加工表面烧伤。因此，应该在维持脉冲放电的前提下，尽量减小脉冲间隔。

一般情况下，线切割加工的脉冲重复频率为5～599kHz。

4）有利于减少电极丝的损耗。在快走丝线切割加工中，电极丝往复使用，若电极丝损耗太大将影响加工精度，同时还会增大断丝的概率。因此，线切割脉冲电源应具有使电极丝保持低损耗的性能，以便能保证一定的加工精度和维持长时间的稳定加工。

在一般加工条件下，性能较好的脉冲电源加工10000mm^{2}的面积时，电极丝的损耗应小于0.001mm，这样电极丝的损耗对加工精度的影响就很小；相反，性能较差的脉冲电源在相同条件下加工相同面积时，电极丝损耗就比较大，有的可达0.02mm之多，由于加工时电极丝直径的变化，将造成明显的加工误差。因此，对于快走丝线切割加工，电极丝的损耗应越小越好。电极丝损耗的大小是脉冲电源性能好坏的重要标志之一。

应该指出，加工条件也是影响电极丝损耗的重要因素。同一个脉冲电源，在不同的加工条件下，电极丝的损耗是不同的，有时相差很大。

5）脉冲电源必须输出单向直流脉冲。使用单向直流脉冲电源时，电火花放电过程中有明显的极性效应，因此在快走丝线切割加工中，一般采用工件接电源的正极，电极丝接电源负极的正极性接法。如果使用交变脉冲电源，加工中就不存在极性效应，但加工速度降低，同时电极丝的损耗也加快。

6）脉冲波形的前沿和后沿以陡一些为好。如图2-7所示，如果脉冲前沿不陡，则汽化爆炸力不强，金属蚀除量少，且击穿点迟早不统一，单个脉冲放电能量差别较大，使加工表面粗糙度不均匀；前、后沿不陡、同时还限制了脉冲频率的提高。为了使脉冲前、后沿陡直，脉冲电源的功率输出级要使用大功率高频管，并在电路中采取措施使之加速导通或截止。但是，前、后沿太陡也会加快电极丝的损耗。

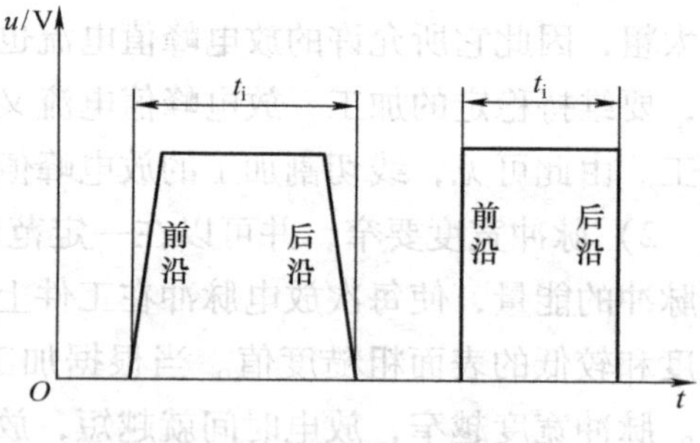

图2-7 开路电压波形

7）参数调节方便，适应性强。在线切割加工中，由于工件的厚度、材质、硬度以及尺寸精度要求，表面粗糙度要求等许多方面的不同，必须根据工件及工件不同的加工要求选择脉冲电源，脉冲电源的脉冲参数应在一定范围内可以方便地调节。

2. 电火花线切割加工用脉冲电源的分类

电火花线切割加工用脉冲电源的种类比较多，按主电路中主要元器件种类可分为晶体管脉冲电源、晶闸管脉冲电源、电子管脉冲电源、RC式脉冲电源等；按间隙状态对脉冲参数的影响可分为独立脉冲电源、非独立脉冲电源；按工作回路数目分单回路脉冲电源和多回路脉冲电源；按输出脉冲波形可分为矩形波脉冲电源、锯齿波脉冲电源、前阶梯波脉冲电源、分组脉冲脉冲电源、梳状波脉冲电源等电源。

2.3.2　典型脉冲电源的工作原理

1. RC 式脉冲电源

RC 式脉冲电源是最早使用的电源，它是利用电容器充电储存电能，然后瞬时放出，形成火花放电来蚀除金属的。因为电容器时而充电，时而放电，一弛一张，故又称“弛张式”脉冲电源（见图 2-8）。由于这种电源是靠电极和工件间隙中的工作液的击穿作用来恢复绝缘和切断脉冲电流的，因此间隙大小、电蚀产物的排出情况等都影响脉冲参数，使脉冲参数不稳定，所以这种电源又称为非独立式电源。

（1）RC 式脉冲电源的优点

1）结构简单，工作可靠，成本低。

2）在小功率时可以获得很窄的脉宽（小于 0.1μs）和很小的单个脉冲能量，可用于光整加工和精微加工。

（2）RC 式脉冲电源的缺点

1）电能利用效率很低，最大不超过 36%，因大部分电能经过电阻 R 时转化为热能损失掉了，这在大功率加工时是很不经济的。

2）生产率低。因为电容器的充电时间比放电时间长 50 倍以上（见图 2-8b），脉冲间歇系数太大。

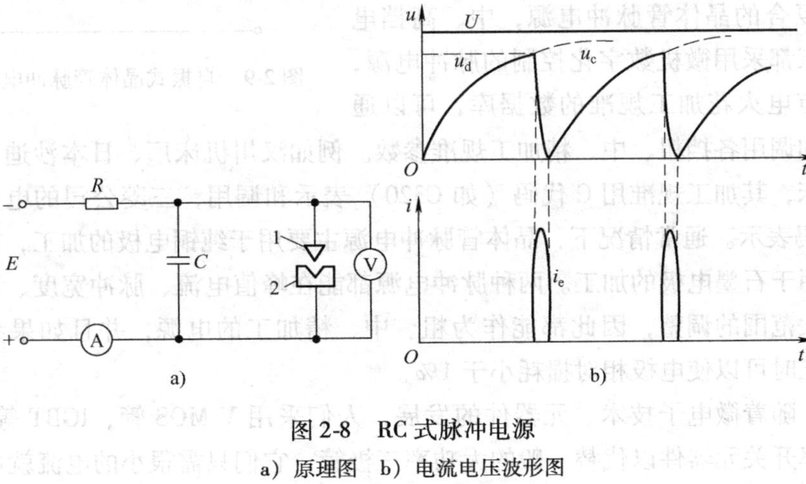

图 2-8　RC 式脉冲电源
a）原理图　b）电流电压波形图
1—工具电极　2—工件

3）工艺参数不稳定。因为这类电源本身并不“独立”形成和发生脉冲，而是靠电极间隙中工作液的击穿和消电离使脉冲电流导通和切断，间隙大小、间隙中电蚀产物的污染程度及排出情况等都会影响脉冲参数，因此脉冲频率、宽度、单个脉冲能量都不稳定，而且放电间隙经过充电电阻始终和直流电源直接联通，没有开关元件使之隔离开来，所以随时都有放电的可能，并容易转为电弧放电。

RC式脉冲电源主要用于小功率的精微加工或简式电火花加工机床中。

2. 晶体管脉冲电源

晶体管脉冲电源是利用功率晶体管作为开关元件而获得单向脉冲的。它具有脉冲频率高、脉冲参数容易调节、脉冲波形较好、易于实现多回路加工和自适应控制等自动化要求的优点，所以应用非常广泛，特别在中、小型脉冲电源中，都采用晶体管式电源。目前晶体管的功率都还较小，每管导通时的电流常选在5A左右，因此在晶体管脉冲电源中，大都采用多管分组并联输出的方法来提高输出功率。图2-9所示为自振式晶体管脉冲电源原理图，主振级Z为一不对称多谐振荡器，它发出一定脉冲宽度和停歇时间的矩形脉冲信号，然后经放大级放大，最后推动末级功率晶体管导通或截止。末级功率晶体管起着“开、关”的作用，它导通时，直流电源电压U即加在加工间隙上，击穿工作液进行火花放电；当晶体管截止时，脉冲结束，工作液恢复绝缘，准备下一脉冲的到来。为了加大功率，并可调节粗、中、精加工规准，整个功率级由几十只大功率高频晶体管分为若干路并联，精加工只用其中一路或二路。为了在放电间隙短路时不致损坏晶体管，每只晶体管均串联有限流电阻R，并可以在各管之间起均流作用。

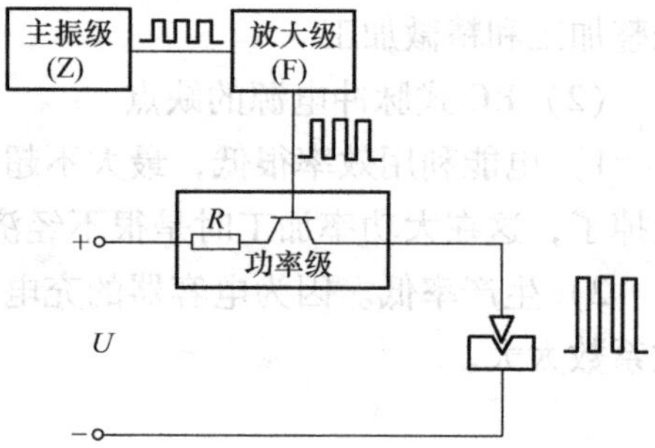

图2-9 自振式晶体管脉冲电源原理图

晶体管脉冲电源是近年来发展起来的以晶体元件作为开关元件的用途广泛的电火花脉冲电源，其输出功率大，电规准调节范围广，电极损耗小，故适用于型孔、型腔的加工。晶体管脉冲电源已越来越广泛地应用在电火花加工机床上。

目前普及型（经济型）的电火花加工机床都采用高低压复合的晶体管脉冲电源，中、高挡电火花加工机床都采用微机数字化控制的脉冲电源，而且内部存有电火花加工规准的数据库，可以通过微机设置和调用各挡粗、中、精加工规准参数。例如汉川机床厂、日本沙迪克公司的电火花加工机床，其加工规准用C代码（如C320）表示和调用，三菱公司的电火花加工机床则用E代码表示。通常情况下，晶体管脉冲电源主要用于纯铜电极的加工，晶闸管脉冲电源则主要用于石墨电极的加工。两种脉冲电源都能在峰值电流、脉冲宽度、脉冲间隔等参数上作较大范围的调整，因此都能作为粗、中、精加工的电源，并且如果参数选择合理，在粗加工时可以使电极相对损耗小于1%。

近年来，随着微电子技术、元器件的发展，人们采用V-MOS管、IGBT等集成芯片、组件的大功率开关元器件以代替一般的大功率三极管，它们只需很小的电流就可以驱动10～100A的电流和100～500V的电压。为进一步提高有效脉冲利用率，满足高速、低耗、稳定加工以及一些特殊需要，在晶闸管脉冲电源或晶体管脉冲电源的基础上，派生出不少新型电源和线路，如高低压复合脉冲电源、多回路脉冲电源以及多功能电源等。

3. 阶梯波脉冲电源（低损耗电源）

实践证明，如果每个脉冲在击穿放电间隙后，电压及电流逐步升高，则可以在生产率不太降低的情况下，大大减少电极丝的损耗，延长电极丝重复使用的寿命，提高加工精度，这对快走丝线切割加工具有很大的意义。这种脉冲电源就是阶梯波脉波电源，一般为前阶梯波，其电流波形如图2-10所示。前阶梯波是由矩形波组合而成的，可由几路起始脉冲放电时间顺序延迟的矩形波叠加而成。

4. 高频分组脉冲和梳状波脉冲电源

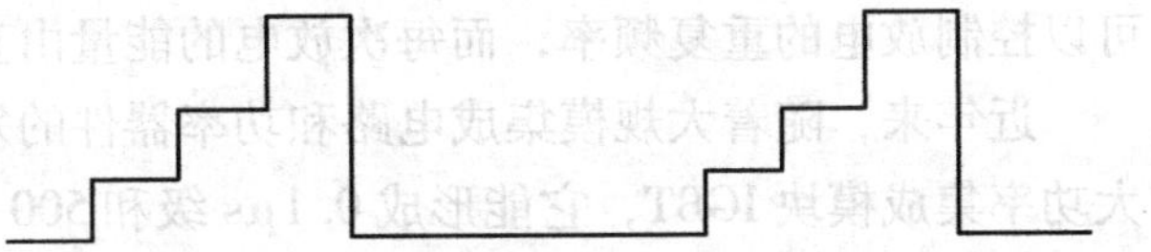

图2-10　前阶梯波波形

高频分组脉冲和梳状波脉冲波形如图2-11所示。这两种波形在一定程度上都具有高频脉冲加工后工件表面粗糙度值小和低频脉冲加工速度高的双重优点，因而得到了普遍的重视。梳状脉冲电源波形不同于分组脉冲电源波形之处在于脉冲期间电压不过零，始终加有一个较低的正电压，其作用为进行中、精规准负极性精加工时，使正极工具能吸附炭黑膜，获得更低的电极损耗。

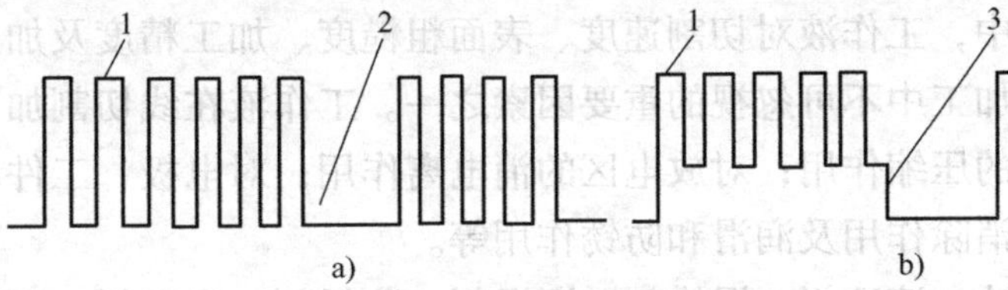

图2-11　高频分组脉冲和梳状波脉冲电源波形

a）高频分组脉冲电源波形　b）梳状波脉冲电源波形

1—高频脉冲　2—分组间隔　3—低频低压脉冲

5. 并联电容型脉冲电源

并联电容型脉冲电源可实现短放电时间高峰值电流，常用于早期的慢走丝线切割机床中，以满足慢走丝时因排屑条件差而需采用窄脉宽和高峰值电流的要求，其电压、电流波形及电路简图如图2-12所示。从图2-12可知，按照晶体管的开、关状态，电容器两端的

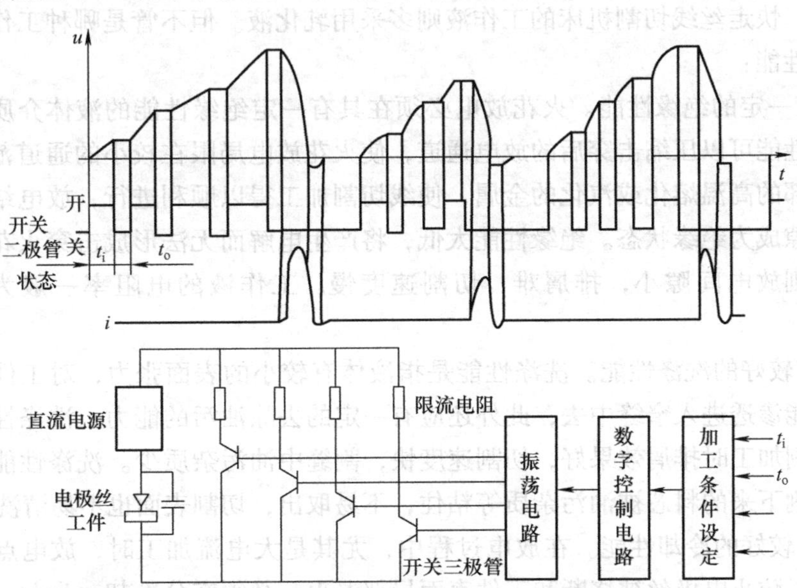

图2-12　并联电容型脉冲电源电路的电压、电流波形及电路简图

电压波形呈现一种阶梯状态，利用晶体管开通时间 t_i 和截止时间 t_o 的不同组合，可以改变充电电压波形的前沿。而且，一旦放电电流发生，晶体管变为截止状态，阻止直流电源供给电流。在这种电路中，通过调整晶体管的通断时间、限流电阻的个数及电容器的容量，可以控制放电的重复频率，而每次放电的能量由直流电源的电压及电容器的容量决定。

近年来，随着大规模集成电路和功率器件的发展，慢走丝线切割电源已采用高速开关大功率集成模块 IGBT，它能形成 0.1μs 级和 500 ~ 1000A 的窄脉冲大峰值电流。

2.4 数控电火花线切割机床的工作液及其循环过滤系统

2.4.1 数控线切割加工用工作液的性能

在数控线切割加工中，工作液对切割速度、表面粗糙度、加工精度及加工稳定性等都有很大影响，是线切割加工中不可忽视的重要因素之一。工作液在线切割加工中的作用概括起来有：对放电通道的压缩作用；对放电区的消电离作用；对电极、工件和加工屑的冷却作用；对放电产物的消除作用及润滑和防锈作用等。

工作液一般由基础油、清洗剂、爆炸剂、润滑剂、防锈剂、光亮剂、阻尼剂和络合剂等组成。其中，基础油是用来形成绝缘层的，必须是消电离快的物质，爆炸剂是用来增强放电爆炸力的。虽然基础油本身也是一种爆炸剂，但在线切割的窄缝中其爆炸能力不足，需要利用爆炸剂产生附加爆炸来增强放电爆炸力。这种爆炸剂对大厚度和超厚度线切割是不可或缺的。

线切割加工中应用的工作液种类多，有煤油、乳化液、去离子水、蒸馏水、酒精等，应根据具体的加工条件选用合适的工作液。目前，慢走丝线切割机床的工作液采用最多的是去离子水，快走丝线切割机床的工作液则多采用乳化液。但不管是哪种工作液，一般都应具有以下性能：

1）具有一定的绝缘性能。火花放电必须在具有一定绝缘性能的液体介质中进行。工作液的绝缘性能可以压缩击穿后的放电通道，使火花放电局限在较小的通道范围内，从而形成瞬间局部的高温熔化或汽化的金属，使线切割加工得以顺利进行，放电结束后又迅速恢复放电间隙成为绝缘状态。绝缘性能太低，将产生电解而无法形成击穿火花放电；绝缘性能太高，则放电间隙小，排屑难，切割速度慢。工作液的电阻率一般为 $10^3 \sim 10^4\Omega \cdot cm$。

2）具有较好的洗涤性能。洗涤性能是指液体有较小的表面张力，对工件有较大的亲和附着力，能渗透进入窄缝中去，此外还应有一定的去除油污的能力。洗涤性能好的工作液，在线切割加工时排屑效果好，切割速度快，割缝中油污杂质少。洗涤性能不好的则相反，有时切割下来的料芯被油污杂质等粘住，不易取出，切割表面也不易清洗干净。

3）具有较好的冷却性能。在放电过程中，尤其是大电流加工时，放电点局部瞬时温度极高。为了防止电极丝被烧断和工件表面局部退火，必须充分冷却。为此，工作液应有较好的吸热、传热和散热性能。

4）具有较好的加工稳定性。工作液具有较好的加工稳定性，可使脉冲放电顺利进行，减少脉冲能量和电极丝损耗，并能产生好的镀覆现象。

5）具有良好的清洁和润滑作用。这对提高工件表面质量和切割速度均有好处，且在工件加工结束后，能够轻松地取出芯子。

6）对环境污染少，对人体无害。线切割加工中不应产生有害气体，工作液应对人体无害，不能腐蚀机床、夹具和工件。

此外，工作液还应配制方便，原料价格便宜，使用寿命长且易储存。

2.4.2　工作液的配制及使用方法

1. 工作液的配制

工作液的配制是指购买乳化液成品后，加水稀释。注意某些工作液要求用蒸馏水配制，最好在配制前阅读说明书，并按照生产厂商的说明配制工作液。

配制方法为：将自来水按照一定比例冲入乳化液中，搅拌后使工作液充分乳化成均匀乳白色即可；天冷季节（0℃以下）可先用少量热开水冲入搅拌，再加入冷水搅拌。配制比例：根据不同的加工工艺指标，配制比例一般在5%～20%范围内（乳化液5%～20%，水95%～80%），按质量分数配制。在称量不方便或要求不严格时，也可按照大致的体积分数进行配制。

线切割加工中所用的成品工作液，大多数是2%（质量分数）左右的氢氧化钾皂乳化液。理论上，这些稳定剂可以使乳化液稳定，也有一定的洗涤性，但如果不加其他成分，洗涤效果还是不理想。因此，有时可以在线切割乳化液中再加上一些洗涤剂或一价的金属离子等其他辅助添加剂，以提高其稳定性和洗涤性，以便获得较好的工艺效果。

2. 工作液的使用方法

1）对加工表面粗糙度和精度要求比较高的工件，工作液可配制得适当浓些，约10%～20%（质量分数），这样可使加工表面洁白均匀。加工后的工件可轻松地从废料中取出或靠自重落下。

2）对切割速度要求高或大厚度的工件，配比可适当淡些，约5%～8%（质量分数），这样加工比较稳定，且不容易断丝。

3）工作液用蒸馏水配制，对于材料为Cr12的工件，配比稍淡点，可减轻工件表面黑白交错的条纹，使工件表面洁白均匀。

4）新配制的工作液，当加工电流为2A左右时，其切割速度为40mm^2/min左右，若每天工作8h，使用约两天以后效果更好，继续使用8～10天后就容易断丝，必须更换新的工作液。加工时，供液一定要充分，并且工作液要包住电极丝，这样才能使工作液顺利进入加工区，以达到稳定加工的效果。

2.4.3　工作液循环系统及过滤系统

工作液循环系统及过滤系统是数控线切割机床的重要组成部分，其作用是充分、连续地向加工区供给清洁的工作液，及时排出电蚀产物并对电极丝和工件进行冷却，以保持脉冲放电稳定、顺利地进行。

1. 工作液循环系统

工作液循环系统一般由工作液箱、工作液泵、进液管、回液管、过滤器和流量控制阀等组成，如图 2-13 所示。快走丝线切割机床通常采用浇注式供液方式，而慢走丝线切割机床除了采用浇注式供液方式外，有些还采用浸泡式供液方式。

工作液循环系统的工作过程为：工作液泵将工作液从工作液箱中吸入，通过过滤器将工作液中大部分杂质及蚀除物过滤掉；过滤后的工作液进入进液管，分别送到丝壁上、下进液管，用阀门调节供给量的大小；加工后的废液沿工作台的液槽流入回液管；经过过滤网后，进入工作液箱，由工作液泵吸入重复使用。工作液在使用一段时间后，需要进行更换。另外，还需定期更换过滤网和过滤器的滤芯。

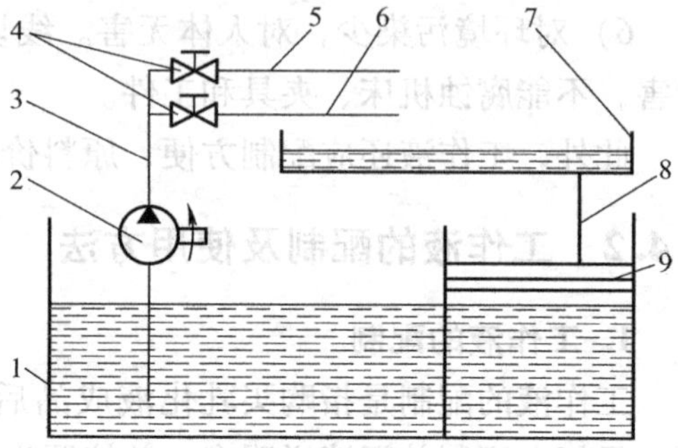

图 2-13　线切割机床工作液循环系统

1—工作液箱　2—工作液泵　3—进液管
4—流量控制阀　5—上进液管　6—下进液管
7—工作台　8—回液管　9—过滤网

2. 工作液过滤系统

工作液的质量及清洁程度对线切割加工起着很大的作用。因此，线切割机床都有工作液过滤系统，但不同厂家、不同性能的线切割机床，它们的工作液过滤系统不同。图 2-14 所示为线切割机床工作液过滤系统的一般形式。从图 2-14 中可知，用过的工作液经管道流到漏斗 7，再经磁钢 2、泡沫塑料 3、纱布袋 1 流入水池中。这时基本上已将大颗粒的电蚀物过滤掉了，再经过两块隔墙 4 中的铜网布的过滤，工作液得到进一步的过滤。这种过滤系统结构简单，可靠实用，成本低。有的数控线切割机床工作液过滤系统在工作液泵的出水口增设了更细密的过滤材料。

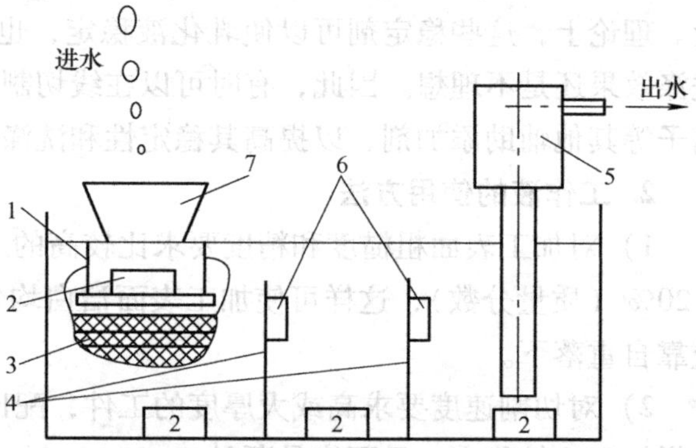

图 2-14　线切割机床工作液过滤系统的一般形式

1—纱布袋　2—磁钢　3—泡沫塑料　4—隔墙
5—工作液泵　6—钢丝网　7—漏斗

此外，必须注意的是：水箱内壁不能涂漆，一般选用镀锌处理；工作液的粘度要小些，否则泡沫塑料会堵塞；水泵的进水口处要装铜丝网。

2.5　数控电火花线切割机床的控制系统

控制系统是进行电火花线切割加工的重要组成环节，是机床工作的指挥中心。控制系统的技术水平、稳定性、可靠性、控制精度及自动化程度等直接影响工件的加工工艺指标和工人的劳动强度。

控制系统的作用是：在电火花线切割加工过程中，根据工件的形状和尺寸要求，自动控制电极丝相对于工件的运动轨迹；同时自动控制伺服进给速度，实现对工件的形状和尺寸加工。也就是说，控制系统使电极丝相对于工件按一定轨迹运动的同时，还应该实现伺服进给速度的自动控制，以维持正常的放电间隙和稳定切割加工。前者轨迹控制依靠数控编程和数控系统，后者是根据放电间隙大小与放电状态由伺服进给系统自动控制的，使进给速度与工件材料的蚀除速度相平衡。

因此，电火花线切割加工机床控制系统的主要功能包括以下两个方面：

1）轨迹控制，精确控制电极丝相对于工件的运动轨迹，加工出需要的工件形状和尺寸。

2）加工控制，主要包括对伺服进给速度、脉冲电源、走丝机构、工作液循环系统以及其他的机床操作的控制。此外，失效安全及自诊断功能等也是重要方面。

数控电火花线切割加工的控制原理是：把图样上工件的形状和尺寸编制成程序指令，通过键盘，或者使用穿孔纸带或磁带，或者直接传输给计算机，计算机根据输入的程序进行计算，并发出进给信号来控制驱动电动机，由驱动电动机带动精密丝杠，使工件相对于电极丝作轨迹运动，实现加工过程的自动控制。

目前数控电火花线切割加工机床的轨迹控制系统普遍采用数字程序控制，并已发展到微型计算机直接控制阶段。数字程序控制方式与靠模仿形和光点跟踪控制不同，它不需要制作精密的模板或描绘精确的放大图，而是根据图样形状尺寸，经编程后用计算机进行直接控制加工。因此，只要机床的进给精度比较高，就可以加工出高精度的零件，而且生产准备时间短，机床占地面积小。目前快走丝电火花线切割机床的控制系统大多采用比较简单的步进电动机开环控制系统，慢走丝线切割机床的控制系统则大多采用直流或交流伺服电动机加码盘的半闭环控制系统，也有一些超精密线切割机床上采用了光栅位置反馈的全闭环数控系统。

1. 轨迹控制原理

数字程序控制系统能够控制加工同一平面上由直线和圆弧组成的任何图形的工件，这是最基本的控制功能。控制方法有逐点比较法、数字积分法、矢量判别法、最小偏差法等。每种控制方法各有其特点。快走丝线切割机床的控制系统普遍采用逐点比较法，机床在 X、Y 两个方向不能同时进给，只能按直线的斜度和圆弧的曲率来交替地一步一个微米地分步“插补”进给。采用逐点比较法时，X 或 Y 向每进给一步，每次插补过程都要进行四个节拍。下面通过图 2-15 来分析说明逐点比较法切割直线时的四个节拍。

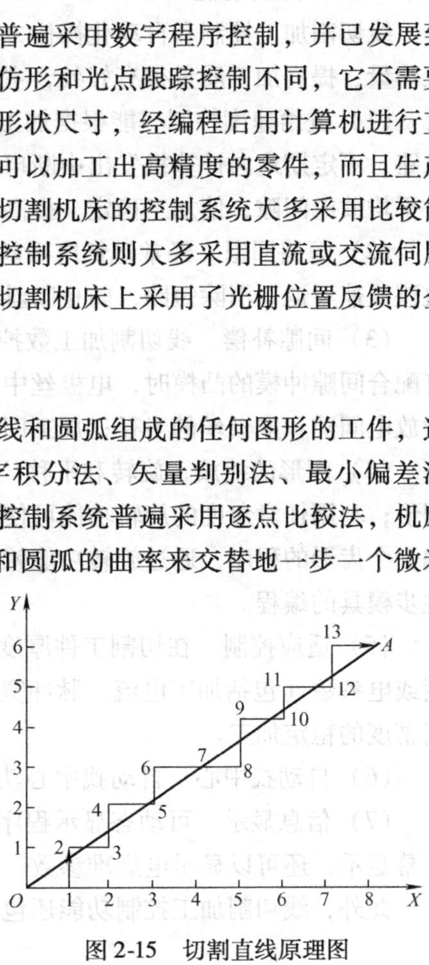

图 2-15　切割直线原理图

（1）第一拍：偏差判别　其目的是判别目前的加工坐标点对规定几何轨迹的偏离位置，然后决定滑板的走向。一般用 F 代表偏差值，$F=0$，表示加工点恰好在线（轨迹）上；$F>0$，表示加工点在线的上方或左方；$F<0$，表示加工点在线的下方或右

方，以此来决定第二拍进给的轴向和正、负方向。如图 2-15 所示，切割斜线 OA，坐标原点在起点 O 上。加工开始时，先从 O 点沿 $+X$ 方向前进一步到位置“1”，由于位置“1”在斜线 OA 的下方，偏离了预定的加工斜线 OA，产生了偏差。此时，偏差值 $F<0$。

（2）第二拍：进给　根据 F 偏差值命令坐标工作台沿 $+X$ 向（或 $-X$ 向）或 $+Y$ 向（或 $-Y$ 向）进给一步，向规定的轨迹靠拢，缩小偏差。在图中位置“1”时，$F<0$，为了靠近斜线 OA，缩小偏差，第二步应沿着 $+Y$ 方向前进到位置“2”。

（3）第三拍：偏差计算　按照偏差计算公式，计算和比较进给一步后新的坐标点对规定轨迹新的偏差 F 值，作为下一步判别走向的依据。图中前进到位置“2”后，处在斜线 OA 的上方，同样偏离了预定加工的斜线 OA，产生了新的偏差 $F>0$。

（4）第四拍：终点判断　根据计数长度判断是否到达程序规定的加工终点。若到达终点，则停止插补和进给，否则再回到第一拍。如此连续不断地重复上述循环过程，就能一步一步地加工出所要求的轨迹和轮廓形状。图 2-15 中，为了缩小偏差，使位置“2”向斜线 OA 靠近，应沿 $+X$ 方向前进到位置“3”。如此连续不断地进行下去，直到终点 A。只要每步的距离足够小，所走的折线就近似于一条光滑的斜线。

2. 加工控制功能

线切割加工控制和自动化操作方面的功能很多，并有不断增强的趋势，这对节省准备工作量、提高加工质量很有好处，主要有以下几种：

（1）进给速度控制　能根据加工间隙的平均电压或放电状态的变化，通过取样、变频电路，不定期地向计算机发出中断申请，暂停插补运算，自动调整伺服进给速度，保持某一平均放电间隙，使加工稳定，提高切割速度和加工精度。

（2）短路回退　经常记忆电极丝经过的路线。发生短路时，改变加工条件并沿原来的轨迹快速后退，消除短路，防止断丝。

（3）间隙补偿　线切割加工数控系统所控制的是电极丝中心移动的轨迹。因此，加工有配合间隙冲模的凸模时，电极丝中心轨迹应该向原图形之外偏移，进行间隙补偿，以补偿放电间隙和电极丝的半径；加工凹模时，电极丝中心轨迹应向图形之内间隙补偿。

（4）图形的缩放、旋转和平移　利用图形的任意缩放功能可以加工出任意比例的相似图形；利用任意角度的旋转功能可使齿轮、电动机定转子等类零件的编程大大简化，只要编一个齿形的程序，通过旋转功能就可切割出整个齿轮；而平移功能则同样极大地简化了跳步模具的编程。

（5）适应控制　在切割工件厚度变化的场合，改变规准之后，能自动改变伺服进给速度或电参数（包括加工电流、脉冲宽度、脉冲间隔），不用人工调节就能自动进行高效率、高精度的稳定加工。

（6）自动找中心　自动找中心功能指孔中的电极丝自动找正后停止在孔中心处。

（7）信息显示　可动态显示程序号、计数长度等轨迹参数，较完善地采用计算机 CRT 屏幕显示，还可以显示电规准参数、切割轨迹图形、切割速度及切割时间等。

此外，线切割加工控制功能还包括故障安全（断电记忆等）和自诊断等功能。

第3章 数控电火花线切割编程技术

3.1 数控电火花线切割3B代码编程技术

数控电火花线切割加工机床的控制系统是根据人的“命令”控制机床进行加工的。因此，必须先将要加工工件的图形用机器所能接受的“语言”编好“命令”，以便输入控制系统，这种“命令”就是线切割加工程序。这项工作称为数控电火花线切割编程，简称编程。数控电火花线切割编程方法分为手工编程和微机自动编程。手工编程能使操作者比较清楚地了解编程所需要进行的各种计算和编程过程，但计算工作比较繁杂。近年来由于微机的快速发展，线切割加工的编程越来越多地采用微机自动编程。

为了便于机器接受“命令”，必须按照一定的格式来编制程序。目前，快走丝线切割机床一般采用3B（个别扩充为4B或5B）代码数控程序格式，而慢走丝线切割机床普遍采用ISO（国际标准化组织）或EIA（美国电子工业协会）代码数控程序格式。为了便于国际交流和标准化，我国电加工学会和特种加工行业协会建议国产的线切割控制系统逐步采用ISO数控程序格式代码。

以下是我国快走丝线切割机床应用较广的3B程序编程方法。

3.1.1 3B代码程序格式

由于常见的图形都是由直线和圆弧组成的，因此不管是什么图形，只要能分解为直线和圆弧就可依次分别编程。我国快走丝线切割机床采用统一的五指令3B代码程序指令格式，见表3-1。

表3-1 3B代码程序指令格式

B	X	B	Y	B	J	G	Z
分隔符	*X*坐标值	分隔符	*Y*坐标值	分隔符	计数长度	计数方向	加工指令

表中各个参数的含义如下：

B为分隔符号，它在程序单上起着把X、Y和J数值分隔开的作用。当程序输入控制器时，读入第一个B后，它使控制器做好接收X坐标值的准备，读入第二个B后做好接收Y坐标值的准备，读入第三个B后做好接收J值的准备。B后的数字如为0（零），则此0可以不写。

X、Y为直线的终点对其起点的坐标值或圆弧起点对其圆心的坐标值，编程时均取绝对值，以μm为单位，最多为6位数。

J为计数长度，以μm为单位，最多为6位数。为了保证所要加工的圆弧或直线段能按要求的长度加工出来，一般线切割加工机床是用从起点到终点某个滑板进给的总长度来作为计数的长度的。

G 为计数方向，分为 GX 和 GY，即可按 *X* 方向或 *Y* 方向计数，工作台在该方向每走 1μm，即计数累减 1，当累减到计数长度 J = 0 时，这段程序即加工完毕。在 *X* 和 *Y* 两个坐标方向中用哪一个坐标方向作计数方向，要根据计数方向的选择而定。

Z 为加工指令，分为直线 L 与圆弧 R 两大类。直线又按走向和终点所在象限而分为 L1、L2、L3、L4 四种；圆弧又按第一步进入的象限及走向的顺圆、逆圆而分为顺圆 SR1、SR2、SR3、SR4 及逆圆 NR1、NR2、NR3、NR4 共八种，如图 3-1 所示。

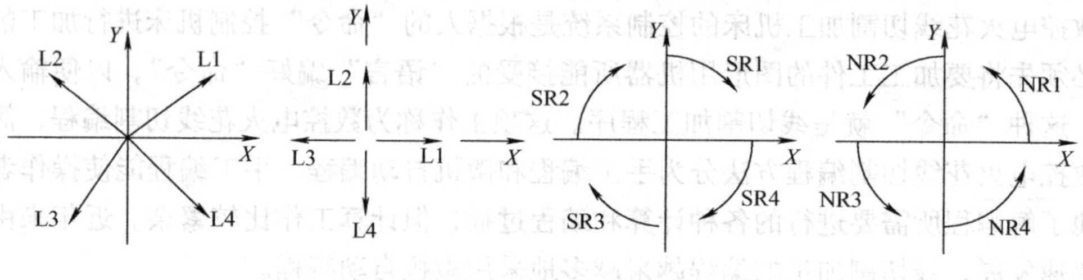

图 3-1　直线和圆弧加工指令

3.1.2　直线的编程方法

1. X、Y 值的确定

1）以直线的起点为原点，建立正常的直角坐标系，X、Y 表示直线终点的坐标绝对值，单位为 μm。

2）在直线 3B 代码中，X、Y 值主要是确定该直线的斜率，所以可将直线终点坐标的绝对值除以它们的最大公约数作为 X、Y 的值，以简化数值。

3）若直线与 *X* 轴或 *Y* 轴重合，为区别一般直线，X、Y 均可写作 0，也可以不写。

如图 3-2a 所示的轨迹形状，请读者试着写出其 X、Y 值，具体答案可参考表 3-2。注意：图形所标注的尺寸中若无说明，单位都为 mm。

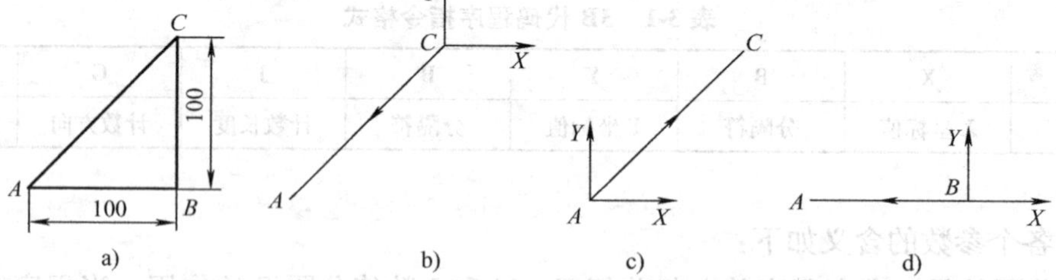

图 3-2　直线轨迹

2. G 的确定

直线编程时，计数方向的选取方法是：以要加工的直线的起点为原点，建立直角坐标系，取该直线终点坐标绝对值大的坐标轴为计数方向。具体确定方法为：若终点坐标为 (X_e, Y_e)，令 $X = |X_e|$，$Y = |Y_e|$，若 Y < X，则 G = GX，如图 3-3a 所示；若 Y > X，

则 G = GY，如图 3-3b 所示；若 Y = X，则在一、三象限取 G = GY，在二、四象限取 G = GX。

由上可知，计数方向的确定以 45°线为界，取与终点处走向较平行的轴作为计数方向，具体如图 3-3c 所示。

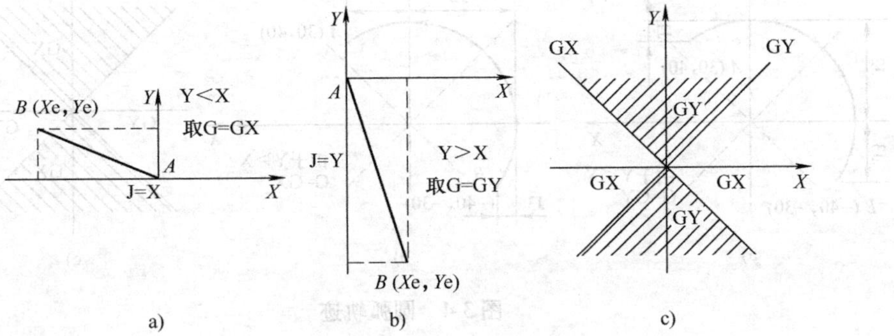

图 3-3　G 的确定

3. J 的确定

对于以前的机床，编程时应写满 6 位数，不足 6 位的前面补零，现在的机床基本上可以不用补零。

直线编程中，J 的取值方法为：由计数方向 G 确定投影方向，若 G = GX，则将直线向 *X* 轴投影得到长度的绝对值作为 J 的值；若 G = GY，则将直线向 *Y* 轴投影得到长度的绝对值作为 J 的值。

4. Z 的确定

加工指令 Z 按照直线走向和终点的坐标不同可分为 L1、L2、L3、L4，其中与 + *X* 轴重合的直线算作 L1，与 − *X* 轴重合的直线算作 L3，与 + *Y* 轴重合的直线算作 L2，与 − *Y* 轴重合的直线算作 L4，具体可参考图 3-1。

综上所述，图 3-2b、c、d 中线段的 3B 代码见表 3-2。

表 3-2　3B 代码

直线	B	X	B	Y	B	J	G	Z
CA	B	1	B	1	B	100000	GY	L3
AC	B	1	B	1	B	100000	GY	L1
BA	B	0	B	0	B	100000	GX	L3

3.1.3　圆弧的编程方法

1. X、Y 值的确定

以圆弧的圆心为原点，建立正常的直角坐标系，X、Y 表示圆弧起点坐标的绝对值，单位为 μm。在图 3-4a 中，X = 30000，Y = 40000；在图 3-4b 中，X = 40000，Y = 30000。

2. G 的确定

圆弧编程的计数方向的选取方法是：以某圆心为原点建立直角坐标系，取终点坐标绝

对值小的轴为计数方向。具体确定方法为：若圆弧终点坐标为（X_e，Y_e），令 X = | X_e |，Y = | Y_e | ，若 Y < X，则 G = GY，如图 3-4a 所示；若 Y > X，则 G = GX，如图 3-4b 所示；若 Y = X，则 GX、GY 均可。

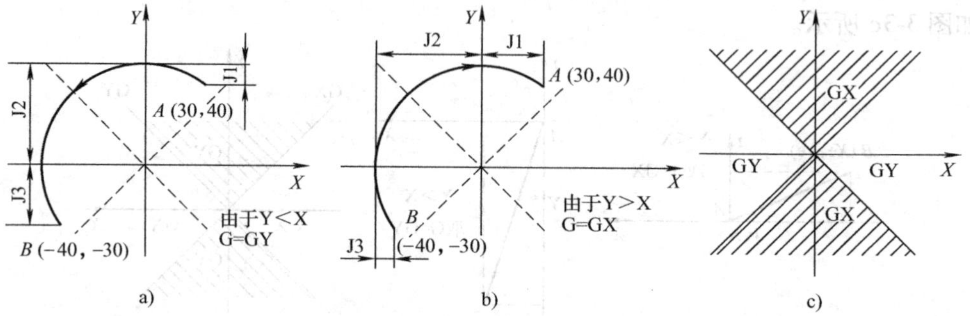

图 3-4 圆弧轨迹

由上可见，圆弧计数方向由圆弧终点的坐标绝对值大小决定，其确定方法与直线刚好相反，即取终点坐标中绝对值较小的轴向作为计数方向，具体如图 3-4c 所示。

3. J 的确定

圆弧编程中 J 的取值方法为：由计数方向 G 确定投影方向，若 G = GX，则将圆弧向 X 轴投影；若 G = GY，则将圆弧向 Y 轴投影。J 值为各个象限圆弧投影长度绝对值之和。如在图 3-4a、b 中，J1、J2、J3 大小分别如图中所示，J = |J1| + |J2| + |J3|。

4. Z 的确定

加工指令 Z 按照第一步进入的象限可分为 R1、R2、R3、R4，按切割的走向可分为顺圆 S 和逆圆 N，于是共有 8 种指令：SR1、SR2、SR3、SR4、NR1、NR2、NR3、NR4，具体可参考图 3-1。

【例 3-1】 请写出图 3-5 所示轨迹的 3B 代码程序。

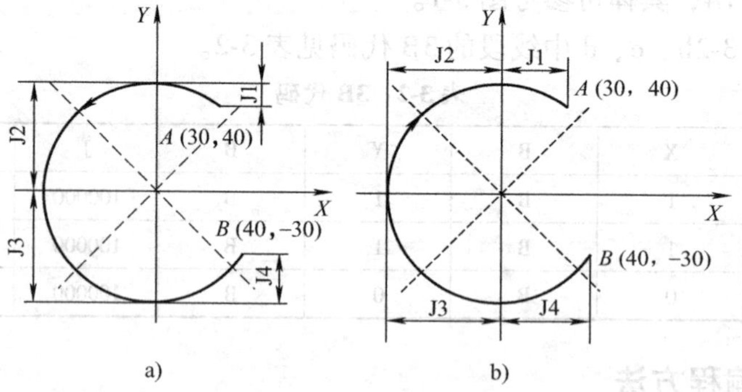

图 3-5 编程图形

解 图 3-5a 中，起点为 A，终点为 B，则

$$J = |J1| + |J2| + |J3| + |J4| = 10000 + 50000 + 50000 + 20000 = 130000$$

故其 3B 代码程序为：

B30000 B40000 B130000 GY NR1

图 3-5b 中，起点为 B，终点为 A，则

$$J=|J1|+|J2|+|J3|+|J4|=30000+50000+50000+40000=170000$$

故其 3B 代码程序为：

B40000 B30000 B170000 GX SR4

【例 3-2】 对图 3-6 所示的图形进行编程。

解 该工件由三段直线和一段圆弧组成，故需要分成四段来编写程序。

（1）加工直线段 *AB*。以起点 *A* 为坐标原点，因 *AB* 与 *X* 轴正方向重合，X、Y 均可作 0 计，故程序为：

B B B40000 GX L1

注意：按 X = 40000，Y = 0，也可编程为 B40000 B0 B40000 GX L1，不会出错。

（2）加工斜线段 *BC*。以 *B* 点为坐标原点，则 *C* 点对 *B* 点的坐标为 X = 10000，Y = 90000，故程序为：

B1 B9 B90000 GY L1

（3）加工圆弧 *CD*。以该圆弧圆心 *O* 为坐标原点，经计算，圆弧起点 *C* 对圆心 *O* 点的坐标为 X = 30000，Y = 40000，故程序为：

B30000 B40000 B60000 GX NR1

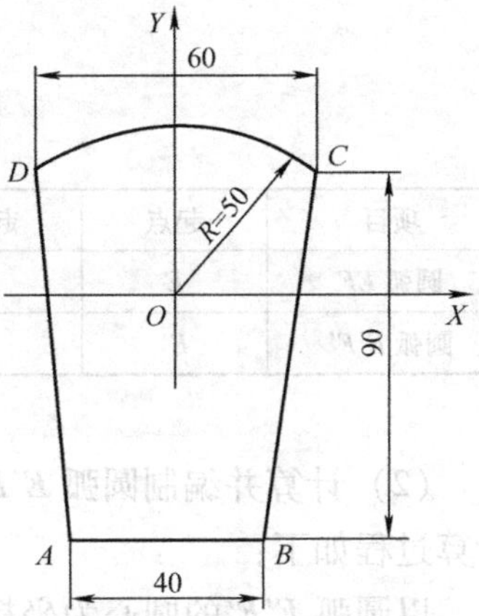

图 3-6 编程图形

（4）加工斜线段 *DA*。以 *D* 点为坐标原点，终点 *A* 对 *D* 点的坐标为 X = 10000，Y = 90000，故程序为：

B1 B9 B90000 GY L4

加工整个工件的程序单见表 3-3。

表 3-3 程序单

线段	B	X	B	Y	B	J	G	Z
AB	B	0	B	0	B	40000	GX	L1
BC	B	1	B	9	B	90000	GY	L1
CD	B	30000	B	40000	B	60000	GX	NR1
DA	B	1	B	9	B	90000	GY	L4

【例 3-3】 用 3B 代码编制加工图 3-7a 所示的线切割加工程序。已知线切割加工用的电极丝直径为 ϕ0. 18mm，单边放电间隙为 0. 01mm，图中 *A* 点为穿丝孔，加工沿 *A—B—C—D—E—F—G—H—B—A* 方向进行。

解 （1）分析。实际加工中，由于钼丝半径和放电间隙的影响，钼丝中心运行的轨迹形状如图 3-7b 中双点画线所示，即加工轨迹与零件图相差一个补偿量，补偿量的大小为

$$\delta=\text{钼丝半径}+\text{单边放电间隙}=0.09\text{mm}+0.01\text{mm}=0.1\text{mm}$$

在加工中需要注意的是 *E'F'* 圆弧的编程，圆弧 *EF*（见图 3-7a）与圆弧 *E'F'*（见图 3-7b）有较多不同点，它们的特点比较见表 3-4。

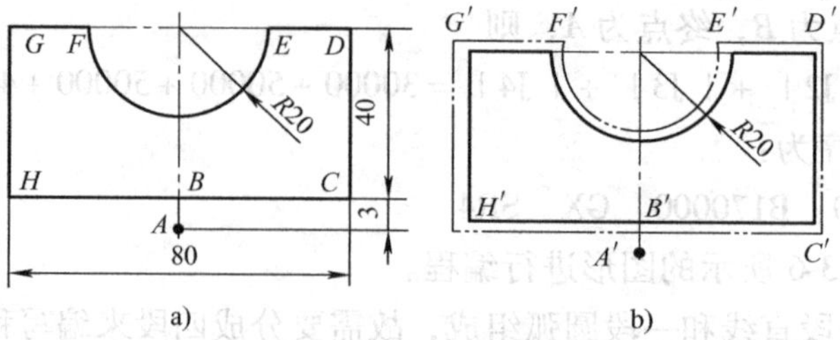

a) b)

图 3-7 编程图形

a）零件图 b）钼丝中心运行的轨迹图

表 3-4 圆弧 *EF* 和 *E′F′* 特点比较表

项目	起点	起点所在象限	圆弧首先进入象限	圆弧经历象限
圆弧 *EF*	*E*	*X* 轴上	第四象限	第三、四象限
圆弧 *E′F′*	*E′*	第一象限	第一象限	第一、二、三、四象限

（2）计算并编制圆弧 *E′F′* 的 3B 代码。在图 3-7b 中，最难编制的是圆弧 *E′F′*，其具体计算过程如下：

以圆弧 *E′F′* 的圆心为坐标原点，建立直角坐标系，则 *E′* 点的坐标为：

$$Y_{E'} = 0.1$$

$$X_{E'} = \sqrt{(20-0.1)^2 - 0.1^2} = 19.900$$

根据对称原理可得 *F′* 的坐标为（−19.9，0.1）。

根据上述计算可知圆弧 *E′F′* 的终点坐标中，*Y* 坐标绝对值小，所以计数方向为 *Y* 向。

圆弧 *E′F′* 在第一、二、三、四象限分别向 *Y* 轴投影得到长度的绝对值分别为 0.1、19.9、19.9、0.1，故 J = 40000。

圆弧 *E′F′* 首先在第一象限顺时针切割，故加工指令为 SR1。

由上可知，加工圆弧 *E′F′* 的 3B 代码程序为：

B19900 B100 B40000 GY SR1

（3）经过上述分析计算，可得轨迹形状的 3B 程序，见表 3-5。

表 3-5 切割轨迹 3B 代码程序

线段	B	X	B	Y	B	J	G	Z
A′B′	B	0	B	2900	B	2900	GY	L2
B′C′	B	40100	B	0	B	40100	GX	L1
C′D′	B	0	B	40200	B	40200	GY	L2
D′E′	B	20200	B	0	B	20200	GX	L3
E′F′	B	19900	B	100	B	40000	GY	SR1
F′G′	B	20200	B	0	B	20200	GX	L3
G′H′	B	0	B	40200	B	40200	GY	L4
H′B′	B	40100	B	0	B	40100	GX	L1
B′A′	B	0	B	2900	B	2900	GY	L4

【例3-4】 用3B代码编制加工图3-8所示的凸模线切割加工程序，已知电极丝直径为 $\phi0.18$mm，单边放电间隙为0.01mm，图中 O 为穿丝孔，拟采用的加工路线 $O—E—D—C—B—A—E—O$。

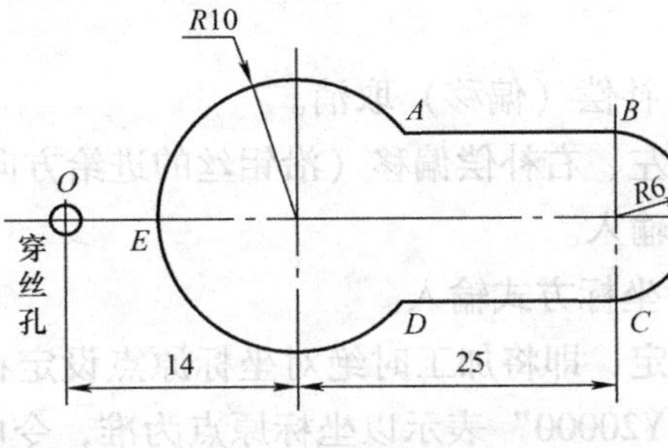

图3-8　加工零件图

解　经过分析，得到具体程序，见表3-6。

表3-6　切割轨迹3B代码程序

线段	B	X	B	Y	B	J	G	Z
OE	B	3900	B	0	B	3900	GX	L1
ED	B	10100	B	0	B	14100	GY	NR3
DC	B	16950	B	0	B	16950	GX	L1
CB	B	0	B	6100	B	12200	GX	NR4
BA	B	16950	B	0	B	16950	GX	L3
AE	B	8050	B	6100	B	14100	GY	NR1
EO	B	3900	B	0	B	3900	GX	L3

3.2　数控电火花线切割ISO代码编程技术

3.2.1　ISO代码程序格式

对线切割加工来说，某一图段（直线或圆弧）的程序格式为

N×××× G×× X×××××× Y×××××× I×××××× J××××××

字母是组成程序段的基本单元，一般由一个关键字母加若干位十进制数字组成，具体如下：

（1）程序段号N　程序段号位于程序段之首，表示一条程序的序号，后续为2～4位数字。

（2）准备功能指令G　准备功能指令是建立机床或控制系统方式的一种指令，其后为两位数字表示各种不同的功能；当本段程序的功能与上一段程序功能相同时，则该段的G代码可省略不写。例如：

G00　表示点定位，即快速移动到某给定点，其程序段格式为：G00　X__ Y__。

G01 表示直线插补。其程序段格式为：G01 X__ Y__ U__ V__。

G02 表示顺圆插补。

G03 表示逆圆插补。

G04 表示暂停。

G40 表示丝径（轨迹）补偿（偏移）取消。

G41、G42 表示丝径向左、右补偿偏移（沿钼丝的进给方向看）。

G90 表示绝对坐标方式输入。

G91 表示增量（相对）坐标方式输入。

G92 表示工件坐标系设定，即将加工时绝对坐标原点设定在距离当前位置的一定距离处。例如“G92 X5000 Y20000”表示以坐标原点为准，令电极丝中心起点坐标为 $X=5\text{mm}$、$Y=20\text{mm}$ 的位置。坐标系设定程序只设定程序坐标原点，当执行此条程序时，电极丝仍在原位置并不产生运行。

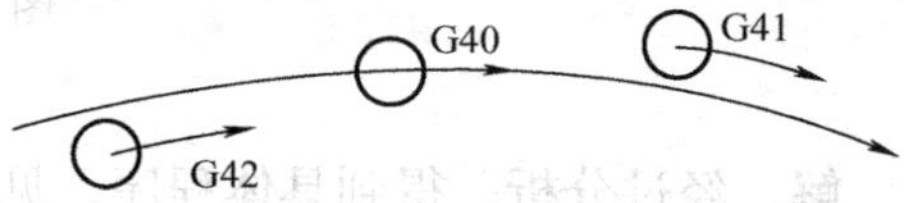

图 3-9 电极丝补偿示意图

*注意：为了消除电极丝半径和放电间隙对加工精度的影响，电极丝中心相对于加工轨迹需偏移一值，如图 3-9 所示。

格式：G41 D__或 G41 H__

G42 D__或 G42 H__

G40

电极丝加补偿及取消补偿都只能在直线上进行，在圆弧上加补偿或取消补偿都会出错。电极丝补偿时必须移动一个相对直线距离，如果不移动直线距离，则程序会出错，补偿不能加上或取消。例如：

G41 G02 X20. Y0 I10. J0 H001；//错误程序，不能在圆弧上加补偿

G91 G41 G00 X0 Y0；//错误程序，不能在原地方加补偿

G91 G40 G00 X0 Y0；//错误程序，不能在原地方取消补偿

（3）尺寸字 尺寸字在程序段中主要用来控制电极丝运动到达的坐标位置。电火花线切割加工常用的尺寸字有 X、Y、U、V、A、I、J 等，尺寸字的后续数字应加正负号，单位为 μm。其中 I、J 为圆弧的圆心对圆弧起点的坐标值，其他为线段的终点坐标值。

（4）辅助功能指令 M 辅助功能指令由 M 功能字及后续两位数组成，即 M00 ~ M99，用来指令机床辅助装置的接通或断开。其中，M00 为程序暂停，M01 为选择停止，M02 为程序结束。

3.2.2 ISO 代码终点坐标的两种表达方式

（1）绝对坐标方式 绝对坐标方式的代码为 G90。

直线：以图形中某一适当点为坐标原点，用 ±X、±Y 表示终点的绝对坐标值，如图 3-10a 所示。

圆弧：以图形中某一适当点为坐标原点，用 ±X、±Y 表示某段圆弧终点的绝对坐标值，用 I、J 表示圆心对圆弧起点的坐标值，如图 3-10b 所示。

（2）增量（相对）坐标方式 增量坐标方式的代码为 G91。

直线：以直线起点为坐标原点，用 ± X、± Y 表达线的终点对起点的坐标值。

圆弧：以圆弧的起点为坐标原点，用 ± X、 ± Y 来表示圆弧终点对起点的坐标值，用 I、J 来表示圆心对圆弧起点的坐标值，如图 3-10c 所示。

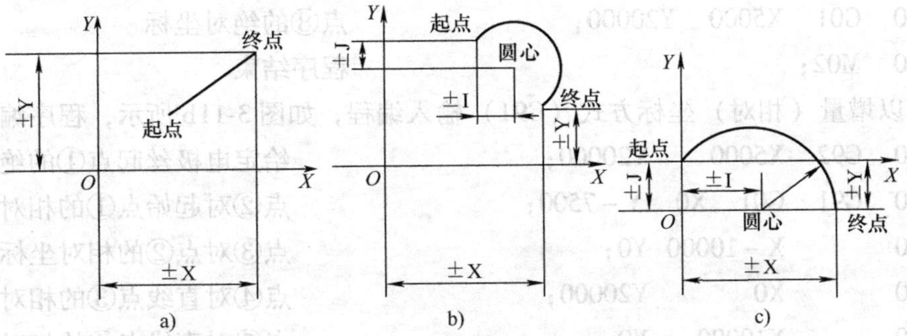

图 3-10 ISO 代码坐标的表达方式

a）直线的绝对坐标方式 b）圆弧的绝对坐标方式 c）圆弧的相对坐标方式

在编写程序时，采用哪种坐标方式原则上都可以，但要根据具体的情况来确定，它与被加工零件图样的尺寸标注方法有关。

【例 3-5】 要加工图 3-11a、b 所示由 4 条直线和 1 个半圆组成的型孔或凹模，穿丝孔中心①的坐标为（5，20），按顺时针切割。

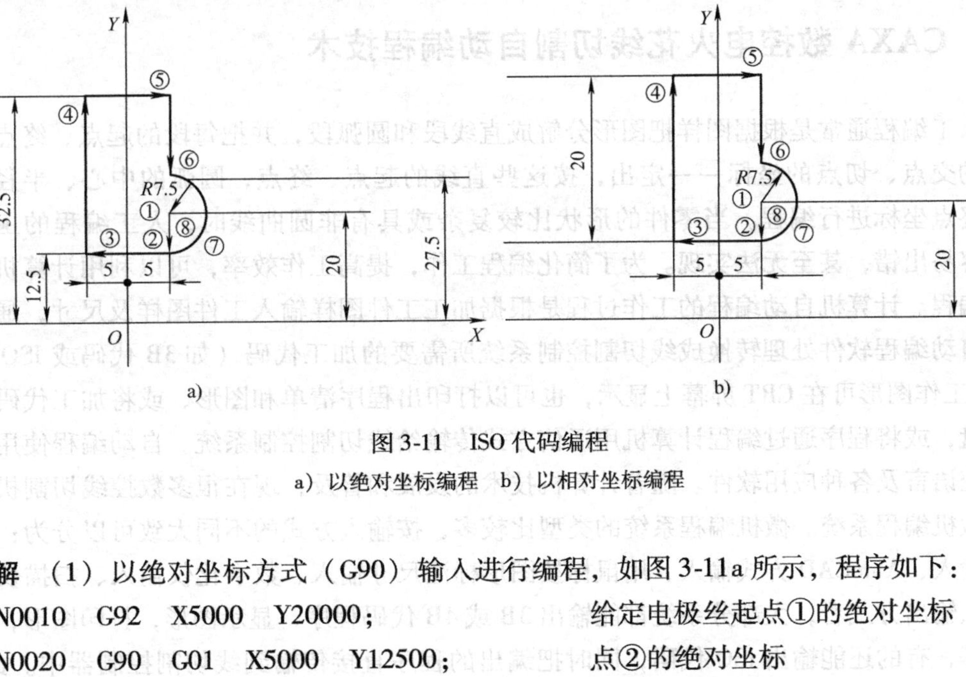

图 3-11 ISO 代码编程

a）以绝对坐标编程 b）以相对坐标编程

解 （1）以绝对坐标方式（G90）输入进行编程，如图 3-11a 所示，程序如下：

N0010 G92 X5000 Y20000；	给定电极丝起点①的绝对坐标
N0020 G90 G01 X5000 Y12500；	点②的绝对坐标
N0030 X－5000 Y12500；	点③的绝对坐标
N0040 X－5000 Y32500；	点④的绝对坐标
N0050 X5000 Y32500；	点⑤的绝对坐标

```
N0060 X5000 Y27500;                    点⑥的绝对坐标
N0070 G02 X5000 Y12500 I0 J-7500;     X、Y之值为顺圆弧⑦终点的绝对坐标，I、J之值为圆心对圆弧起点的相对坐标
N0080 G01 X5000 Y20000;                点⑧的绝对坐标
N0090 M02;                             程序结束
```

（2）以增量（相对）坐标方式（G91）输入编程，如图3-11b所示，程序编制如下：

```
N0010 G92 X5000 Y20000;                给定电极丝起点①的绝对坐标
N0020 G91 G01 X0 Y-7500;               点②对起始点①的相对坐标
N0030 X-10000 Y0;                      点③对点②的相对坐标
N0040 X0 Y20000;                       点④对直线点③的相对坐标
N0050 X10000 Y0;                       点⑤对直线点④的相对坐标
N0060 X0 Y-5000;                       点⑥对直线点⑤的相对坐标
N0070 G02 X0 Y-15000 I0 J-7500;        X、Y之值为顺圆弧⑦终点对圆弧起点的相对坐标，I、J之值为圆心对圆弧起点的相对坐标
N0080 G01 X0 Y7500;                    点⑧对圆弧⑦终点的相对坐标
N0090 M02;                             程序结束
```

3.3 CAXA数控电火花线切割自动编程技术

人工编程通常是根据图样把图形分解成直线段和圆弧段，并把每段的起点、终点，中心线的交点、切点的坐标一一定出，按这些直线的起点、终点，圆弧的中心、半径、起点、终点坐标进行编程。当零件的形状比较复杂或具有非圆曲线时，人工编程的工作量大，容易出错，甚至无法实现。为了简化编程工作，提高工作效率，可以利用计算机进行自动编程。计算机自动编程的工作过程是根据加工工件图样输入工件图样及尺寸，通过计算机自动编程软件处理转换成线切割控制系统所需要的加工代码（如3B代码或ISO代码等），工作图形可在CRT屏幕上显示，也可以打印出程序清单和图形，或将加工代码复制到磁盘，或将程序通过编程计算机用通信方式传输给线切割控制系统。自动编程使用专用的数控语言及各种应用软件。随着计算机技术的发展和普及，现在很多数控线切割机床都配有微机编程系统。微机编程系统的类型比较多，按输入方式的不同大致可以分为：采用语言输入、AutoCAD方式输入、用鼠标按图形标注尺寸输入、数字化仪输入、扫描仪输入等。从输出方式看，大部分系统都能输出3B或4B代码程序，显示图形，打印图形，打印程序等，有的还能输出ISO代码，同时把编出的程序直接传输到线切割控制器中。此外，还有编程兼控制的系统，如YH、HF、AutoCut系统等。

北航海尔软件有限公司的CAXA线切割XP编程软件就是典型的CAD方式输入的编程软件。CAXA线切割XP自动编程软件可以完成绘图设计、加工代码生成、连机通信等功

能，集图样设计和代码编程于一体。CAXA线切割XP自动编程软件还可直接读取EXB、DWG、DXF、IGES等格式文件，完成加工编程。

3.3.1　用户界面

与传统的线切割编程软件相比，CAXA线切割XP自动编程软件的界面更加人性化，操作更加方便、快捷。图3-12所示为CAXA线切割XP系统基本用户界面，它主要由绘图功能区、菜单系统、状态显示与提示区三大部分组成。

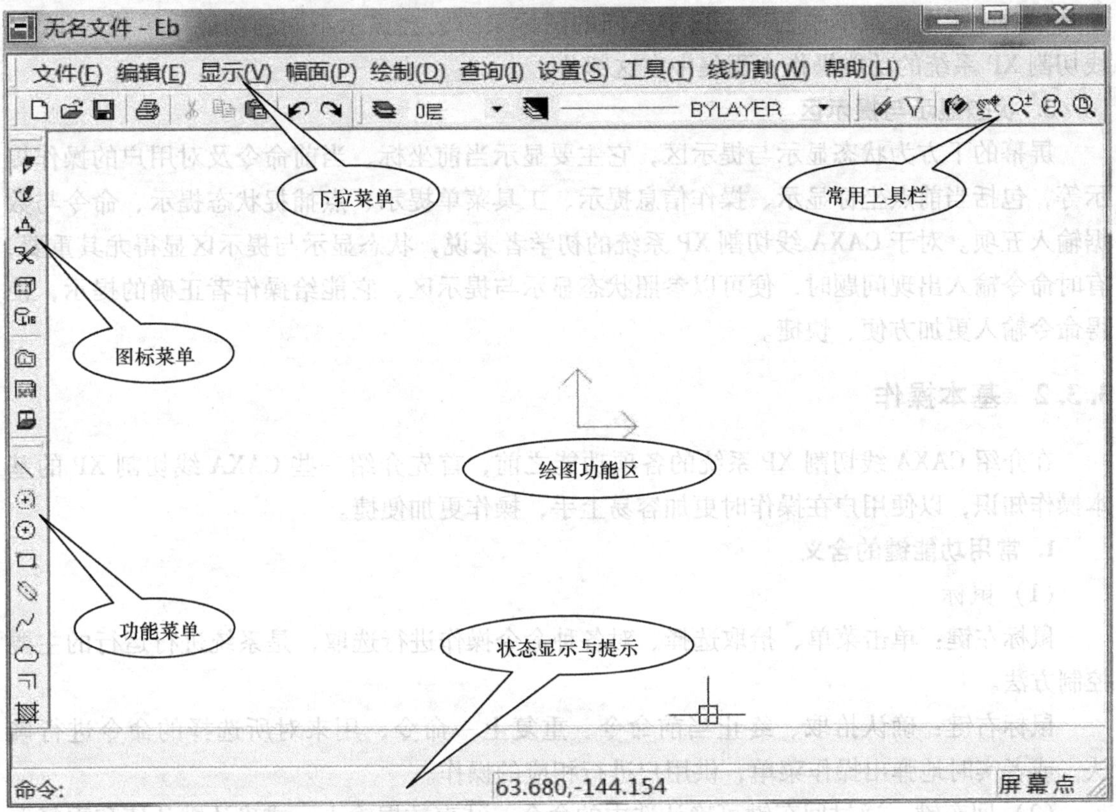

图3-12　CAXA线切割XP系统基本用户界面

1. 绘图功能区

绘图功能区是用户进行绘图设计的工作区域，它占据了屏幕的大部分面积。绘图区中央设置了一个二维直角坐标系，是绘图的默认坐标系，此坐标系为用户提供设计的依据。

2. 菜单系统

（1）下拉菜单　下拉菜单位于屏幕的顶部，由一行主菜单及其下拉子菜单组成。主菜单包括文件、编辑、显示、幅面、绘制、查询、设置、工具、线切割和帮助等，其中每个菜单又含有若干个下拉子菜单。

（2）图标菜单　图标菜单默认是位于屏幕的左上部，它包括基本曲线、高级曲线、工程标注、曲线编辑、块操作、图库、轨迹生成、代码生成、代码传输后置九个部分，每个菜单又含有若干个命令项。

（3）快捷菜单　快捷菜单是当功能命令项被选中时，在绘图区的左下角弹出的菜单，它描述了该项命令执行的各种情况和使用条件。用户可以根据当前的作图要求，正确选择其中的某一项，即可得到准确的响应。

（4）工具菜单　工具菜单包括工具点菜单和拾取元素菜单。

（5）工具栏　工具栏包括常用工具栏和功能工具栏两大类。常用工具栏为下拉菜单中的一些常用命令，为了提高效率，将它们以图标形式集中在一起组成了常用工具栏。功能工具栏对应于图标菜单的各项，选中不同的图标菜单，会显示不同的功能菜单栏。CAXA线切割XP系统的功能操作主要集中在这部分。

3. 状态显示与提示区

屏幕的下方为状态显示与提示区，它主要显示当前坐标、当前命令及对用户的操作提示等，包括当前点坐标显示、操作信息提示、工具菜单提示、点捕捉状态提示、命令与数据输入五项。对于CAXA线切割XP系统的初学者来说，状态显示与提示区显得尤其重要，有时命令输入出现问题时，便可以参照状态显示与提示区，它能给操作者正确的提示，使得命令输入更加方便、快捷。

3.3.2　基本操作

在介绍CAXA线切割XP系统的各项功能之前，首先介绍一些CAXA线切割XP的基本操作知识，以便用户在操作时更加容易上手，操作更加便捷。

1. 常用功能键的含义

（1）鼠标

鼠标左键：单击菜单、拾取选择、对各种命令操作进行选取，是系统进行运行的主要控制方法。

鼠标右键：确认拾取、终止当前命令、重复上一命令，用来对所选择的命令进行确认，或者实时地弹出操作菜单，供用户进行相应的操作。

（2）回车键　通过回车键可确认选中的命令，结束数据输入，或确认默认值和重复上一命令（相当于鼠标右键）。

（3）空格键　通过空格键在进行设计时弹出工具点菜单或拾取元素菜单，供用户进行选择用。

（4）快捷键<Alt+1>～<Alt+9>　快捷键的功能是快速激活快捷菜单相应数字所对应的菜单命令，使用户能够更方便地完成各种操作命令。

（5）控制光标的键盘键

方向键：在输入框中移动光标，移动绘图区的显示中心。

Home键：在输入框中将光标移至行首。

End键：在输入框中将光标移至行尾。

（6）功能热键

Esc键：取消正在执行的命令。

F1 键：请求系统帮助。

F3 键：显示当前绘图区的所有设计图形。

F8 键：显示鹰眼，即显示当前设计的情况及整体情况。

F9 键：全屏显示。

2. 点的输入

（1）键盘输入　由键盘输入是通过输入点的 X、Y 坐标值以达到输入点的目的的。

（2）鼠标拾取输入　鼠标拾取输入是指通过移动鼠标选择所要的点，按下鼠标左键，该点即被选中。

（3）工具点的捕捉　工具点是指作图过程中有几何特征的圆心点、切点、象限点、端点等，而工具点的捕捉就是利用鼠标捕捉工具点菜单中的某个特征点。当需要使用特征点时，只需要按空格键即可弹出工具点的菜单，选择对应的工具点即可。工具点包括屏幕点（S）、端点（E）、终点（M）、圆心（C）、交点（I）、切点（T）、垂足点（P）、最近点（N）、孤立点（K）、象限点（Q）。

3. 实体的选取

实体的选取是根据需要在已经绘出的直线、圆弧等实体中选择需要的一个或多个。实体的选取是经常要用到的操作，需要熟练掌握。在当前交互操作处于拾取状态时，按下空格键可弹出拾取元素菜单，其包括以下几项：

（1）拾取所有　将所有在绘图区的轨迹图形都拾取上。

（2）拾取添加　用户根据需要在绘图区中逐个拾取需批量处理的各个加工轨迹。

（3）取消所有　取消所有的用户已经拾取的加工轨迹。

（4）拾取取消　可改变轨迹的拾取状态。与拾取轮廓线功能中的“拾取取消”相比，轨迹拾取取消不会自动取消最近的拾取记录，而是由用户根据需要在已经拾取的实体中指定需要取消的轨迹。

（5）取消尾项　取消最后拾取的一段加工轨迹，拾取元素菜单中的前两项可不需弹出菜单而直接使用。需要注意的是，绘图时的拾取元素菜单和生成轨迹时的拾取元素菜单不同，要区别对待。

4. 快捷菜单的操作

用户在输入某些命令时，绘图区左下角会弹出一行快捷菜单，它描述了该项命令执行的各种情况和使用条件。用户可以根据当前的作图要求，正确选择其中的某一项，即可得到准确的响应。例如输入绘制圆的命令（从键盘输入 circle 或用鼠标单击相应的命令），系统弹出图 3-13 所示的快捷菜单及相应的操作提示。

此菜单表示当前待画的圆为“圆心_半径”方式，同时下面的提示框会显示提示“圆心点:”，用户按要求输入圆心点后，系统会提示“输入半径或圆上一点:”。

快捷菜单的主要作用是可以选择某一命令的不同功能。例如，想画一个圆，除了“圆心_半径”方式，还可以用鼠标单击“2：半径”旁的按钮或利用快捷键 <Alt +2> 将其切换为“2：直径”。另外，还可以用鼠标单击“1：圆心__半径”旁的按钮，选择不同的画圆方式，将其切换为“1：两点 _半径”，如图 3-14 所示。

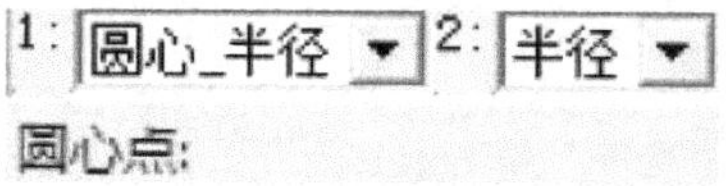

图 3-13 快捷菜单

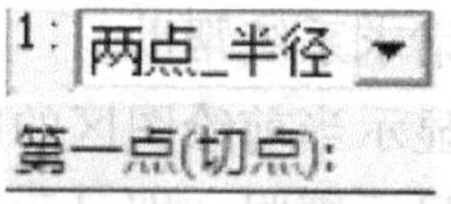

图 3-14 两点半径画圆

【例 3-6】 绘制图 3-15 所示的零件图。

1）绘制全部的点画线。绘制不同的线型，要在不用的图层中进行，CAXA 线切割 XP 系统为方便操作，预先定义了 7 个图层分别是“0 层”“中心线层”“虚线层”“细实线层”“尺寸线层”“剖面线层”和“隐藏层”。每个图层都按其名称设置了相应的线型和颜色。其中，粗实线应用最多。启动后的当前图层为“0 层”，线型为粗实线，颜色为黑色。当前层就是当前正在进行操作的图层。

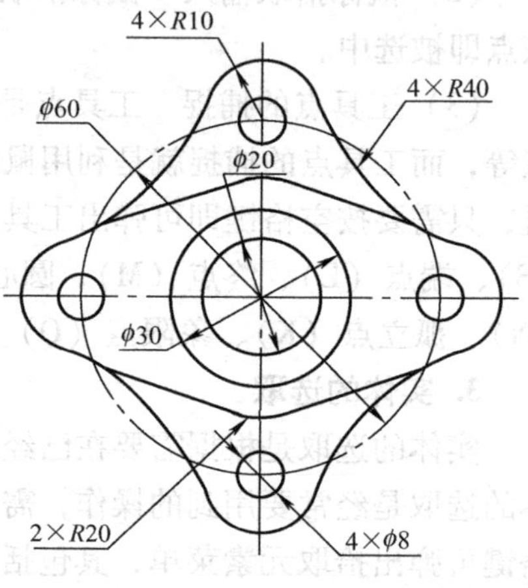

图 3-15 绘图实例

选择图层中的“中心线层”，单击“基本曲线”中的“直线”按钮，绘制一条水平的和一条竖直的点画线；再单击“圆”按钮，用鼠标选择水平和竖直点画线的交点，输入“30”，按回车键，绘出 ϕ60mm 的点画线圆，最后单击鼠标右键结束操作。

2）绘制 ϕ20mm、ϕ30mm、*R*20mm 及 ϕ8mm、*R*10mm 的同心圆。将“0 层”设置为当前层，用鼠标左键单击“圆”按钮，利用工具点捕捉命令捕捉水平点画线和竖直点画线的交点，输入“10”，按回车键确定，绘出 ϕ20mm 的圆；再输入数值“15”，按回车键确定，绘出 ϕ30mm 的圆，再输入数值“20”，按回车键确定，绘制出 *R*20mm 的圆。

用同样的方法绘制 ϕ8mm 和 *R*10mm 的两个同心圆。

3）绘制 *R*20mm 与 *R*10mm 的公切线。单击“直线”按钮，按下空格键，此时弹出工具点菜单，选择切点，再用鼠标在 *R*20mm 的弧上单击，出现一条与 *R*20mm 相切的可拖动的直线；再按下空格键，在 *R*10mm 的圆上单击，完成上侧公切线的绘制。

用同样的方法绘制下侧公切线。

4）绘制 *R*40mm 圆弧。单击“圆弧”按钮，选择“两点_半径”模式，利用工具点菜单捕捉两个 *R*10mm 圆的切点，输入半径“40”，按回车键确定。

用同样的方法绘制下侧的 *R*40mm 圆弧。

5）裁剪多余图形。用鼠标单击“编辑工具”→“裁剪”命令，弹出“裁剪”快捷菜单，拾取应裁剪掉的线段，按回车键确定。

6）用“镜像”命令完成右半部分。用鼠标单击“编辑工具”→“镜像”命令，选择竖直点画线作镜像轴线，拾取需要做镜像的图形，按回车键确定。

绘制完成的图形如图 3-15 所示。

3.3.3　应用 CAXA 线切割 XP 系统编制程序

CAXA 线切割 XP 系统支持快走丝线切割机床，可输出 3B、4B 及 ISO 格式的线切割加工程序。其自动化编程的过程一般是：利用 CAXA 线切割 XP 系统的 CAD 功能绘制加工图形→生成加工轨迹及加工仿真→生成线切割加工程序→将线切割加工程序传输给线切割加工机床。

要利用 CAXA 线切割 XP 系统自动生成加工程序，必须要知道轨迹生成原理及方法和程序的生成过程。下面介绍轮廓、轨迹生成、轨迹跳步、代码的生成与校核等，再介绍运用 CAXA 自动生成加工程序的方法和过程。

1. 轮廓

如图 3-16 所示，轮廓是一系列首尾相接曲线的集合。在进行数控编程、交互指定待加工图形时，常常需要用户指定图形的轮廓，用来界定被加工的区域或被加工的图形本身。如果轮廓是用来界定被加工区域的，则要求指定的轮廓是闭合的；如果被加工的是轮廓本身，则轮廓也可以不闭合。对所有的轮廓，要求其不应有自交点。

2. 加工误差与步长

加工轨迹和实际加工模型的偏差就是加工误差。用户可以通过控制加工误差来控制加工的精度。用户给出的加工误差是加工轨迹同加工模型之间的最大允许偏差，系统保证加工轨迹与实际加工模型之间的偏差不大于加工误差。图 3-17 所示为误差与步长。

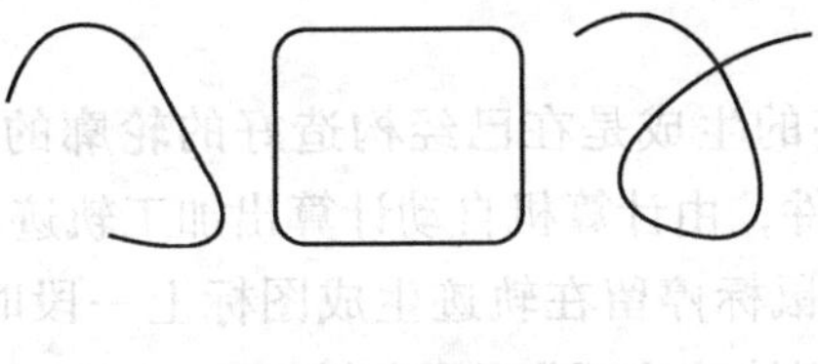

图 3-16　轮廓示意

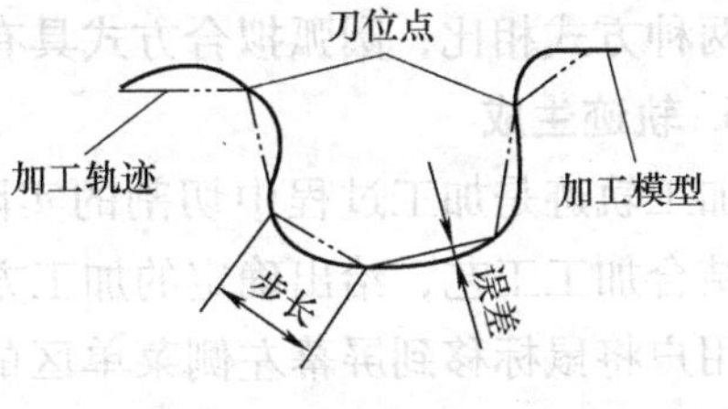

图 3-17　误差与步长

编程时，应根据实际工艺要求给定加工误差。进行粗加工时，加工误差可以较大，否则实际加工效率会受到不必要的影响；进行精加工时，则需要根据表面要求给定加工误差。

在线切割加工中，直线和圆弧的加工不存在加工误差。加工误差是指对样条曲线进行加工时，用折线段逼近样条时的误差。

3. 拐角处理

在线切割加工中，还会遇到拐角处如何进行过渡的问题。当在轮廓中相邻两直线或圆弧（取一切点同向）呈大于 15°的夹角时（凹的），需确定是否进行“圆弧过渡”或“尖角过渡”，其含义如图 3-18 所示。系统默认取“圆弧过渡”方式。两者的加工效果是一样的，所不同的是“尖角过渡”的切割路径长度大于

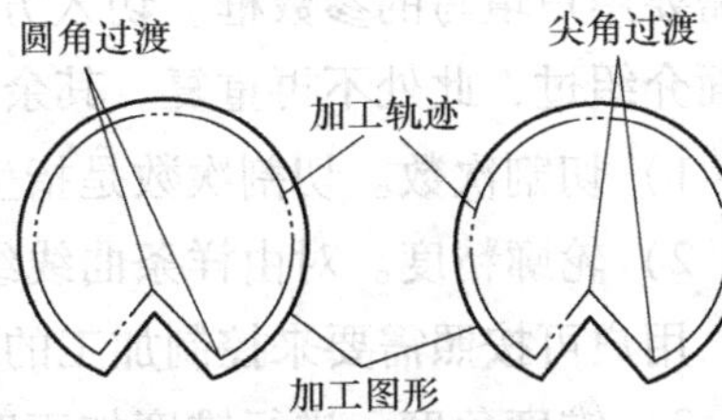

图 3-18　拐角过渡方式

“圆弧过渡”的路径长度。

4. 切入方式

切入位置是指在线切割加工中零件的起始切割位置。零件起始切割位置的确定对零件的加工质量有直接影响。

在线切割加工中，如果对起始切入位置有特殊要求，可选择切入方式。切入方式有3种：“直线方式”“垂直方式”和“指定点方式”，如图3-19所示。

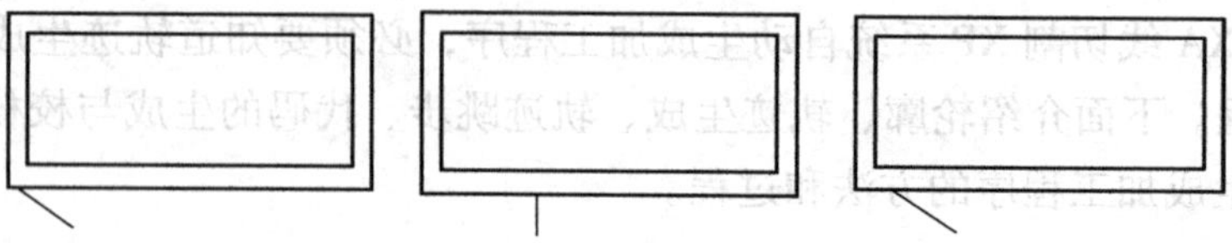

图3-19 切入方式

a）直线切入 b）垂直切入 c）指定点切入

5. 拟合方式

当加工有非圆曲线的边时，系统需要将该曲线拆分为多段曲线进行拟合，拟合方式有两种：“直线方式”和“圆弧方式”。

（1）直线拟合方式 直线拟合方式是指系统将非圆曲线分成多条直线段进行拟合。

（2）圆弧拟合方式 圆弧拟合方式是指系统将非圆曲线分成多圆弧段进行拟合。

两种方式相比，圆弧拟合方式具有精度高、代码数量少的优点。

6. 轨迹生成

加工轨迹是加工过程中切割的实际路径。轨迹的生成是在已经构造好的轮廓的基础上，结合加工工艺，给出确定的加工方法和加工条件，由计算机自动计算出加工轨迹。

用户将鼠标移到屏幕左侧菜单区的图标上，当鼠标停留在轨迹生成图标上一段时间，就会在相应位置弹出一个亮黄底色的提示条：“切割轨迹生成”，用左键单击该图标后，系统在功能菜单区弹出一个子功能菜单，如图3-20所示。

（1）功能说明 轨迹生成的功能是生成沿轮廓线切割轨迹的线切割加工轨迹。

（2）参数确定 用鼠标左键单击“轨迹生成”菜单条，系统弹出一个“线切割轨迹生成参数表”对话框，如图3-21所示。这个对话框是一个需要用户填写的参数框。切入方式、样条拟合方式和拐角过渡方式在前面介绍过，此处不再重复。其余各个参数的含义和填写方法如下：

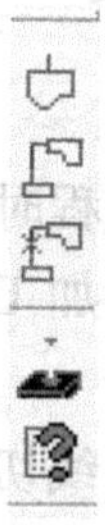

图3-20 轨迹生成子功能菜单

1）切割次数。切割次数是指生成加工轨迹的次数。

2）轮廓精度。对由样条曲线组成的轮廓，系统会按给定的误差把样条离散成多条线条，用户可按照需要来控制加工的精度。

3）锥度角度。进行锥度加工时，电极丝倾斜的角度就是锥度角度。系统规定，当输入的锥度角度为正值时，采用左锥角加工；当输入的锥度角度为负值时，采用右锥度加工。

4）支撑宽度。进行多次切割时，指定每行轨迹的始末点间保留的一段没切割部分的宽度为支撑宽度。

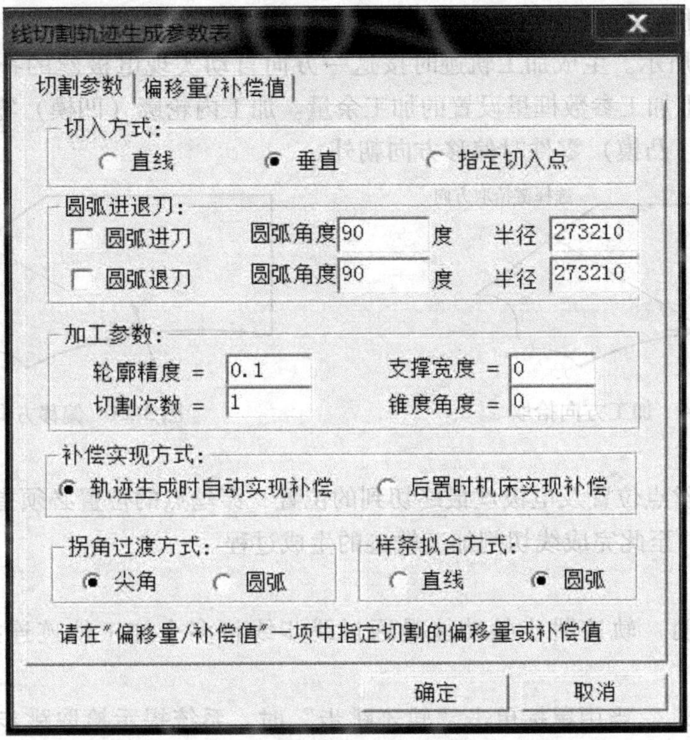

图 3-21　“线切割轨迹生成参数表”对话框

5）补偿实现方式。系统提供两种实现补偿的方式供用户选择。

＊注意：本系统不支持带有锥度的多次切割。当加工次数大于 1 时，“偏移量/补偿量”选项卡里填写每次电极丝的偏移量。

（3）拾取轮廓线　在确定加工参数后，单击对话框中的“确定”按钮，系统提示拾取轮廓。按空格键，系统弹出图 3-22 所示的轮廓曲线。

拾取轮廓线可以利用曲线拾取工具菜单。当系统提示拾取轮廓线时，按空格键可以弹出相应的工具菜单，如图 3-23 所示。

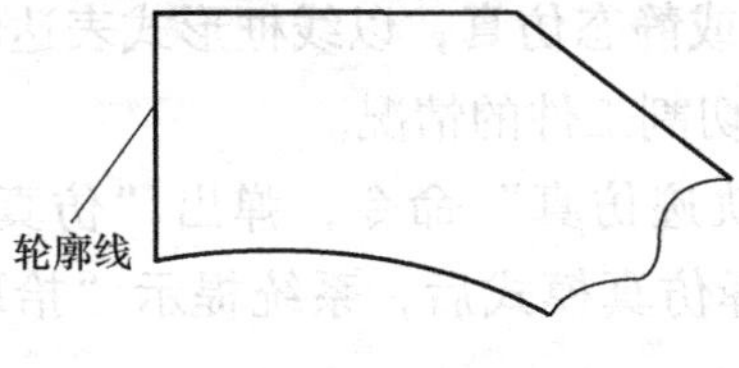

图 3-22　加工轮廓的拾取

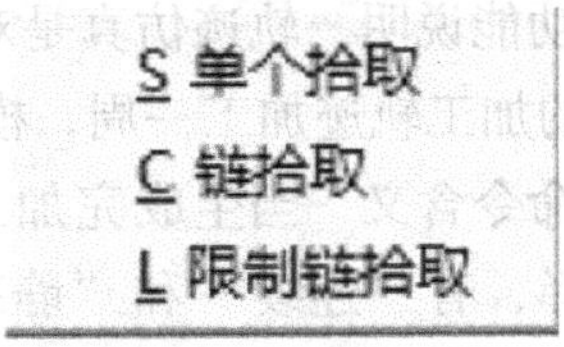

图 3-23　拾取工具菜单

（4）拾取加工方向　当拾取第一条轮廓线后，此轮廓线变为红色的虚线。系统提示选择链搜索方向（见图 3-24），此方向表示加工方向，同时也表示拾取轮廓线的方向。选择方向后，如果采用的是链拾取方式，则系统自动拾取首尾相接的轮廓线；如果采用单个拾取方式，则系统提示继续拾取轮廓线；如果采用的是限制链拾取，则系统自动拾取该曲线与限制曲线之间连接的曲线。

（5）选择偏移方向　当拾取完轮廓线后，系统要求选择偏移方向，即电极丝偏移的方向，如图 3-25 所示。生成加工轨迹时按这一方向自动实现电极丝的补偿，补偿量即为指定的偏移量加上加工参数框里设置的加工余量。加工内轮廓（凹模）零件时偏移方向朝内，加工外轮廓（凸模）零件时偏移方向朝外。

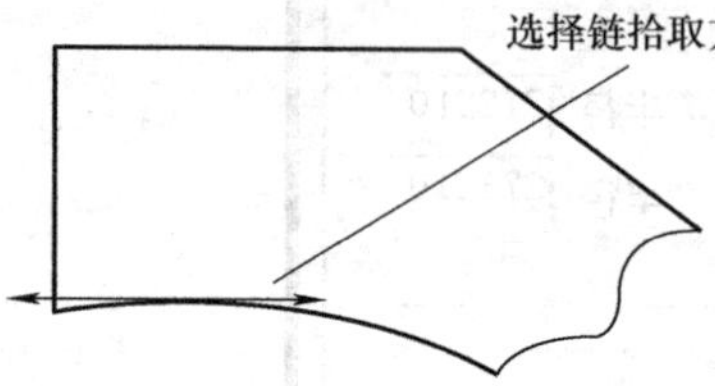

图 3-24　加工方向拾取

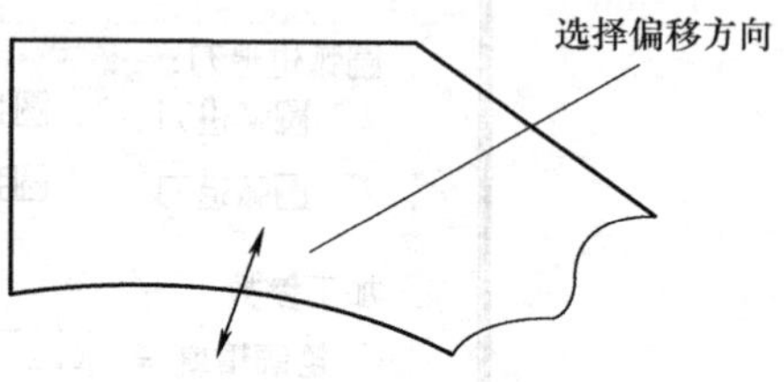

图 3-25　偏移方向选取

（6）指定穿丝点位置及电极丝最终切到的位置　穿丝点的位置必须指定，加工轨迹将按要求自动生成，至此完成线切割加工轨迹的生成过程。

7. 轨迹跳步

（1）功能说明　轨迹跳步的功能是通过跳步线将多个加工轨迹连接成为一个跳步轨迹。

（2）命令含义　当用鼠标单击“轨迹跳步”时，系统提示拾取跳步轨迹。拾取轨迹可用轨迹拾取工具菜单，工具菜单提供多种拾取方式。另外，还可通过拾取取消功能改变轨迹拾取。

8. 取消跳步

（1）功能说明　取消跳步的功能是将轨迹跳步功能中生成的跳步轨迹分解成各个独立的加工轨迹，相当于回到轨迹跳步前。

（2）命令含义　当选择“取消跳步”时，系统提示拾取加工轨迹。拾取并确认后，系统即将所选的加工轨迹分解成多个独立的加工轨迹。用户也可以自行将上例中生成的轨迹跳步拆开。

9. 轨迹仿真

（1）功能说明　轨迹仿真是对切割过程进行动态或静态仿真，以线框形式表达电极丝沿着指定的加工轨迹加工一周，模拟实际加工过程中切割工件的情况。

（2）命令含义　当生成完加工轨迹后，单击“轨迹仿真”命令，弹出“仿真方式”供用户选择，有“连续”和“静态”两种模式。选择仿真模式后，系统提示“拾取加工轨迹”，拾取加工轨迹后就可以进行轨迹仿真。

10. 计算切割面积

（1）功能说明　系统根据加工轨迹的长度和加工工件的厚度自动计算实际的切割面积。

（2）命令含义　单击“查询切割面积”按钮，依照系统提示拾取需要计算的加工轨迹并给出工件厚度，确认后系统会自动计算实际的切割面积。

11. 代码生成

代码生成是CAXA线切割XP系统中一个十分重要的功能。代码生成就是结合特定的机床把系统生成的加工轨迹转化为机床指令，生成的指令可以直接输入到数控电火花线切割机床用于加工。考虑到生成程序的通用性，CAXA线切割XP系统针对不同的机床，可以设置不同的机床参数和特定的数控代码程序格式，同时还可以对生成的机床代码的正确性进行校核，避免错误产生。

将鼠标移动到屏幕左侧菜单的图标上，当鼠标停留在图标上一段时间后，就会在相应位置弹出一个亮黄底色的提示条：“代码生成”。用命令键单击该图标后，系统在功能区将弹出其子功能菜单，如图3-26所示。

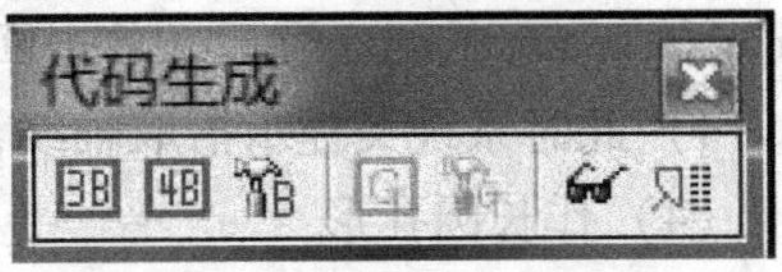

图3-26　代码生成子菜单

【例3-7】　绘制图3-27的图形，并编制线切割加工程序。

（1）作圆

1）选择“基本曲线”中的“圆”命令，用“圆心_半径”方式作圆。

2）输入（0，0）以确定圆心位置，再输入半径值“8”作一圆。

3）不要结束命令，在系统仍然提示“半径或圆上一点”时输入“26”，作一较大的圆，单击回车键结束命令。

4）继续使用以上的命令作圆，输入圆心点（-40，-30），分别输入半径值“8”和“16”，作另一组同心圆。

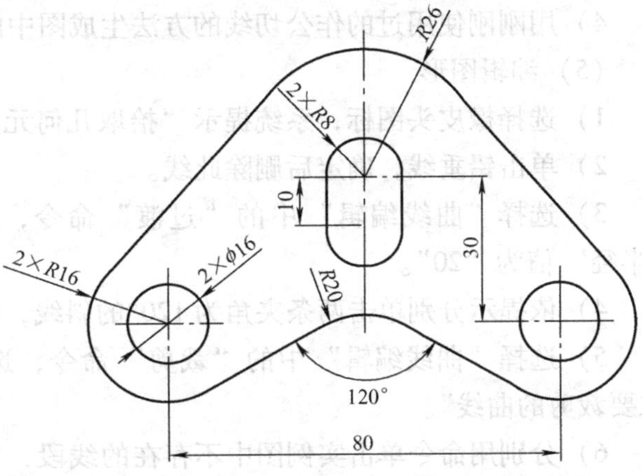

图3-27　绘图及编程实例

（2）作直线

1）选择“基本曲线”中的“直线”命令，选用“两点线”方式，系统提示“输入第一点（切点、垂足点）位置”。

2）单击空格键激活特征点捕捉菜单，从中选择“切点”。

3）在$R16$mm左上方的适当位置上单击，此时移动鼠标可看到光标拖画出一条假想线，此时系统提示输入“第二点（切点、垂足点）”。

4）单击空格键，激活特征点捕捉菜单，从中选择“切点”。

5）在$R26$mm圆的左上方适当位置确定切点，便可方便地得到这两个圆的外公切线。

6）选择“基本曲线”中的“直线”命令，单击“两点线”命令，换用“角度线”方式。

7）单击第二个参数后的下拉标志，在弹出的菜单中选择“X轴夹角”。

8）单击“角度=45”标志，输入新的角度值“30”。

9）选择“切点”，在 $R16$mm 圆的右下方适当的位置单击。

10）拖假想线至适当位置后，单击命令键，完成操作。

（3）作对称图形

1）选择“曲线生成”中的“直线”命令，选用“两点线”，切换为“正交”方式。

2）输入（0，0），拖动鼠标画一条铅垂的直线。

3）在下拉菜单中选择“曲线编辑”中的“镜像”命令，用默认的“选择轴线”“拷贝”方式，此时系统提示拾取元素，分别单击刚刚生成的两条直线与图形左下方的半径为8mm 和 16mm 的同心圆后，单击回车键确认。

4）此时系统又提示拾取轴线，拾取刚刚画的铅垂直线，确定后便可得到对称的图形。

（4）作长圆孔形

1）选择“曲线编辑”中的“平移”命令，选用“给定偏移”“拷贝”和“正交”方式。

2）系统提示拾取元素，单击 $R8$mm 的圆，单击回车键确认。

3）系统提示“X 和 Y 方向偏移量或位置点”，输入（0，-10），表示 X 轴方向位移为 0，Y 轴方向位移为 -10。

4）用刚刚使用过的作公切线的方法生成图中的两条竖直线。

（5）编辑图形

1）选择橡皮头图标，系统提示“拾取几何元素”。

2）单击铅垂线，确定后删除此线。

3）选择“曲线编辑”中的“过渡”命令，选用“圆角”和“裁剪”方式，输入“半径”值为“20”。

4）依提示分别单击两条夹角为 120°的斜线，得到所需的圆弧过渡。

5）选择“曲线编辑”中的“裁剪”命令，选用“快速裁剪”方式，系统提示“拾取要裁剪的曲线”。

6）分别用命令单击实例图中不存在的线段，并将其删除，完成所绘图形，如图 3-27 所示。

（6）生成加工轨迹

1）选择“切割轨迹生成”中的“轨迹生成”命令，在弹出的对话框中将“切入方式”更改为“直线”，其他按默认值确定各项加工参数，并按确定键。

2）依提示将“第一次偏移量”设置为 0.1，则采用补偿，补偿值为 0.1mm。

3）系统提示“拾取轮廓”。

4）单击图形中夹角为 120°的右侧边，此时该轮廓变为红色的虚线，同时在鼠标单击的位置上沿轮廓线出现一对双向的绿色箭头，系统提示“请选择链拾取方向”。

5）按照实际加工需要，选择顺时针方向后，在垂直轮廓的方向上又会出现一对绿色箭头，系统提示“选择加工的侧边或补偿方向”。

6）拾取指向轮廓外侧的箭头，系统提示“输入穿丝点位置”。

7）通过键盘输入“40，-56”，并按回车键确定；系统提示“输入退出点（回车则与穿丝点重合）”。

8）按右键或回车键确定，系统计算出外轮廓的加工轨迹。

9）此时系统提示“拾取轮廓”，拾取长圆孔中的 R8mm 上半圆弧。

10）系统又会提示“请选择链拾取方向”，选择顺时针；系统提示“选择加工的侧边或补偿方向”，选择内侧面；系统提示“输入穿丝点位置”，通过键盘输入“0，0”，并按回车键确定；系统提示“输入退出点（回车则与穿丝点重合）”，按右键或回车键确定，系统计算出半圆轮廓的加工轨迹。

11）此时系统提示“拾取轮廓”，拾取左边 ϕ16mm 圆的轮廓。

12）系统又会顺序提示“请选择链拾取方向”，选择顺时针；系统提示“选择加工的侧边或补偿方向”，选择内侧面；系统提示“输入穿丝点位置”，通过键盘输入“-40，-30”，并按回车键确定；系统提示“输入退出点（回车则与穿丝点重合）”，按右键或回车键确定，系统计算出左边 ϕ16mm 圆轮廓的加工轨迹。

13）此时系统又提示“拾取轮廓”，拾取右边 ϕ16mm 圆的轮廓。

14）系统又会顺序提示“请选择链拾取方向”，选择顺时针；系统提示“选择加工的侧边或补偿方向”，选择内侧面；系统提示“输入穿丝点位置”，通过键盘输入“40，-30”，并按回车键确定；系统提示“输入退出点（回车则与穿丝点重合）”，按右键或回车键确定，系统计算出右边 ϕ16mm 圆轮廓的加工轨迹。

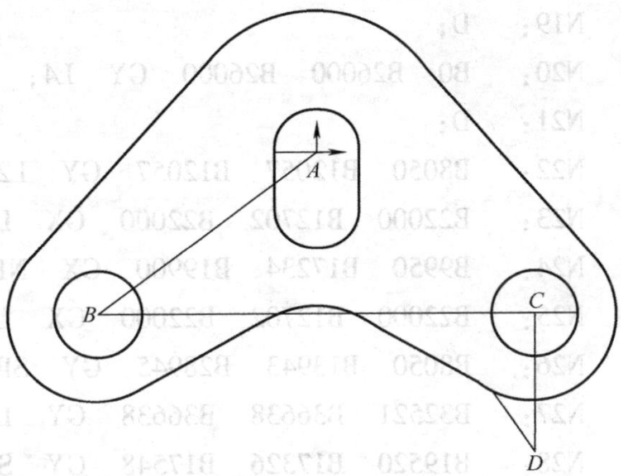

图 3-28　加工轨迹跳步

15）单击鼠标右键或按 Esc 键结束轨迹生成功能，选择“轨迹跳步”功能按提示顺序将 A→B→C→D 轨迹线连接起来，如图 3-28 所示。

（7）生成加工轨迹

选择“生成 3B 代码”生成该轨迹的加工代码，则可以得到以下形式的代码。

```
****************************************
CAXAWEDM - Version 2.0, Name : TIAOBU.3B
Conner R =   0.00000  , Offset F =  0.10000, Length =  709.161mm
****************************************
Start Point   =   -0.00000,    0.00000;    X,    Y
N1:   B7900   B0   B7900   GX   L3;     -7.900,    0.000
N2:   B7900   B0   B15800   GY   SR2;    7.900,    0.000
N3:   B0   B10000   B10000   GY   L4;    7.900,    -10.000
N4:   B7900   B0   B15800   GY   SR4;    -7.900,    -10.000
```

```
N5：  B0 B10000  B10000  GY  L2；  -7.900，   0.000
N6：  B7900  B0  B7900  GX  L1；   -0.000，   0.000
N7：  D；
N8：  B40000  B30000  B40000  GX  L3；-40.000，  -30.000
N9：  D；
N10：  B8100  B0  B8100  GX  L1；  -31.900，-30.000
N11：  B8100  B0  B32400  GY  NR1；-31.900，-30.000
N12：  B8100  B0  B8100  GX  L3；   -40.000，-30.000
N13：  D；
N14：  B80000  B0  B80000  GX  L1；  40.000，-30.000
N15：  D；
N16：  B8100  B0  B8100  GX  L1；  48.100，-30.000
N17：  B8100  B0  B32400  GY  NR1；48.100，  -30.000
N18：  B8100  B0  B8100  GX  L3；40.000，  -30.000
N19：  D；
N20：  B0  B26000  B26000  GY  L4；   40.000，-56.000
N21：  D；
N22：  B8050  B12057  B12057  GY  L2；31.950，   -43.943
N23：  B22000  B12702  B22000  GX  L2；9.950，   -31.241
N24：  B9950  B17234  B19900  GX  NR1；-9.950，   -31.241
N25：  B22000  B12702  B22000  GX  L3；-31.950，  -43.943
N26：  B8050  B13943  B28945  GY  SR4；  -52.041，  -19.312
N27：  B32521  B36638  B36638  GY  L1；    -19.520，   17.326
N28：  B19520  B17326  B17548  GY  SR2；19.520，   17.326
N29：  B32521  B36639  B36639  GY  L4；52.041，-19.313
N30：  B12041  B10688  B28209  GX  SR1；  31.951，  -43.944
N31：  B8049  B12056  B12056  GY  L4；   40.000，   -56.000
N32：DD；
```

第 4 章　数控电火花线切割加工工艺

4.1　电火花加工常用术语

1. 工具电极

电火花加工用的工具是电火花放电时的电极之一，故称为工具电极，有时简称电极。由于电火花成形加工用的电极材料常常是铜，因此电极又称为铜公。电火花线切割加工常用钼丝作为电极。

2. 放电间隙

放电间隙是放电时工具电极和工件间的距离，大小一般为 0.01 ~0.5mm。粗加工时，放电间隙较大，精加工时，放电间隙则较小。

3. 脉冲宽度 t_i(μs)

脉冲宽度简称脉宽（常用 *ON*、T_{ON}等符号表示），是加到工具电极和工件上放电间隙两端的电压脉冲的持续时间（见图 4-1）。为了防止电弧烧伤，电火花加工只能用断断续续的脉冲电压波。一般来说，粗加工时可用较大的脉宽，精加工时只能用较小的脉宽。

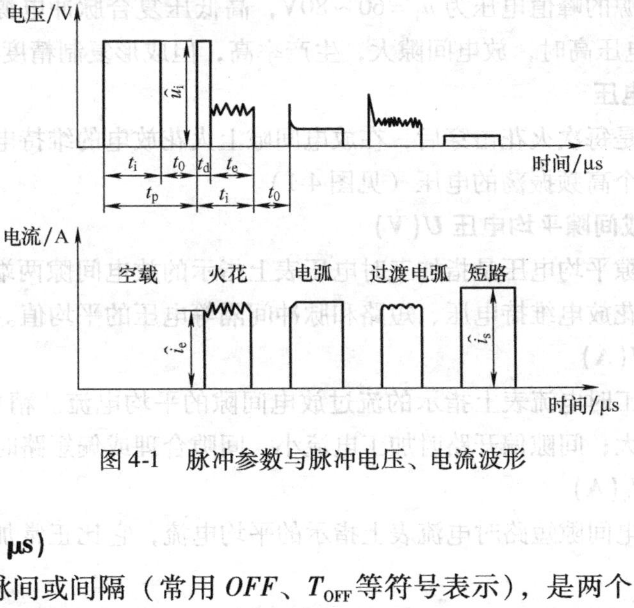

图 4-1　脉冲参数与脉冲电压、电流波形

4. 脉冲间隔 t_0(μs)

脉冲间隔简称脉间或间隔（常用 *OFF*、T_{OFF}等符号表示），是两个电压脉冲之间的间隔时间（见图 4-1）。脉冲间隔过短，放电间隙来不及消电离和恢复绝缘，容易产生电弧放电，烧伤电极和工件；脉冲间隔选得过长，将降低加工生产率。加工面积、加工深度较大时，脉冲间隔也应稍大。

5. 放电时间（电流脉宽）t_e(μs)

放电时间是工作液介质击穿后放电间隙中流过放电电流的时间，即电流脉宽，它比电压脉宽稍小，两者相差一个击穿延时 t_d。t_i 和 t_e 对电火花加工的生产率、表面粗糙度和电极损耗有很大的影响，但实际起作用的是电流脉宽 t_e。

6. 击穿延时 t_d(μs)

从间隙两端加上脉冲电压后，一般均要经过一小段延续时间 t_d，工作液介质才能被击穿放电，这一小段时间 t_d 称为击穿延时（见图 4-1）。击穿延时 t_d 与平均放电间隙的大小有关。工具欠进给时，平均放电间隙变大，平均击穿延时 t_d 就大；反之，工具过进给时，放电间隙变小，t_d 也就小。

7. 脉冲周期 t_p(μs)

一个电压脉冲开始到下一个电压脉冲开始之间的时间称为脉冲周期，显然 $t_p=t_i+t_0$（见图 4-1）。

8. 脉冲频率 f_p(Hz)

脉冲频率是指单位时间内电源发出的脉冲个数，显然，它与脉冲周期 t_p 互为倒数，即

$$f_p=\frac{1}{t_p}$$

9. 开路电压或峰值电压 $\hat{u}_i$(V)

开路电压是间隙开路和间隙击穿之前 t_d 时间内电极间的最高电压（见图 4-1）。一般晶体管方波脉冲电源的峰值电压为 $\hat{u}_i=60\sim80$V，高低压复合脉冲电源的高压峰值电压为 175～300V。峰值电压高时，放电间隙大，生产率高，但成形复制精度较差。

10. 火花维持电压

火花维持电压是每次火花击穿后，在放电间隙上火花放电的维持电压，一般在 25V 左右，但它实际是一个高频振荡的电压（见图 4-1）。

11. 加工电压或间隙平均电压 U(V)

加工电压或间隙平均电压是指加工时电压表上指示的放电间隙两端的平均电压，它是多个开路电压、火花放电维持电压、短路和脉冲间隔等电压的平均值。

12. 加工电流 I(A)

加工电流是加工时电流表上指示的流过放电间隙的平均电流。精加工时加工电流小，粗加工时加工电流大；间隙偏开路时加工电流小，间隙合理或偏短路时加工电流则大。

13. 短路电流 I_s(A)

短路电流是放电间隙短路时电流表上指示的平均电流，它比正常加工时的平均电流要大 20%～40%。

14. 峰值电流 $\hat{i}_e$(A)

峰值电流是间隙火花放电时脉冲电流的最大值（瞬时），在日本、英国、美国常用 I_p 表示（见图 4-1）。虽然峰值电流不易测量，但它是影响加工速度、表面质量等的重要参数。在设计制造脉冲电源时，每一功率放大管的峰值电流应预先计算好，选择峰值电流实

际是选择几个功率管进行加工。

15. 短路峰值电流 $\hat{i}_s$(A)

短路峰值电流是间隙短路时脉冲电流的最大值（见图 4-1），它比峰值电流要大 20%~40%，与短路电流 I_s 相差一个脉宽系数的倍数，即 $I_s=\tau\hat{i}_s$

16. 放电状态

放电状态是指电火花放电间隙内每一个脉冲放电时的基本状态，一般分为五种放电状态和脉冲类型（见图 4-1）。

（1）空载（开路脉冲）　放电间隙没有击穿，间隙处有大于 50V 的电压，但间隙内没有电流通过，为空载状态。

（2）火花放电（工作脉冲，或称有效脉冲）　间隙内绝缘性能良好，工作液介质被击穿后能有效地抛出、腐蚀金属。其波形特点是：电压上有 t_d、t_e 和 i_e，波形上有高频振荡的小锯齿。

（3）电弧放电（不可恢复烧伤性稳定电弧）　由于排屑不良，放电点集中在某一局部而不分散，导致局部热量积累，温度升高，如此恶性循环，此时火花放电就成为电弧放电。由于放电点固定在某一点或某一局部，因此称为稳定电弧，常使电极表面形成难以去掉的烧伤黑斑。电弧放电的波形特点是 t_d 和高频振荡的小锯齿基本消失，其电压波形及电流波形都很光滑。

（4）过渡电弧放电（可恢复性不稳定电弧）　过渡电弧放电的波形特点是击穿延时很小或接近于零，仅成为一尖刺，电压、电流表上的高频分量变低或成为稀疏的锯齿形。这种不稳定电弧放电可能是由间隙微短路或蚀除产物无法及时排除而过分集中于某一局部位置所致。这种波形往往 4~5 个成串出现或更多，可以自行恢复为正常火花放电，或者通过伺服控制恢复为正常火花放电。过渡电弧放电是正常火花放电与稳定电弧放电的过渡状态，是稳定电弧放电的前兆。

（5）短路（短路脉冲）　放电间隙直接短路，是由于伺服进给系统瞬时进给过多或放电间隙中有电蚀产物搭接所致。短路时电流虽较大，但间隙两端的电压很小，因此没有蚀除加工的作用。

以上各种放电状态在实际加工中是交替地、概率性地出现（与加工规准和进给量、冲油、污染等有关），甚至在一次单脉冲放电过程中，也可能交替出现两种以上的放电状态。

4.2 线切割加工工艺的基本规律

4.2.1　工艺指标的概念

电火花线切割加工与电火花成形加工一样，都是依靠火花放电产生的热来蚀除金属，所以有较多共同的工艺规律，如增大峰值电流能提高加工速度等。但由于线切割加工与电火花成形加工的工艺条件及加工方式不尽相同，因此，它们之间的加工工艺过程以及影响工艺指标的因素也存在着较大差异。

和电火花成形加工一样，线切割加工的主要工艺指标有切割速度、加工精度、表面粗糙度等。

1. 切割速度

线切割加工中的切割速度是指在保证一定的表面粗糙度的切割过程中，单位时间内电极丝中心线在工件上切过的面积的总和，单位为mm^2/min。最高切割速度是指在不计切割方向和表面粗糙度等条件下，所能达到的最大切割速度。通常快走丝线切割加工的切割速度为50～100mm^2/min，而慢走丝切割速度为100～150mm^2/min，它与加工电流大小有关。为了在不同脉冲电源、不同加工电流下比较切割效果，将每安培电流的切割速度称为切割效率，一般切割效率为20$mm^2/(min \cdot A)$。

2. 加工精度

加工精度是指所加工工件的尺寸精度、形状精度和位置精度的总称。加工精度是一项综合指标，线切割轨迹的控制精度、机械传动精度、工件装夹定位精度以及脉冲电源参数的波动、电极丝的直径误差、电极丝的损耗与抖动、工作液脏污程度的变化、加工操作者的熟练程度等对加工精度都有影响。快走丝线切割加工的可控加工精度为0.01～0.02mm，慢走丝线切割加工精度可达0.001～0.005mm

3. 表面粗糙度

在我国和欧洲，表面粗糙度常用轮廓的算术平均偏差Ra(μm)来表示，日本常用R_{max}来表示。快走丝线切割加工的表面粗糙度一般为Ra5～2.5μm，最佳也只有1μm左右。慢走丝线切割加工的表面粗糙度上限值一般为Ra1.25μm，最佳可达0.1μm。

4. 电极丝损耗量

对快走丝机床，电极丝损耗量用电极丝在切割10000mm^2面积后电极丝直径的减少量来表示，一般减少量不应大于0.01mm。对慢走丝机床，由于电极丝是一次性的，故电极丝损耗量可忽略不计。

4.2.2 电参数对工艺指标的影响

电参数主要是指电流脉冲宽度t_e、电压脉冲宽度t_i、脉冲间隔t_0、脉冲频率f、峰值电流$\hat{i}_e$、峰值电压$\hat{u}_i$和极性等。

研究结果表明，在电火花加工过程中，无论正极或负极都存在单个脉冲的蚀除量q与单个脉冲能量W_M在一定范围内成正比的关系。某一段时间内的总蚀除量q约等于这段时间内各单个有效脉冲蚀除量的总和，所以正、负极的蚀除速度，与单个脉冲能量、脉冲频率成正比，用公式表示为

$$q = KW_M f\varphi t \tag{4-1}$$

$$v = 60\frac{q}{t} = 60KW_M f\varphi \tag{4-2}$$

式中　q——时间t内的总蚀除量（g或mm^3）；

v——蚀除速度（g/min或mm^2/min），即工件生产率或工具损耗速度；

W_M——单个脉冲放电能量（J）；

f——脉冲频率（Hz）；

t——加工时间（s）；

K——与电极材料、脉冲参数、工作液等有关的工艺系数；

φ——有效脉冲利用率。

单个脉冲放电所释放的能量取决于极间放电电压、放电电流和放电持续时间，所以单个脉冲放电能量为

$$W_M = \int_0^{t_e} u(t)i(t)\,dt \tag{4-3}$$

式中　W_M——单个脉冲放电能量（J）。

t_e——单个脉冲实际放电时间（s）；

$u(t)$——放电间隙中随时间而变化的电压（V）；

$i(t)$——放电间隙中随时间而变化的电流（A）。

由于火花放电间隙电阻的非线性特性，击穿后间隙上的火花维持电压是一个与电极对材料及工作液种类有关的数值（如在煤油中用纯铜加工钢时约为25V，用石墨加工钢时约为30V）。火花维持电压与脉冲电压幅值、极间距离以及放电电流大小等的关系不大，因而正、负极的电蚀量正比于平均放电电流的大小和电流脉宽。对于矩形波脉冲电流，正、负极的电蚀量实际上正比于放电电流的幅值。在通常的晶体管脉冲电源中，脉冲电流近似地为一矩形波，故当纯铜电极加工钢时的单个脉冲能量为

$$W_M = (25 \sim 30)\hat{i}_e t_e \tag{4-4}$$

式中　$\hat{i}_e$——脉冲电流幅值（A）；

t_e——电流脉宽（μs）。

由此可见，提高电蚀量和生产率的途径在于：增加单个脉冲能量 W_M，或者说增加平均放电电流 $\hat{i}_e$（对矩形脉冲即为峰值 $\hat{i}_e$）和电流脉宽 t_e；提高脉冲频率，或者减小脉间 t_0；设法提高工艺系数 K。当然，实际生产时要考虑到这些因素之间的相互制约关系和对其他工艺指标的影响。例如：脉冲间隔过短，将产生电弧放电；随着单个脉冲能量的增加，加工表面粗糙度值也随之增大等。

1. 峰值电流 $\hat{i}_e$

峰值电流 $\hat{i}_e$ 增大，单个脉冲能量 W_M 增多，工件放电痕迹增大，故切割速度迅速提高，表面粗糙度数值增大，电极丝损耗增大，加工精度有所下降。因此，第一次切割加工及加工较厚工件时，取较大的峰值电流。

峰值电流不能无限制增大，当其达到一定临界值后，若再继续增大，则加工稳定性变差，加工速度明显下降，甚至断丝。

一般取峰值电流 $\hat{i}_e$ 小于40A，平均电流小于5A。慢走丝线切割加工时，因脉宽很窄，小于1μs，电极丝又较粗，故 $\hat{i}_e$ 有时大于100A甚至达500A。

2. 脉冲宽度 t_i

在其他条件不变的情况下，增大脉冲宽度 t_i，线切割加工的速度提高，表面质量变差。这是因为当脉冲宽度增加时，单个脉冲放电能量增大，放电痕迹会变大。同时，随着

脉冲宽度的增加，电极丝损耗也变大。这是因为脉冲宽度增加，正离子对电极丝的轰击加强，结果使得接负极的电极丝损耗变大。

当脉冲宽度 t_i 增大到一定临界值后，线切割加工速度将随脉冲宽度的增大而明显减小。因为当脉冲宽度 t_i 达到一定临界值后，加工稳定性变差，从而影响了加工速度。

3. 脉冲间隔 t_0

在其他条件不变的情况下，减小脉冲间隔 t_0，脉冲频率将提高，使得单位时间内放电次数增多，平均电流增大，从而提高了切割速度。

脉冲间隔 t_0 在电火花加工中的主要作用是消电离和恢复液体介质的绝缘状态。脉冲间隔 t_0 不能过小，否则会影响电蚀产物的排出和火花通道的消电离，导致加工稳定性变差和加工速度降低，甚至断丝。当然，也不是说脉冲间隔 t_0 越大，加工就越稳定。脉冲间隔过大会使加工速度明显降低，严重时造成不能连续进给，加工变得不稳定。

在电火花成形加工中，脉冲间隔的变化对加工表面粗糙度影响不大。而在电火花线切割加工中，在其余参数不变的情况下，脉冲间隔减小，线切割工件的表面粗糙度数值稍有增大。这是因为一般电火花线切割加工用的电极丝直径都在 ϕ0.25mm 以下，放电面积很小，脉冲间隔的减小导致平均加工电流增大，由于面积效应的作用，使加工表面粗糙度值增大。

脉冲间隔的合理选取，与电参数、走丝速度、电极丝直径、工件材料及厚度有很大关系。因此，在选取脉冲间隔时必须根据具体情况而定。当走丝速度较快、电极丝直径较大、工件较薄时，因排屑条件好，可以适当缩短脉冲间隔时间。反之，则应适当增大脉冲间隔。

4. 开路电压 $\hat{u}_i$

开路电压 $\hat{u}_i$ 改变会引起峰值电流和放电加工间隙的改变。$\hat{u}_i$ 提高，加工间隙增大，排屑变易，可以提高切割速度和加工过程的稳定性。但易造成电极丝振动。通常 $\hat{u}_i$ 的提高会增加电源中限流电阻的发热损耗，还会使电极丝损耗加大。

5. 放电波形

在相同的工艺条件下，高频分组脉冲常常能获得较好的加工效果。电流波形的前沿上升比较缓慢时，电极丝损耗较少。不过当脉宽很窄时，必须要有陡的前沿才能进行有效的加工。

6. 极性

电火花线切割加工因脉宽较窄，所以都用正极性加工，否则切割速度变低且电极丝损耗增大。

综上所述，电参数对电火花线切割加工的工艺指标的影响有如下规律：

1）加工速度随着加工峰值电流、脉冲宽度的增大和脉冲间隔的减小而提高，即加工速度随着加工平均电流的增加而提高。实验证明，增大峰值电流对切割速度的影响比用增大脉宽的办法显著。

2）加工表面粗糙度数值随着加工峰值电流、脉冲宽度的增大及脉冲间隔的减小而增大，不过脉冲间隔对表面粗糙度影响较小。

实践表明，在加工中改变电参数对工艺指标影响很大，必须根据具体的加工对象和要求，综合考虑各因素及其相互影响关系，选取合适的电参数，既优先满足主要加工要求，又同时注意提高各项加工指标。例如，加工精密小零件时，精度和表面粗糙度是主要指标，加工速度是次要指标，这时选择电参数主要满足尺寸精度高、表面粗糙度好的要求。又如加工中、大型零件时，对尺寸的精度和表面粗糙度要求低一些，故可选较大的加工峰值电流、脉冲宽度，尽量获得较高的加工速度。此外，不管加工对象和要求如何，还需选择适当的脉冲间隔，以保证加工稳定进行，提高脉冲利用率。因此，选择电参数值是相当重要的，只有客观地运用它们的最佳组合，才能够获得良好的加工效果。

4.2.3　非电参数对工艺指标的影响

1. 电极丝的材料对工艺指标的影响

目前电火花线切割加工使用的电极丝材料有钼丝、钨丝、钨钼合金丝、黄铜丝、铜钨丝等。

采用钨丝加工时，可获得较高的加工速度，但放电后丝质易变脆，容易断丝，故应用较少，只在慢走丝弱规准加工中尚有使用。钼丝比钨丝熔点低，抗拉强度低，但韧性好，在频繁的急热急冷变化过程中，丝质不易变脆、不易断丝。钨钼丝（钨、钼质量分数各为50%的合金）的加工效果比前两种都好，它具有钨、钼两者的特性，使用寿命和加工速度都比钼丝高。铜钨丝有较好的加工效果，但抗拉强度差些，价格比较昂贵，来源较少，故应用较少。采用黄铜丝做电极丝时，加工速度较高，加工稳定性好，但抗拉强度差，损耗大。

目前，快走丝线切割加工中广泛使用钼丝作为电极丝，慢走丝线切割加工中广泛使用直径为 ϕ0.1mm 以上的黄铜丝作为电极丝。

2. 电极丝的直径对工艺指标的影响

电极丝的直径是根据加工要求和工艺条件选取的。在加工要求允许的情况下，可选用直径大些的电极丝。电极丝直径大，抗拉强度大，承受电流大，可采用较强的电规准进行加工，能够提高输出的脉冲能量，提高加工速度。同时，电极丝直径大，切缝宽，放电产物排除条件好，加工过程稳定，能提高脉冲利用率和加工速度。若电极丝过粗，则难以加工出内尖角工件，降低了加工精度；同时，切缝过宽使材料的蚀除量变大，加工速度也有所降低。若电极丝直径过小，则抗拉强度低，易断丝，而且切缝较窄，放电产物排除条件差，加工经常出现不稳定现象，导致加工速度降低。细电极丝的优点是可以得到较小半径的内尖角，加工精度能相应提高。表4-1是常见的几种直径的钼丝的最小拉断力。快走丝一般采用 ϕ0.10～0.25mm 的钼丝。

表4-1　几种直径的钼丝的最小拉断力

钼丝直径/mm	最小拉断力/N	钼丝直径/mm	最小拉断力/N
0.06	2～3	0.15	14～16
0.08	3～4	0.18	18～20
0.10	7～8	0.22	22～25
0.13	12～13		

3. 走丝速度对工艺指标的影响

对于快走丝线切割机床，在一定范围内，走丝速度（简称丝速）的提高有利于脉冲结束时放电通道迅速消电离。同时，高速运动的电极丝能把工作液带入厚度较大工件的放电间隙中，有利于排屑和放电加工稳定进行。因此，在一定加工条件下，随着丝速的增大，加工速度提高。图 4-2 所示为快走丝线切割机床走丝速度与切割速度关系的实验曲线。实验证明：当走丝速度由 1.4 m/s 上升到 7～9 m/s 时，走丝速度对切割速度的影响非常明显；若再继续增大走丝速度，切割速度不仅不增大，反而开始下降，这是因为丝速再增大，排屑条件虽然仍在改善，蚀除作用基本不变，但是储丝筒一次排丝的运转时间减少，使其在一定时间内的正反向换向次数增多，非加工时间增多，从而使加工速度降低。

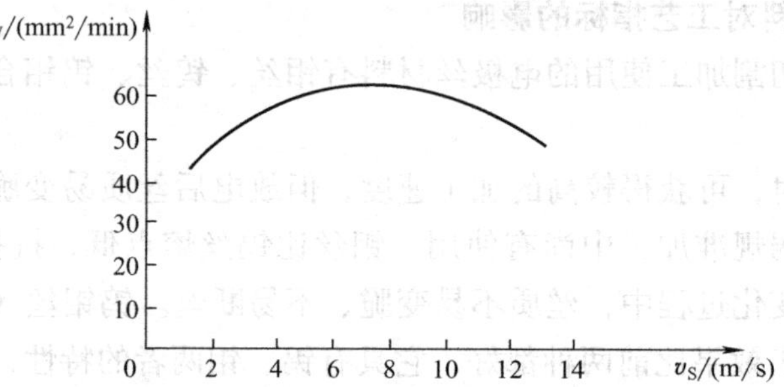

图 4-2 快速走丝方式下丝速对加工速度的影响

对应最大加工速度的最佳走丝速度与工艺条件、加工对象有关，特别是与工件材料的厚度有很大关系。当其他工艺条件相同时，工件材料厚一些，对应于最大加工速度的走丝速度就高一些，即图 4-2 中的曲线将随工件厚度的增加而右移。

在国产的快走丝线切割机床中，有相当一部分机床的走丝速度可以调节，可根据不同的加工工件厚度选用最佳的加工速度（表 4-2）。

表 4-2 丝速选择范围表

丝速/(m/s)	3	6	9	12
适合加工厚度/mm	适用于上丝或多次切割	<40	<150	>150

对慢走丝线切割机床来说，同样也是走丝速度越快，加工速度越快。因为慢走丝线切割机床的电极丝的线速度范围为每秒零点几毫米到几百毫米。这种走丝方式是比较平稳均匀的，电极丝抖动小，故加工出的零件表面质量好、加工精度高；但丝速慢导致放电产物不能及时被带出放电间隙，易造成短路及不稳定放电现象。提高电极丝走丝速度，工作液容易被带入放电间隙，放电产物也容易排出间隙之外，故改善了间隙状态，进而可提高加工速度。但在一定的工艺条件下，当丝速达到某一值后，加工速度就趋向稳定，如图 4-3 所示。

慢走丝线切割机床的最佳走丝速度与加工对象、电极丝材料、直径等有关。目前慢走丝线切割机床的操作说明书中都会推荐相应的走丝速度值，可以根据推荐进行选择。

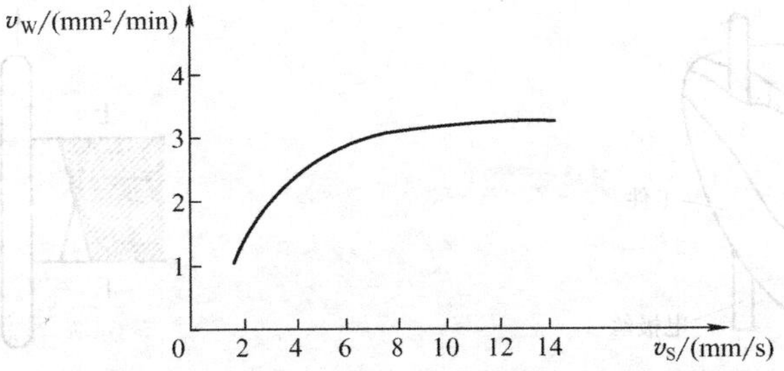

图4-3　慢速走丝方式下丝速对加工速度的影响

4. 电极丝往复运动对工艺指标的影响

快走丝线切割加工时，工件加工表面往往会出现黑白交错相间的条纹（见图4-4），电极丝入口处呈黑色，出口处呈白色。条纹的出现与电极丝的运动有关，这是排屑和冷却条件不同造成的。电极丝从上向下运动时，工作液由电极丝从上部带入工件内，放电产物由电极丝从下部带出。上部工作液充分，冷却条件好；下部工作液少，冷却条件差，但排屑条件比上部好。工作液在放电间隙里受高温热裂分解，形成高压气体，急剧向外扩散，对上部蚀除物的排除造成困难。这时，放电产生的炭黑等物质凝聚附着在上部加工表面上，使之呈黑色；在下部，排屑条件好，工作液少，放电产物中炭黑较少，而且放电常常是在气体中发生的，因此加工表面呈白色。同理，当电极丝从下向上运动时，下部呈黑色，上部呈白色。这样，经过电火花线切割加工的表面就形成黑白交错相间的条纹。这是往复走丝工艺的特性之一。

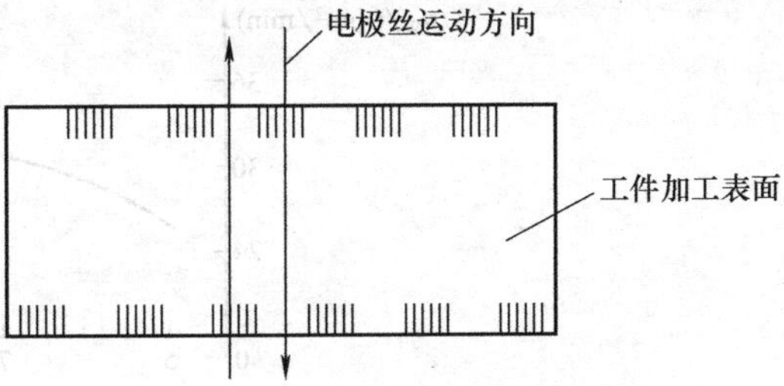

图4-4　与电极丝运动方向有关的条纹

由于加工表面两端出现黑白交错相间的条纹，使工件加工表面两端的表面质量比中部稍有下降。当电极丝较短、储丝筒换向周期较短或切割较厚工件时，如果进给速度和脉冲间隔调整不当，尽管加工结果看上去似乎没有条纹，实际上条纹很密且互相重叠。

电极丝往复运动还会造成斜度。电极丝上下运动时，电极丝入口处与出口处的切缝宽窄不同（见图4-5）。宽口是电极丝的切入处，窄口是电极丝的出口处。故当电极丝往复运动时，在同一切割表面中电极丝入口与出口的高低不同。这对加工精度和表面粗糙度是有影响的。图4-6所示是切缝剖面示意图，由图可知，电极丝的切缝不是直壁缝，而是两端小、中间大的鼓形缝。这也是往复走丝工艺的特性之一。

对于慢走丝线切割加工，上述不利于加工表面质量的因素可以克服。一般慢走丝线切割加工无需换向，加之便于维持放电间隙中的工作液和蚀除产物的大致均匀，所以可以避免黑白相间的条纹。同时，由于慢走丝系统电极丝运动速度低、走丝运动稳定，因此不易产生较大的机械振动，从而避免了加工面的波纹。

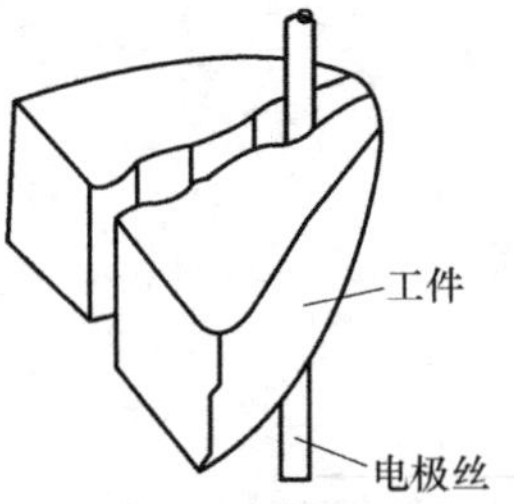

图 4-5 电极丝运动引起的斜度

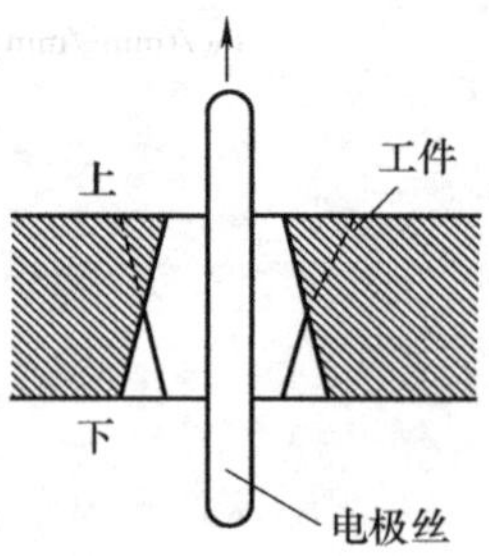

图 4-6 切缝剖面示意图

5. 电极丝张力对工艺指标的影响

电极丝张力对工艺指标的影响如图 4-7 所示，在起始阶段，电极丝的张力越大，则切割速度越快，这是由于张力大时，电极丝的振幅变小，切缝宽度变窄，进给速度加快。

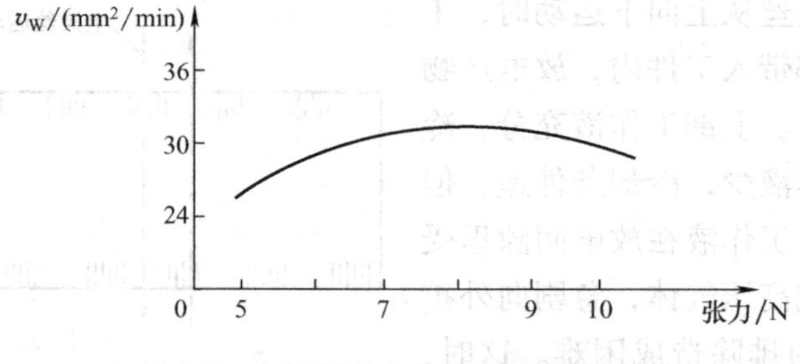

图 4-7 电极丝张力与进给速度的关系

若电极丝的张力过小，一方面电极丝抖动厉害，会频繁造成短路，以致加工不稳定，加工精度不高；另一方面，电极丝过松，在加工过程中受放电压力作用而产生的弯曲变形严重，结果电极丝切割轨迹落后并偏移工件轮廓，即出现加工滞后现象，从而造成形状和尺寸误差，如切割较厚的圆柱时会出现腰鼓形状，严重时电极丝在快速运转过程中会跳出导轮槽，从而造成断丝等故障。但如果过分将张力增大，切割速度不仅不继续上升，反而容易断丝。电极丝断丝的机械原因主要是由于电极丝本身受抗拉强度的限制。因此，在多次线切割加工中，往往粗加工时电极丝的张力稍微调小，以保证不断丝，精加工时电极丝张力稍微调大，以减小其抖动的幅度，从而提高加工精度。

在慢走丝加工中，设备操作说明书中一般都有详细的张紧力设置说明，初学者可以按照说明书去设置，有经验者可以自行设定。如对多次切割，可以在第一次切割时稍微减小张紧力，以避免断丝。在快走丝加工中，部分机床有自动紧丝装置，操作者完全可以按相关说明书进行操作；另一部分需要手动紧丝，这种操作需要实践经验，一般在开始上丝时紧三次，在随后的加工中根据具体情况具体分析。

6. 工件材料及厚度对工艺指标的影响

（1）工件材料对工艺指标的影响　工艺条件大体相同的情况下，工件材料的化学、物理性能不同，加工效果也会有较大差异。

在慢速走丝方式、煤油介质情况下，加工铜件过程稳定，加工速度较快；加工硬质合金等高熔点、高硬度、高脆性材料时，加工稳定性及加工速度都比加工铜件低；加工钢件，特别是不锈钢、磁钢和未淬火或淬火硬度低的钢等材料时，加工稳定性差，加工速度低，工件表面粗糙度值也大。

在快速走丝方式、乳化液介质的情况下，加工铜件、铝件时，加工过程稳定，加工速度快；加工不锈钢、磁钢、未淬火或淬火硬度低的高碳钢时，加工稳定性差些，加工速度也低，工件表面粗糙度值也大；加工硬质合金钢时，加工比较稳定，加工速度低，但表面粗糙度值小。

材料不同，加工效果不同，这是因为工件材料不同，脉冲放电能量在两极上的分配、传导和转换都不同。从热学观点来看，材料的电火花加工性与其熔点、沸点有很大关系。表4-3为常用工件材料的熔点和沸点。

由表4-3可知，常用的电极丝材料钼的熔点为2625℃，沸点为4800℃，比铁、硅、锰、铬、铜、铝的熔点和沸点都高，而比碳化钨、碳化钛等硬质合金基体材料的熔点和沸点要低。在单个脉冲放电能量相同的情况下，用铜丝加工硬质合金比加工钢产生的放电痕迹小，加工速度低，工件表面粗糙度值小，同时电极丝损耗大，间隙状态恶化时则易引起断丝。

表4-3　常用工件材料的熔点和沸点

项目＼材料	碳（石墨）C	钨 W	碳化钛 TiC	碳化钨 WC	钼 Mo	铬 Cr	钛 Ti	铁 Fe	钴 Co	硅 Si	锰 Mn	铜 Cu	铝 Al
熔点/℃	3700	3410	3150	2720	2625	1890	1820	1540	1495	1430	1250	1083	660
沸点/℃	4830	5930	—	6000	4800	2500	3000	2740	2900	2300	2130	2600	2060

（2）工件厚度对工艺指标的影响　工件厚度对工作液进入和流出加工区域以及电蚀产物的排除、通道的消电离等都有较大的影响。同时，电火花通道压力对电极丝抖动的抑制作用也与工件厚度有关。这样，工件厚度对电火花加工稳定性和加工速度必然产生相应的影响。工件材料薄，工作液容易进入和充满放电间隙，对排屑和消电离有利，加工稳定性好。但是，工件太薄，对固定丝架来说，电极丝从工件两端面到导轮的距离大，易发生抖动，对加工精度和表面质量将带来不良影响，且脉冲利用率低，切割速度下降；工件材料太厚，工作液难以进入和充满放电间隙，这样对排屑和消电离不利，加工稳定性差。

工件材料的厚度大小对加工速度也有较大的影响。在一定的工艺条件下，加工速度随工件厚度的变化而变化，一般都有一个对应最大加工速度的工件厚度。图4-8所示为快走丝时工件厚度对加工速度的影响。图4-9所示为慢走丝时工件厚度对加工速度的影响。

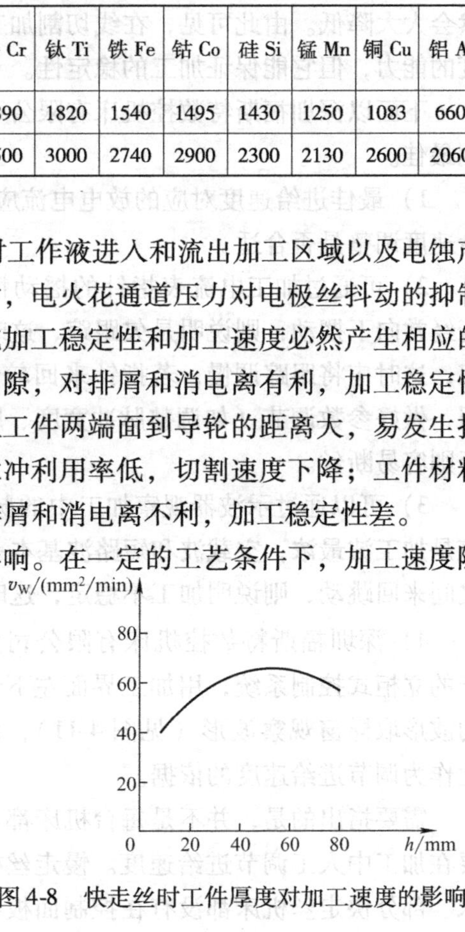

图4-8　快走丝时工件厚度对加工速度的影响

7. 进给速度对工艺指标的影响

（1）进给速度对加工速度的影响　在线切割加工时，工件不断被蚀除，即有一个蚀除速度；另一方面，为了电火花放电正常进行，电极丝必须向前进给，即有一个进给速度。在正常加工中，蚀除速度大致等于进给速度，从而使放电间隙维持在一个正常的范围内，使线切割加工能连续进行下去。

蚀除速度与机器的性能、工件的材料、电参数、非电参数等有关，但在某一工件加工过程中，它就可以看成是一个常量。国产的快走丝机床中，有很多机床的进给速度需要人工调节，因此进给速度是一个随时可变的可调节参数。

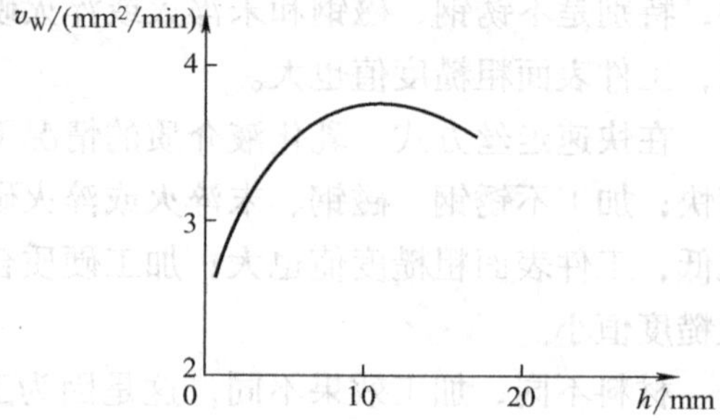

图 4-9 慢走丝时工件厚度对加工速度的影响

正常的电火花线切割加工应保证进给速度与蚀除速度大致相等，使进给均匀平稳。若进给速度过高（过跟踪），即电极丝的进给速度明显超过蚀除速度，则放电间隙会越来越小，会产生短路现象。当出现短路时，电极丝马上快速回退。当回退到一定的距离时，电极丝又以大于蚀除速度的速度向前进给，又开始产生短路、回退。这样频繁的短路现象，一方面造成加工的不稳定，另一方面可能造成断丝。若进给速度太慢（欠跟踪），即电极丝的进给速度明显落后于工件的蚀除速度，则电极丝与工件之间的距离越来越大，形成开路，工件蚀除过程暂时停止，整个加工速度自然会大大降低。由此可见，在线切割加工中，调节进给速度虽然本身并不具有提高加工速度的能力，但它能保证加工的稳定性。

下面以深圳福斯特数控机床有限公司的某型号线切割机床来说明如何将进给速度调节到最佳。

1）最佳进给速度对应的放电电流应是短路电流的 80% 左右，这一规律可用于判断进给速度调整是否合适。

2）可通过加工电流表指针的摇动情况来判断。正常加工时，电流表指针基本不动。若经常向下摆动，则说明是欠跟踪，这时应将跟踪调快；若经常向上摆动，则说明是过跟踪，这时应将跟踪调慢；若指针来回较大幅度摇摆，则说明加工不稳定，这时应判明原因，做好参数调节（如调整脉冲宽度、脉冲间隔、峰值电流、工作液流量等）后再加工，否则容易断丝。

3）可以通过示波器观察加工中的脉冲波形来判别（见图 4-10）。在正常条件下，应该是加工波最浓，空载波和短路波基本一致，波形稳定。如果出现波形在空载波和短路波之间来回跳动，则说明加工不稳定，这时需要调节常用的电参数和非电参数。

4）深圳福斯特数控机床有限公司生产的立柜式控制系统，用加工界面左下角的波形取样窗观察波形（见图 4-11），以此作为调节进给速度的依据。

需要指出的是，并不是每台机床都需要在加工中人工调节进给速度。慢走丝机床、部分快走丝机床都没有在控制面板中

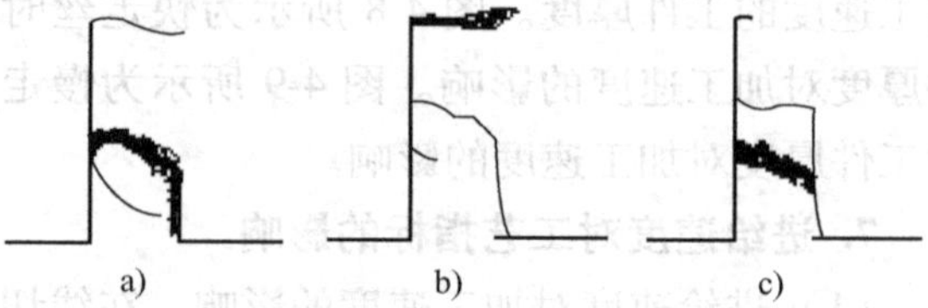

图 4-10 采用示波器观察

a）稳定切割 b）欠跟踪，需加快 c）过跟踪，需减慢

设置这类按钮。

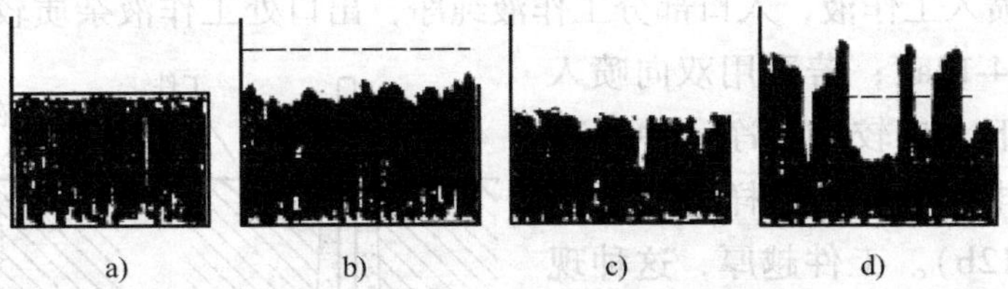

图 4-11　采用立柜控制界面取样波形

a）正常加工　b）欠跟踪，需加快　c）过跟踪，要减慢　d）加工不稳定，需调整电参数

（2）进给速度对工件表面质量的影响　进给速度调节不当，不但会造成频繁的短路、开路，而且还会影响工件的表面质量，致使出现不稳定条纹，或者出现表面烧蚀现象。分下列几种情况讨论：

1）进给速度过高。这时工件蚀除的线速度低于进给速度，会频繁出现短路，造成加工不稳定，平均加工速度降低，加工表面发焦，呈褐色，工件的上下端面均有过烧现象。

2）进给速度过低。这时工件蚀除的线速度大于进给速度，经常出现开路现象，导致加工不能连续进行，加工表面亦发焦，呈淡褐色，工件的上下端面也有过烧现象。

3）进给速度稍低。这时工件蚀除的线速度略高于进给速度，加工表面较粗、较白，两端面有黑白相间的条纹。

4）进给速度适宜。这时工件蚀除的线速度与进给速度相匹配，加工表面细而亮，丝纹均匀。因此，在这种情况下，能得到表面质量好、加工精度高的效果。

8. 工作液对工艺指标的影响

在相同的工作条件下，采用不同的工作液可以得到不同的加工速度、表面粗糙度。电火花线切割加工的切割速度与工作液的介电系数、流动性、洗涤性等有关。快走丝线切割机床的工作液有煤油、去离子水、乳化液、洗涤剂液、酒精溶液等。但由于煤油、酒精溶液作为工作液用于加工时，加工速度低、易燃烧，现已很少采用。目前，快走丝线切割工作液广泛采用的是乳化液，其用于加工时加工速度快。慢走丝线切割机床采用的工作液是去离子水和煤油。

工作液的注入方式和注入方向对线切割加工精度有较大的影响。工作液的注入方式有浸泡式、喷入式和浸泡喷入复合式。在浸泡式注入方法中，线切割加工区域流动性差，加工不稳定，放电间隙大小不均匀，很难获得理想的加工精度；喷入式注入方式是目前国产快走丝线切割机床应用最广的一种，因为工作液以喷入这种方式强迫注入工作区域，其间隙的工作液流动更快，加工较稳定，但是由于工作液喷入时难免带进一些空气，故不时发生气体介质放电，其蚀除特性与液体介质放电不同，从而影响了加工精度。浸泡式和喷入式比较，喷入式的优点明显，所以大多数快走丝线切割机床采用这种注入方式。精密电火花线切割加工（慢走丝线切割加工）普遍采用浸泡喷入复合式的工作液注入方式，它既有喷入式的优点，同时又避免了喷入时带入空气的隐患。工作液的喷入方向分单向和双向两种。无论采用哪种喷入方向，在电火花线切割加工中，因切缝狭小、放电区域介质液体的介电系数不均匀，所以放电间隙也不均匀，并且导致加工面不平、加工精度不高。

若采用单向喷入工作液，入口部分工作液纯净，出口处工作液杂质较多，这样会造成加工斜度（见图4-12a）；若采用双向喷入工作液，则上、下入口较为纯净，中间部位杂质较多，介电系数低，这样造成鼓形切割面（见图4-12b）。工件越厚，这种现象越明显。

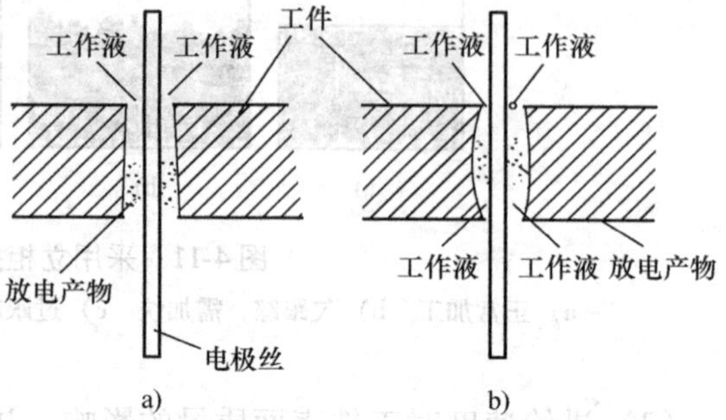

图4-12 工作液喷入方式对线切割加工精度的影响
a）单向喷入方式 b）双向喷入方式

9. 火花通道压力对工艺指标的影响

在液体介质中进行脉冲放电时，产生的放电压力具有急剧爆发的性质，对放电点附近的液体、气体和蚀除物产生强大的冲击作用，使之向四周喷射，同时伴随发生光、声等效应。这种火花通道的压力对电极丝产生较大的后向推力，使电极丝发生弯曲。图4-13所示是放电压力使电极丝弯曲的示意图。因此，实际加工轨迹往往落后于工作台运动轨迹。例如，图4-14中，切割直角轨迹工件时，切割轨迹应在图中 a 点处转弯，但由于电极丝受到放电压力的作用，实际加工轨迹如图中实线所示。

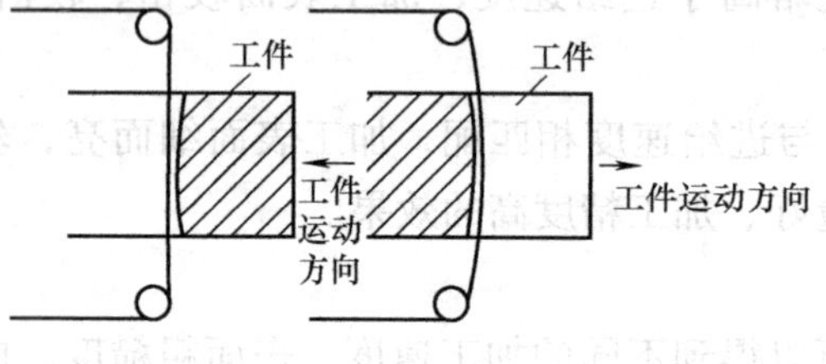

图4-13 放电压力使电极丝弯曲示意图

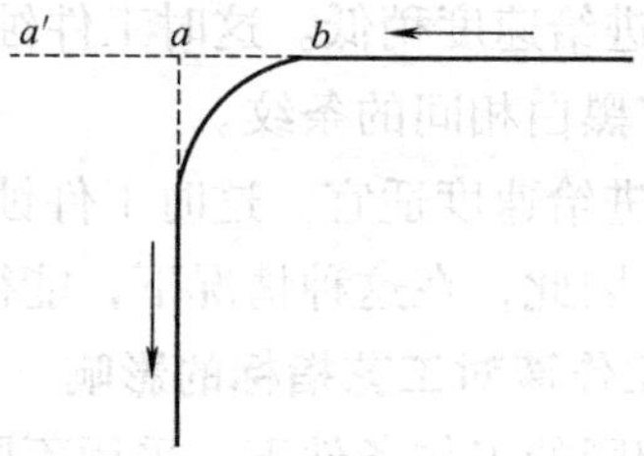

图4-14 电极丝弯曲对加工精度的影响

为了减缓因电极丝受火花通道压力而造成的滞后变形给工件带来的误差，许多机床采用了特殊的补偿措施。如为了避免图4-14中的塌角，附加了一段 a—a' 段程序。当工作台的运动轨迹从 a 到 a' 再返回到 a 点时，滞后的电极丝也刚好从 b 点运动到 a 点。

4.3 线切割加工工艺

线切割加工之前，必须做好相应的准备工作，安排好加工工艺路线，合理选择加工参数，只有这样才能正确、高效地加工出合格的零件。

4.3.1 线切割加工操作流程

线切割加工作为零件的精加工工序，一般放在机械加工工序和热处理工序之后，按图样的要求，最终使零件达到图样要求的尺寸精度、几何精度和表面粗糙度。线切割加工的一般步骤如图4-15所示。

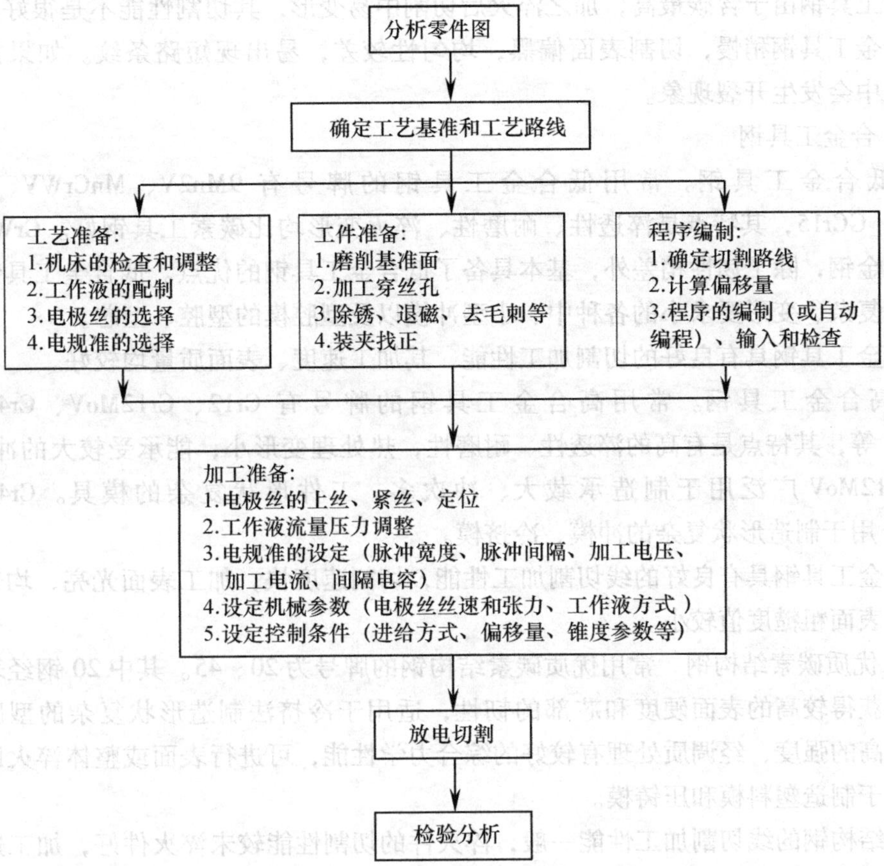

图4-15　电火花线切割加工工艺规程流程图

4.3.2　图样分析与毛坯准备

1. 分析和审核零件图

分析零件图对保证工件加工质量和工件的综合技术指标有决定意义。在分析零件图样时，首先要挑出不能或不宜用线切割加工的零件的图样，通常有以下几种情况：

1）表面粗糙度或尺寸精度要求很高，使用线切割加工无法达到要求的工件。

2）零件中的窄缝小于线切割加工的间隙，或者零件内轮廓拐角处的圆角半径小于电极丝半径与放电间隙之和。

3）非导电材料。

4）工件厚度大于丝架的最大跨距。

5）线切割机床的 *X*、*Y* 滑板的有效行程长度不能满足工件加工尺寸的要求。

2. 常用材料、热处理及其切割性能

（1）碳素工具钢　常用碳素工具钢的牌号有 T7、T8、T10A、T12A，其特点是淬火硬度高，淬火后表面硬度约为 62HRC，有一定的耐磨性，成本较低。但其淬透性较差，淬火变形大，因而在线切割加工前要经热处理预加工，以消除内应力。碳素工具钢以 T10A 应用最为广泛，一般用于制造尺寸不大、形状简单、受轻载荷的冲模零件。

碳素工具钢由于含碳最高，加之淬火后切割中易变形，其切割性能不是很好，切割速度较之合金工具钢稍慢，切割表面偏黑，均匀性较差，易出现短路条纹。如果热处理不当，加工中会发生开裂现象。

（2）合金工具钢

1）低合金工具钢。常用低合金工具钢的牌号有 9Mn2V、MnCrWV、CrWMn、9CrWMn、GCr15，其特点是淬透性、耐磨性、淬火变形均比碳素工具钢好。CrWMn 为典型的低合金钢，除了韧性稍差外，基本具备了低合金工具钢的优点。低合金工具钢常用来制造形状复杂、变形要求小的各种中、小型冲模以及型腔模的型腔、型芯。

低合金工具钢具有良好的切割加工性能，其加工速度、表面质量均较好。

2）高合金工具钢。常用高合金工具钢的牌号有 Cr12、Cr12MoV、Cr4W2MoV、W18Cr4V 等，其特点是有高的淬透性、耐磨性，热处理变形小，能承受较大的冲击载荷，Cr12、Cr12MoV 广泛用于制造承载大、冲次多、工件形状复杂的模具。Cr4W2MoV、W18Cr4V 用于制造形状复杂的冲模、冷挤模。

高合金工具钢具有良好的线切割加工性能，切割速度快，加工表面光亮、均匀，加工后工件的表面粗糙度值较小。

（3）优质碳素结构钢　常用优质碳素结构钢的牌号为 20、45。其中 20 钢经表面渗透淬火，可获得较高的表面硬度和芯部的韧性，适用于冷挤法制造形状复杂的型腔模。45 钢具有较高的强度，经调质处理有较好的综合力学性能，可进行表面或整体淬火以提高硬度，常用于制造塑料模和压铸模。

碳素结构钢的线切割加工性能一般，淬火件的切割性能较未淬火件好，加工速度较合金工具钢稍慢，表面质量较差。

（4）硬质合金　常用硬质合金按 ISO 分类法有 K、M、D 三大类，其硬度高、结构稳定、变形小，常用来制造各种复杂的模具和刃具。

硬质合金线切割加工速度较低，但表面质量好。由于线切割加工时使用水基工作液，工件表面会产生显微裂纹的变质层。

（5）纯铜　纯铜具有良好的导电性、导热性、耐蚀性和塑性。模具制造行业常用纯铜制作电极，这类电极往往形状复杂，精度要求高，需要线切割来加工。

纯铜的线切割切割速度较低，是合金工具钢的 50% ~60%，表面粗糙度值较大，放电间隙也较大，但其线切割加工稳定性比较好。

（6）石墨　石墨是由碳元素组成的，具有导电性和耐蚀性，因而也可以制作电极。石墨的线切割加工性能很差，切割速度只有合金工具钢的 20% ~30%，其放电间隙小，不易排屑，加工时易短路，属不易加工材料。

（7）铝　铝质量轻又具有金属的强度，常用来制作一些结构件，在机械上也可作连接件等。铝的线切割加工性能良好，切割速度是合金工具钢的 2 ~3 倍，加工后表面光亮，表面质量一般，但铝在高温下表面极易形成不导电的氧化膜，因而线切割加工时，放电间歇时间相对要小，才能保证高速加工。同时，由于产生不导电的微粒，当这些微粒分布在导电块与电极丝之间时，常使电极丝在导电块发生火花放电，从而加快导电块的损耗。

4.3.3　线切割穿丝孔

1. 穿丝孔的作用

在线切割加工中，穿丝孔的主要作用有：

1）对于切割凹模或带孔的工件，为了不损坏工件，必须先有一个孔用来将电极丝穿进去，然后才能进行加工。

2）减小凹模或工件在线切割加工中的变形。线切割中坯料因内应力失去平衡而产生变形，影响加工精度，严重时切缝甚至会夹住、拉断电极丝。综合考虑内应力导致的变形等因素，可以看出，图4-16c中穿丝孔位置及切割方向最好，图a其次。在图4-16b、d中，零件与坯料的主要连接部位被过早地割离，余下的材料被夹持部分少，坯料刚性大大降低，容易产生变形，从而影响加工精度。

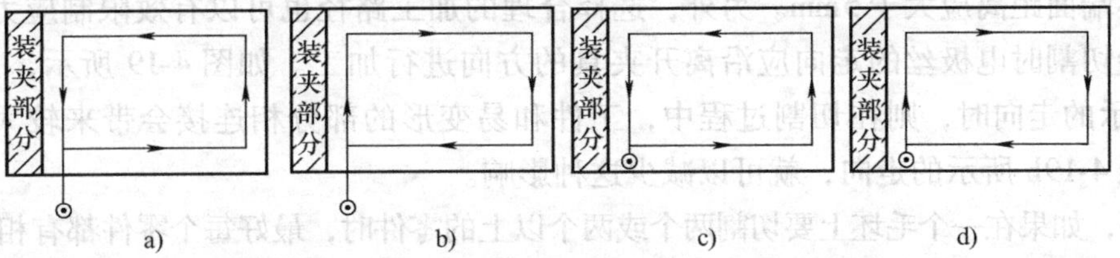

图4-16　切割时穿丝孔位置及切割方向比较图

2. 穿丝孔位置和直径的选择

穿丝孔和加工零件轮廓的最小距离与工件的厚度有关，工件越厚，则最小距离越大，一般不小于3mm。实际中穿丝孔有可能打歪（见图4-17a），若穿丝孔与欲加工零件图形的轨迹最小距离过小，则可能导致工件报废；若穿丝孔与欲加工零件图形的轨迹较远（见图4-17b），则会增加切割行程。图4-17中，双点画线为加工轨迹，圆形小孔为穿丝孔。

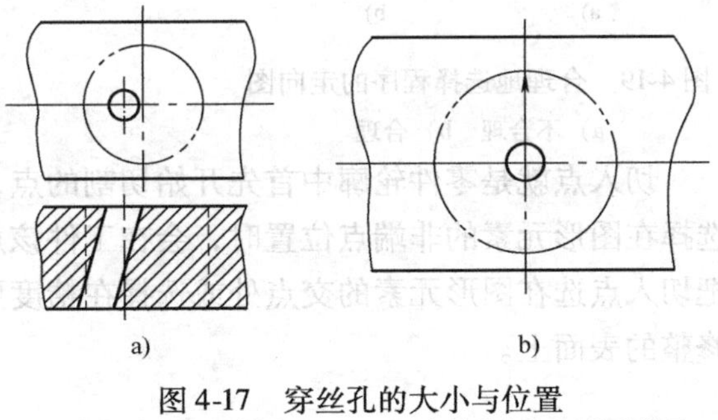

图4-17　穿丝孔的大小与位置
a）穿丝孔与加工轨迹太近　b）穿丝孔与加工轨迹较远

穿丝孔的直径不宜过小或过大，否则加工较困难。穿丝孔的直径应适宜，一般选为$\phi3\sim8$mm较好。若零件轨迹等方面的原因导致穿丝孔的直径必须很小，则在打穿丝孔时要小心，尽量避免打歪或尽可能减少穿丝孔的深度。如图4-18a所示，直接用打孔机打孔，操作较困难；如图4-18b所示，在不影响使用的情况下，考虑将底部先铣削出一个较大的底孔来减小穿丝孔的深度，从而降低打孔的难度。在加工塑料模的顶杆孔等零件时，常常使用这种方法。

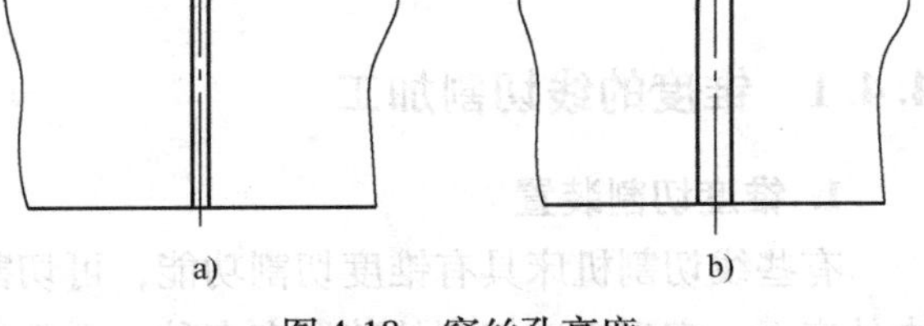

图4-18　穿丝孔高度

3. 穿丝孔的加工

由于许多穿丝孔都要作加工基准，因此，要保证其有较高的位置精度和尺寸精度。这就需要在具有较精密坐标工作台的机床上加工穿丝孔。为了保证孔径尺寸的精度，可采用钻铰或钻车等较精密的机械加工方法。穿丝孔的位置精度和尺寸精度一般不低于工件要求的精度。对于材料硬度较高或较厚的工件，则需要采用高速电火花加工等方法来打孔。

穿丝孔加工完成后，一定要注意清理里面的毛刺，以避免加工中产生短路而导致加工不能正常进行。

4.3.4 加工路径的确定与切入点的选择

在线切割加工中，工件内部应力的释放会引起工件的变形，为了限制内应力对加工的影响，应注意在加工凸形类零件时尽可能从穿丝孔加工，不要直接从工件的端面加工。在材料允许的情况下，凸形类零件的轮廓尽量远离毛坯的端面，通常情况下凸形类零件的轮廓离毛坯端面距离应大于5mm。另外，选择合理的加工路径也可以有效限制应力的释放，如在开始切割时电极丝的走向应沿离开夹具的方向进行加工。如图4-19所示，当选择图4-19a所示的走向时，则在切割过程中，工件和易变形的部分相连接会带来较大的误差；如选择图4-19b所示的走向，就可以减少这种影响。

另外，如果在一个毛坯上要切割两个或两个以上的零件时，最好每个零件都有相应的穿丝孔，这样可以有效限制工件内部应力的释放，从而提高零件的加工精度，如图4-20a、b所示。

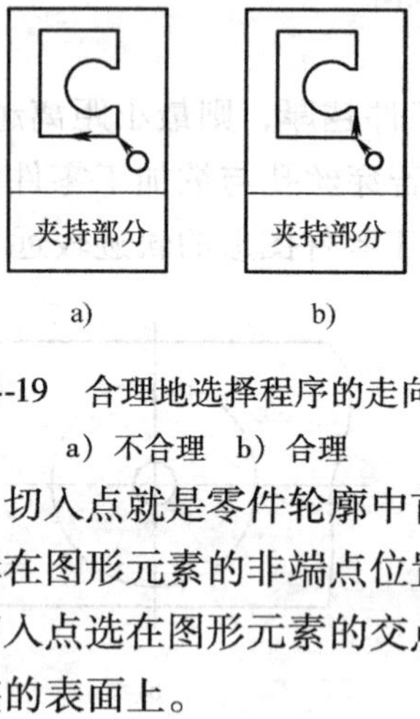

图4-19 合理地选择程序的走向图
a）不合理 b）合理

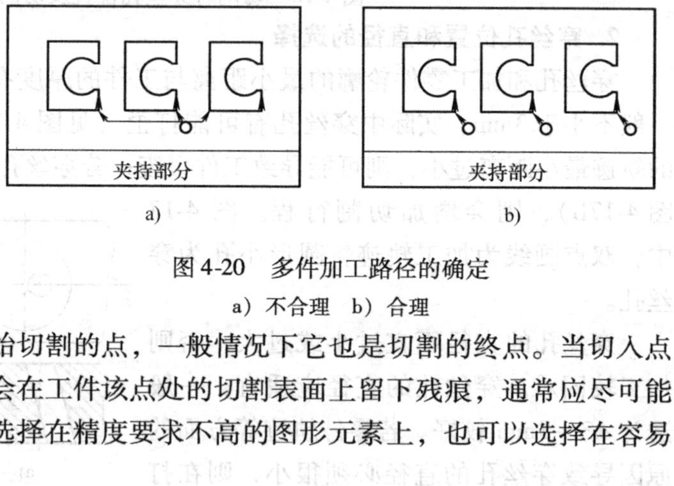

图4-20 多件加工路径的确定
a）不合理 b）合理

切入点就是零件轮廓中首先开始切割的点，一般情况下它也是切割的终点。当切入点选择在图形元素的非端点位置时，会在工件该点处的切割表面上留下残痕，通常应尽可能把切入点选在图形元素的交点处或选择在精度要求不高的图形元素上，也可以选择在容易修整的表面上。

4.4 锥度加工与上下异形件加工

4.4.1 锥度的线切割加工

1. 锥度切割装置

有些线切割机床具有锥度切割功能，可切割有落料角的冲模和某些有锥度（斜度）的内外表面。实现锥度切割的装置有多种，下面仅介绍两种。

（1）偏移式丝架　偏移式丝架主要用在快走丝线切割机床上实现锥度切割，其工作原理如图4-21所示。

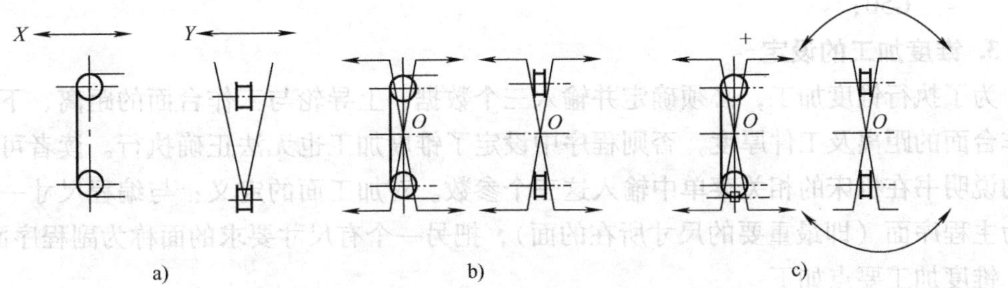

图4-21　偏移式丝架实现锥度加工的方法

a）上（下）丝臂平动法　b）上、下丝臂同时绕一定中心移动法

c）上、下丝臂分别沿导轮径向平动和轴向摆动法

图4-21a所示为上（或下）丝臂平动法，上（或下）丝臂沿 X、Y 方向平移，此法锥度不宜过大，否则钼丝易拉断，导轮易磨损，工件上有一定的加工圆角。图4-21b所示为上、下丝臂同时绕一定中心移动的方法，如果模具刃口放在中心 O 上，则加工圆角近似为电极丝半径。此法加工锥度也不宜过大。图4-21c所示为上、下丝臂分别沿导轮径向平动和轴向摆动的方法，用此法时加工锥度不影响导轮磨损，最大切割锥度通常可达5°以上。

（2）双坐标联动装置　慢走丝线切割机床上广泛采用此类装置，它主要依靠上导向器作纵横两轴（称 U、V 轴）驱动，与工作台的 X、Y 轴在一起构成四轴同时数字控制（见图4-22）。这种方式的自由度很大，依靠功能丰富的软件，可以实现上下异形截面形状的加工。最大的倾斜角度一般为±5°，有的甚至可达30°～50°（与工件厚度有关）。

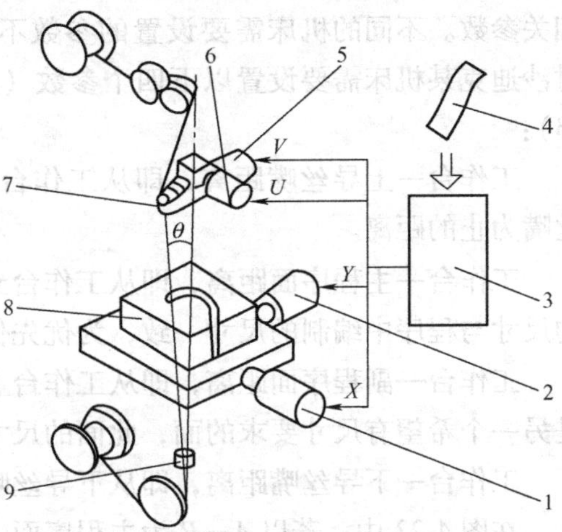

图4-22　四轴联动锥度切割装置

1—X 轴驱动电动机　2—Y 轴驱动电动机

3—控制装置　4—数控纸带

5—V 轴驱动电动机　6—U 轴驱动电动机

7—上导向器　8—工件　9—下导向器

在锥度加工时，保持导向间距（上、下导向器与电极丝接触点之间的直线距离）一定，是获得高精度的主要因素，为此，有的机床具有 Z 轴设置功能，并且一般采用圆孔方式的无方向性导向器。

2. 锥度线切割加工指令G50、G51、G52

G50为消除锥度，G51为锥度左偏，G52为锥度右偏。顺时针加工时，G51加工出来的工件上大下小，G52加工出来的工件上小下大；逆时针加工时，G51加工出来的工件上小下大，G52加工出来的工件上大下小。

格式：G51 A _；

G52 A _；

G50；

3. 锥度加工的设定

为了执行锥度加工，必须确定并输入三个数据：上导轮与工作台面的距离、下导轮与工作台面的距离及工件厚度，否则程序中设定了锥度加工也无法正确执行。读者可参考机床的说明书在机床的相关菜单中输入这三个参数。对加工面的定义：与编程尺寸一致的面称为主程序面（即最重要的尺寸所在的面），把另一个有尺寸要求的面称为副程序面。

锥度加工要点如下：

1）G50、G51、G52 分别为取消锥度倾斜、电极丝左倾斜（面向平行方向）、电极丝右倾斜指令。

2）A 为电极丝倾斜的角度，单位为°（度）。

3）取消锥度倾斜（G50）、电极丝左倾斜（G51）、电极丝右倾斜（G52）只能在直线上进行，不能在圆弧上进行。

4）为了实现锥度加工，必须在加工前设置相关参数。不同的机床需要设置的参数不同，如对沙迪克某机床需要设置以下四个参数（见图 4-23）：

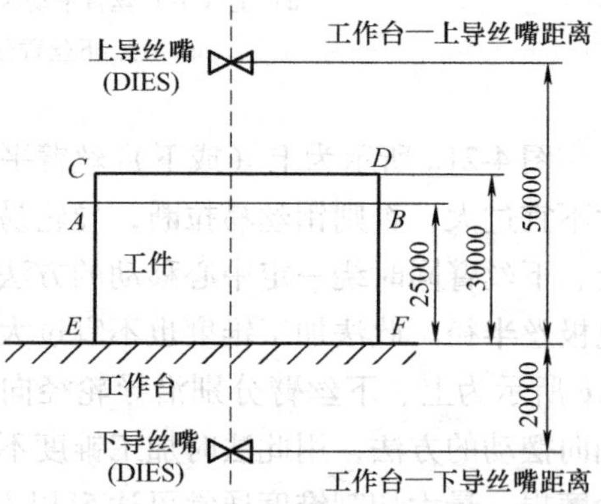

图 4-23 锥度加工参数图

工作台—上导丝嘴距离，即从工作台到上导丝嘴为止的距离。

工作台—主程序面距离，即从工作台到主程序面为止的距离，主程序面上的加工零件的尺寸与程序中编制的尺寸一致，为优先保证尺寸。

工作台—副程序面距离，即从工作台上面到另一个有尺寸要求的面的距离。副程序面是另一个希望有尺寸要求的面，此面的尺寸要求低于主程序面。

工作台—下导丝嘴距离，即从下导丝嘴到工作台上面的距离。

在图 4-23 中，若以 *A—B* 为主程序面，*C—D* 为副程序面，则相关参数值为：

工作台—上导丝嘴距离 = 50.000mm

工作台—主程序面距离 = 25.000mm

工作台—副程序面距离 = 30.000mm

工作台—下导丝嘴间距离 = 20.000mm

在图 4-23 中，若以 *A—B* 为主程序面，*E—F* 为副程序面，则相关参数值为：

工作台—上导丝嘴距离 = 50.000mm

工作台—主程序面距离 = 25.000mm

工作台—副程序面距离 = 0.000mm

工作台—下导丝嘴间距离 = 20.000mm

苏三光慢走丝机床的设置参数如图 4-24 所示，具体含义如下：

HA—下导丝嘴与工作台面之间的距离（*HA* 为机床固有值，不要改变）。

HB—工作台面与编程平面之间的距离（图 4-24 中比值为 0）。

HC—工作台面与参考平面之间的距离。

HD—锥度加工时机床的 *Z* 轴坐标（该值可以在机床的主界面上读取）。

HP—上下导丝嘴之间距离减去当前 *Z* 轴坐标值。斜度加工时 *HP* + *HD* 即为上、下导丝嘴之间的距离（*HP* 为机床固有值，不要改变）。

上述参数中，*HA* 和 *HP* 通过“移动/测斜度”功能由系统自动检测获得，当实际加工的锥度零件的尺寸与所要求的尺寸稍有差异时，可以通过调整 *HA* 或 *HP* 使加工尺寸达到要求。

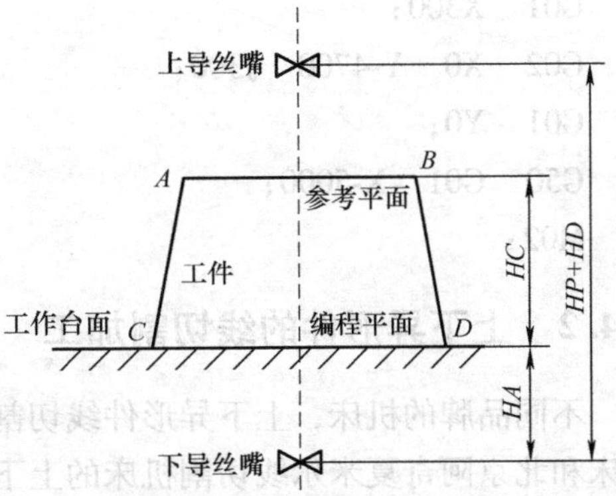

图 4-24　苏三光慢走丝机床的锥度加工参数图

以图 4-24 为例，通过机床主界面的“移动”菜单下的“测斜度”获得 *HA* 和 *HP* 的值为 5mm 和 50mm，在机床的主界面读取机床坐标系中的 *Z* 坐标值为 23mm。假设工件的厚度为 40mm，若以 *C*—*D* 为编程面，*A*—*B* 为参考面，则相关参数值为：

HA = 5mm，*HB* = 0mm，*HC* = 40mm，*HD* = 23mm，*HP* = 50mm。

若以 *A*—*B* 为编程面，*C*—*D* 为参考面，则相关参数值为：

HA = 5mm，*HB* = 40mm，*HC* = 0mm，*HD* = 23mm，*HP* = 50mm。

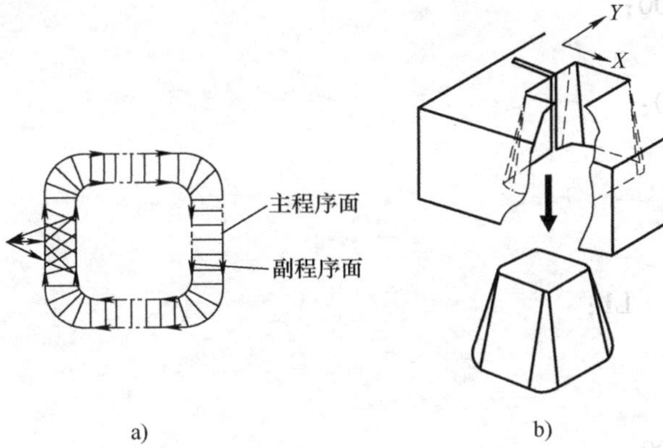

图 4-25　锥度加工实例

a）从 + *Z* 方向看到的电极丝运动　b）锥度加工立体图

图 4-25 所示为一锥度加工平面图和立体效果图，其 ISO 代码程序如下：

```
G92    X-5000    Y0;
G52    A2.5    G90    G01    X0;
G01    Y4700;
G02    X300    Y5000    I300;
G01    X9700;
G02    X10000    Y4700    J-300;
```

G01　Y-4700；
G02　X9700　Y5000　I-300；
G01　X300；
G02　X0　Y-4700　J300；
G01　Y0；
G50　G01　X-5000；
M02；

4.4.2　上下异形件的线切割加工

不同品牌的机床，上下异形件线切割加工指令可能不同，下面分别介绍苏三光线切割机床和北京阿奇夏米尔线切割机床的上下异形件线切割加工指令。

1. 苏三光线切割机床

（1）G141

含义：上下异形允许。

（2）G140

含义：上下异形取消。

举例：

```
G91  G92  X0  Y0；
C004；
G01  Y-6000；
M00；
G01  Y-200；
H000；
T84；
C000；
M98  P100  L1；
M02；
N100；
G01  Y-1000；
G141；
G02  X10.  Y-10.  I0  J-10. ：  G01  X10.  Y-10. ；
X-10.  Y-10.  I-10. ：  X-10.  Y-10. ；
X-10.  Y10.  J10. ：  X-10.  Y10. ；
X10.  Y10.  I10. ：  X10.  Y10. ；
G140；
M99；
```

根据上述ISO代码程序：加工出的工件是一个上面为方，下面为圆的形状，如图4-26所示。

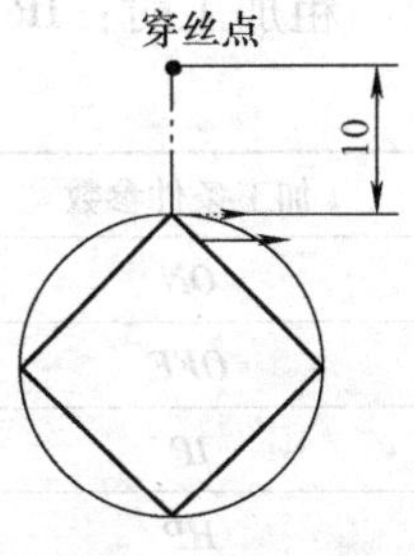

图4-26　上下异形件

2. 北京阿奇夏米尔线切割机床

（1）G61

含义：上下异形允许。

（2）G60

含义：上下异形取消。

上下异形打开时，不能用G50、G51、G52等代码。上下形状代码的区分符为“：”，“：”左侧为下面形状，“：”右侧为上面形状。

举例：

G92　X0　Y0　U0　V0；

C010　G61；

G01　X0　Y10.：G01　X0　Y10.；

G02　X-10.　Y20.　J10.　：G01　X-10.　Y20.；下面是直径ϕ20mm的圆，上面是其内接正方形

X0　Y30.　I10.：XO　Y30.；

X10.　Y20.　J-10.：X10.　Y20.；

X0　Y10.　I-10.：X0　Y10.；

G01　X0　Y0：G01　X0　Y0；

G60；

M02；

4.5　慢走丝线切割的多次切割

线切割多次切割加工首先采用较大的电流和补偿量进行粗加工，然后逐步用小电流和小补偿量一步一步精修，从而得到较好的加工精度和光滑的加工表面。目前慢走丝线切割加工普遍采用多次切割加工工艺，快走丝多次切割加工技术也正在探讨之中，市场上销售的中走丝线切割机床实质上就是采用多次切割加工工艺的快走丝线切割机床。

1. 常见加工条件参数

以苏三光慢走丝线切割机床为例，说明慢走丝线切割加工中常用的加工条件参数（见表4-4），不同企业的机床可能有部分不同。

（1）*ON*（放电脉宽时间）　此参数设定脉冲施加的时间（在极间施加电压的时间）。数值越大，施加电压的时间越长，能量也越大。

（2）*OFF*（放电脉间时间）　此参数设定脉冲停止的时间（在极间不施加电压的时间）。数值越大，停止的时间也越长，能量也越小。

（3）*IP*（放电电流峰值）　此参数设定放电电流的最大值。一个脉冲能量的大小，基本上由*IP*、*V*和*ON*来决定。设定范围为0～17，其值越小，断丝可能性越小，但加工效

率和加工电流会降低。

粗加工时：IP =16 或 17；精加工时：IP =0 ~15，16。

表 4-4 常用慢走丝加工条件参数

加工条件参数	功 能	加工条件参数	功 能
ON	放电脉宽时间	*V*	主电源电压
OFF	放电脉间时间	*SF*	伺服速度
IP	放电电源峰值	*C*	极间电容回路
HP	辅助电源回路	*WT*	电极丝张力
M、*A*	脉间调整	*WS*	电极丝速度
SV	伺服基准电压	—	—

（4）*HP*（辅助电源回路） 此参数设定加工不稳定时放电脉宽时间，其设定值不能比 ON 大，设定范围为 0 ~9。其值越小，断丝可能性越小，但加工效率和加工电流会降低。

（5）*M*、*A*（脉间调整） *M* 设定加工过程中的检测电平，设定范围为 0 ~9；*A* 设定加工不稳定时的放电脉间时间，设定范围为 0 ~9。

M、*A* 的值越大，加工越稳定，不容易断丝，但加工效率会降低。

（6）*SV*（伺服基准电压） 此参数设定电极丝和工件之间的加工电压。设定值越大，平均电压越高，加工越稳定，但随着间隙的扩大，加工效率下降。

（7）*V*（主电源电压） 与 *IP*、*ON* 共同决定脉冲的能量。粗加工时为 03；精加工或细电极丝加工时为 00 ~02。

（8）*SF*（伺服速度） 伺服速度是指为保证极间电压而设定台面空载的移动速度。

2. 凹模的多次线切割加工工艺

下面以沙迪克 MARK21 型线切割机床的慢走丝程序（工作液：煤油）来说明凹模的多次线切割加工工艺。

```
(        ON   OFF  IP    HRP  MA   SV   V  SF    C  WT   WS   WC);
C001  =  003  015  2015  112  480  090  8  0020  0  009  000  000
C002  =  002  014  2015  000  490  073  5  4025  0  000  000  000
C003  =  001  010  1015  000  490  072  3  4030  0  000  000  000
C004  =  000  006  0030  000  110  072  1  4030  0  000  000  000
C005  =  000  005  0007  000  110  071  1  4035  0  000  000  000
C901  =  000  005  0015  000  000  000  8  2060  0  000  000  000
C911  =  000  005  0015  000  000  000  7  2050  0  000  000  000
C921  =  000  005  0015  000  000  000  6  0050  0  000  000  000
;
```

```
H000  =  +000000000  H001  =  +000001960  H002  =  +000001530;
H003  =  +000001430  H004  =  +000001370  H005  =  +000001340;
H006  =  +000001330  H007  =  +000001305  H008  =  +000001285;
N000(MAIN PROGRAM);
G90;
G54;
G92  X0  Y0  Z0;
G29;        //设置当前点为主参考点
T84;        //高压喷流
C001  WS00  WT00;
G01Y4500;
C001  WS00  WT00;
G42  H001;
M98  P0010;
T85;        //关闭高压喷流
C002  WS  WT00;
G41  H002;
M98  P0030;
C003  WS00  WT00;
G42  H003;
M98  P0020;
C004  WS00  WT00;
G41  H004;
M98  P0030;
C005  WS00  WT00;
G42  H005;
M98  P0020;
C901  WS00  WT00;
G41  H006;
M98  P0030;
C911  WS00  WT00;
G42  H007;
M98  P0020;
G921  WS00  WT00;
G41  H008;
M98  P0030;
```

```
M02;
;
N0010 ( SUB PRO 1/G42 );
G01  Y5000;
G02  X0  Y5000  J-5000;
M00;      //圆孔中的废料完全脱离工件本体,提示操作者查看废料是否掉在喷嘴上或
            是否与电极丝接触,以便及时处理,避免断丝;若处于无人加工状态,则应
            删掉
M00;
G40  G01  Y4500;
M99;

N0020(SUB PRO 2/ G42);
G01  Y5000;
G02  Y5000  J-5000;
G40  G01  Y4500;
M99;

N0030(SUB PRO 2/G41);
G01  Y5000;
G03  X0  Y5000  J-5000;
G40  G01  Y4500;
M99;
```

上面的 ISO 代码程序切割的零件形状是一直径为 ϕ10mm 的圆孔（见图 4-27、图 4-28），其特点为：

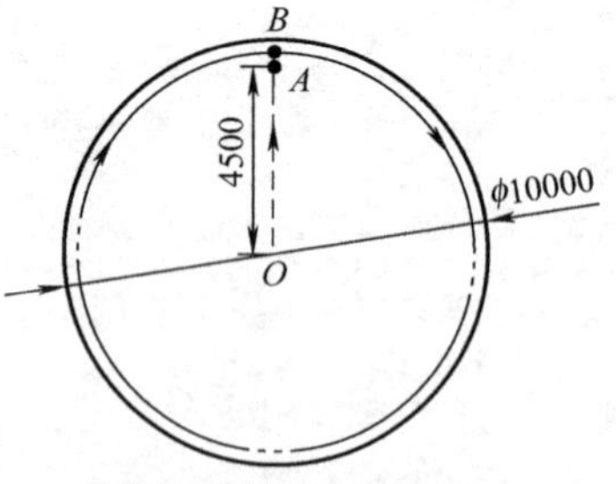

图 4-27　第一次切割

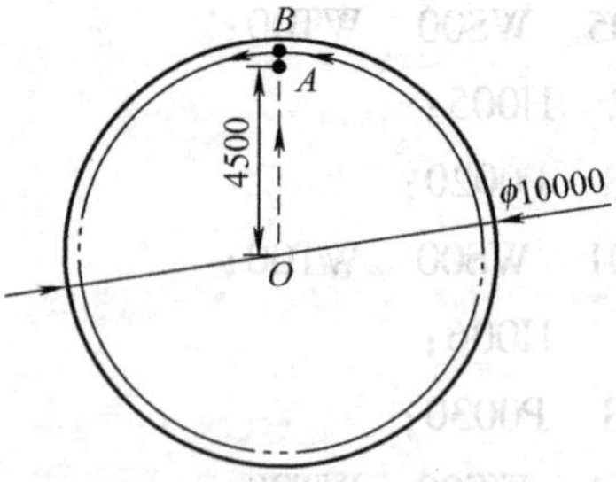

图 4-28　第二次切割

1）首先采用较强的加工条件 C001（电流较大、脉宽较长）来进行第一次切割，补偿量大，然后采用较弱的加工条件逐步进行精加工，电极丝的补偿量依次逐渐减小。

2）相邻两次的切割方向相反，所以电极丝的补偿方向相反。如第一切割时，电极丝的补偿方向为右补偿 G42，第二次切割时电极丝的补偿方向为左补偿 G41。

3）在多次切割时，为了改变加工条件和补偿值，需要离开轨迹一段距离，这段距离称之为脱离长度。如图 4-27、图 4-28 所示，穿丝孔为 O 点，轨迹上的 B 点为起割点，AB 的距离为脱离长度。脱离长度一般较短，目的是为了减少空行程。

4）本程序采用了 8 次切割。具体切割的次数根据机床、加工要求来确定。

3. 凸模的线切割多次加工工艺

用同样的方法来切割凸模（或柱状零件），如图 4-29a 所示，则在第一次切割完成时，凸模（或柱状零件）就与工件毛坯本体分离，第二次切割时将切割不到凸模（或柱状零件）。所以在切割凸模（或柱状零件）时，大多采用图 4-29b 所示的方法。

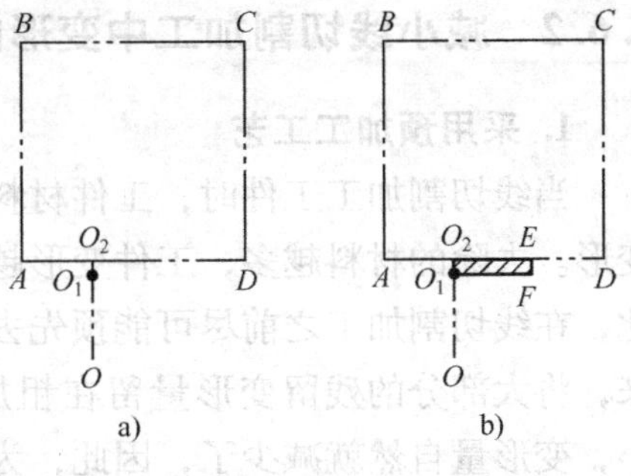

图 4-29 凸模多次切割

如图 4-29b 所示，第一次切割的路径为 $O—O_1—O_2—A—B—C—D—E—F$，第二次切割的路径为 $F—E—D—C—B—A—O_2—O_1$，第三次切割的路径为 $O_1—O_2—A—B—C—D—E—F$。这样，当 $O_2—A—B—C—D—E$ 部分加工好，O_2E 段作为支撑段尚未与工件毛坯分离。O_2E 段的长度一般为 AD 段的 1/3 左右，若太短了则支撑力可能不够。在实际中可采用的处理最后支撑段的工艺方法很多，下面介绍常见的几种。

1）首先沿 O_1F 切断支撑段，在凸模（或柱状零件）上留下一凸台，然后再在磨床上磨去该凸台。这种方法应用较多，但对于圆柱等曲边形零件则不适用。

2）在以前的切缝中塞入铜丝、铜片等导电材料，再对 O_2E 边多次切割。

3）用一狭长铁条架在切缝上面，并将铁条用金属胶接在工件和坯料上，再对 O_2E 边多次切割。

4.6 提高切割形状精度的方法

4.6.1 增加超切程序和回退程序

电极丝是柔性体，加工时因受放电压力、工作介质压力等作用，会造成加工区间的电极丝向后挠曲，滞后于上、下导丝口一段距离（见图 4-30b），这样就会形成塌角（见图 4-30d），影响加工精度。为此可增加一段超切程序，如图 4-30c 中的 $A \to A'$ 段，使电极丝最大滞后点达到程序节点 A'，然后辅加 A' 点的回退程序 $A' \to A$，接着再执行原程序，便可割出清角。

除了采用附加一段超切程序外，在实际加工中还可以采用减弱加工条件、降低喷淋压力或在每段程序加工后适当暂停（即加上 G04 指令）等方法来提高拐角精度。

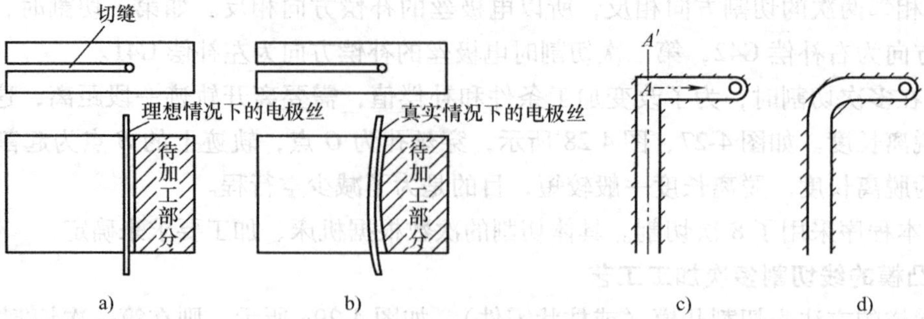

图 4-30 工作中电极丝的挠曲

4.6.2 减小线切割加工中变形的手段

1. 采用预加工工艺

当线切割加工工件时，工件材料被大量去除，工件内部参与的应力场重新分布而产生变形。去除的材料越多，工件变形越大；去除的材料越少，越有利于减少工件的变形。因此，在线切割加工之前尽可能预先去除大部分的加工余量，使工件材料的内应力先释放出来，将大部分的残留变形量留在粗加工阶段，然后再进行线切割加工。由于切割余量较小，变形量自然就减少了，因此，为减小变形，可对凸、凹模等零件进行预加工。

如图 4-31a 所示，对于形状简单或厚度较小的凸模，从坯料外部向凸模轮廓均匀地开放射状的预加工槽，便于应力对称、均匀、分散地释放，各槽底部与凸模轮廓线的距离应小而均匀，通常留 0.5 ~2mm。对于形状复杂或较厚的凸模，如图 4-31b 所示，采用线切割粗加工进行预加工，留出工件的夹持余量，并在夹持余量部位开槽以防该部位残留变形。图 4-32 所示为凹模的预加工，先去除大部分型孔材料，然后精切成形。若用预铣或电火花成形法预加工，可留 2 ~3mm 的余量。若用线切割粗加工法进行预加工，国产快走丝线切割机床可留 0.5 ~1mm 的余量。

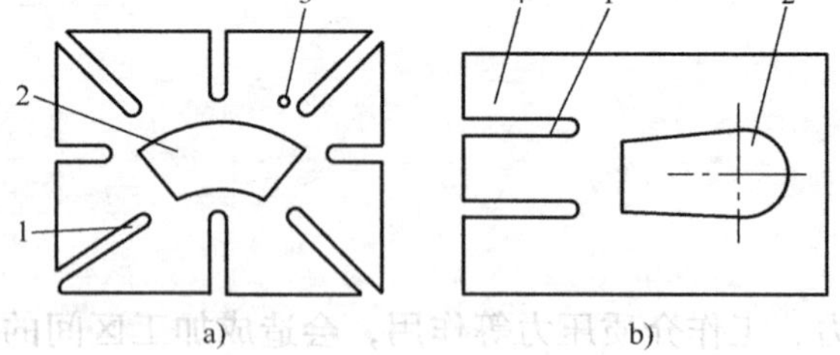

图 4-31 凸模的预加工

1—预加工槽 2—凸模 3—穿丝孔 4—夹持余量

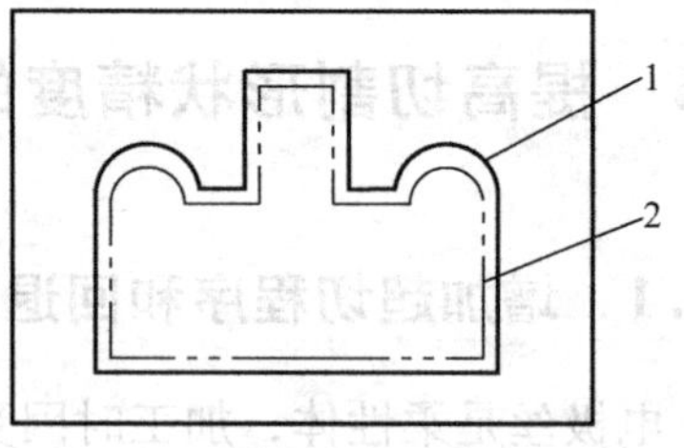

图 4-32 凹模的预加工

1—预加工轮廓 2—成形后凹模轮廓

许多模具制造者在切割凸模类外形工件时，常常直接从材料的侧面切入，在切入处产生缺口，残留应力从切口处向外释放，易使凸模变形。为避免变形，在淬火前先在模坯上打出穿丝孔，孔径为 $\phi3$ ~10mm，待淬火后从模坯内部对凸模进行封闭切割（见图 4-33a）。穿丝孔的位置宜选在加工图形的拐角附近，如图 4-33a 所示，以简化编程运算，缩短切入时的切割行程。切割凹模时，对于小型工件，穿丝孔宜选在工件待切割型孔的中心；对于大型工件，穿丝孔可选在靠近切割图样的边角处或已知坐标尺寸的交点上，以简化运算过程，如图 4-33b 所示。

2. 多穿丝孔加工

采用线切割加工一些特殊形状的工件时，如果只采用一个穿丝孔加工，残留应力会沿切割方向向外释放，造成工件变形，如图 4-34a 所示。若采用多穿丝加工，则可解决变形问题。如图 4-34b 所示，在凸模上对称地开四个穿丝孔，当切割到每个孔附近时暂停加工，然后转入下一个穿丝孔开始加工，最后用手工方式将连接点分开。连接点应选择在非使用端，加工冲模的连接点应设置在非刃口端。

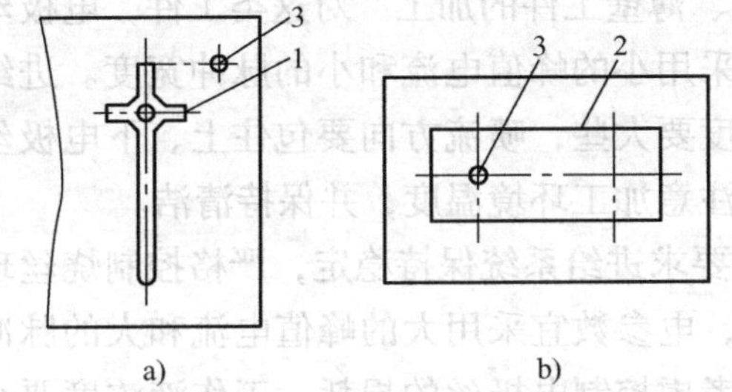

图 4-33 线切割穿丝孔的位置

1—凸模 2—凹模 3—穿丝孔

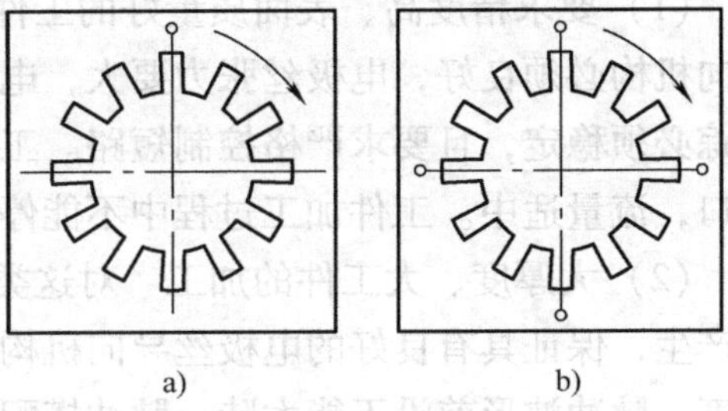

图 4-34 多个穿丝孔加工

a）一个穿丝孔 b）多个穿丝孔

3. 恰当安排切割图形

线切割加工用的坯料在热处理时表面冷却快，内部冷却慢，形成热处理后坯料金相组织不一致，产生内应力，而且越靠近边角处，应力变化越大。因此，线切割的图形应尽量避开坯料边角处，一般让出 8 ~ 10mm。对于凸模，还应留出足够的夹持余量。

4. 正确选择切割路线

线切割路线应有利于保证工件在切割过程中的刚度和避开应力变形的影响。

5. 采用二次切割法

对经热处理再进行磨削加工的零件进行线切割时，最好采用二次切割法（见图 4-35）。一般线切割加工的工件变形量在 0. 03mm 左右，因此第一次切割时单边留 0. 12 ~ 0. 2mm 的余量。切割完成后毛坯内部应力平衡状态受到破坏后，又达到新的平衡，然后进行第二次精加工，则能加工出精度较高的工件。

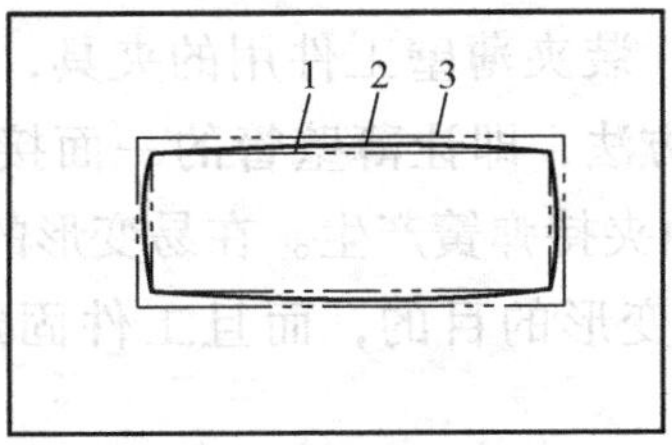

图 4-35 二次切割法

1—第一次切割轨迹 2—变形后的轨迹 3—第二次切割轨迹

4.7 电火花线切割加工方法

电火花线切割加工中经常会遇到各种类型的复杂模具和工件。其中，一类是电火花线切割加工工艺比较复杂，不采取必要的措施加工，就难以达到要求，甚至无法加工；另一类是装夹困难，容易变形。至于几何形状复杂的模具（包括非圆、齿轮等），只要把自动编程技术和线切割加工的工艺技术进行很好的结合，就能顺利完成其加工。

4.7.1 特殊工件的线切割加工方法

（1）要求精度高、表面质量好的工件及窄缝、薄壁工件的加工　对这类工件，电极丝导向机构必须良好，电极丝张力要大，电参数宜采用小的峰值电流和小的脉冲宽度。进给跟踪必须稳定，且要求严格控制短路。工作液浓度要大些，喷流方向要包住上、下电极丝入口，流量适中。工件加工过程中不能停机，要注意加工环境温度，并保持清洁。

（2）大厚度、大工件的加工　对这类工件，要求进给系统保持稳定，严格控制烧丝现象产生，保证具有良好的电极丝导向机构。同时，电参数宜采用大的峰值电流和大的脉冲宽度，脉冲波形前沿不能太陡，脉冲搭配方案应考虑控制电极丝的损耗。工作液浓度要小些，喷流方向要包住上、下电极丝入口，流量应稍大。

4.7.2 不易装夹工件的线切割加工方法

（1）坯料余量小的工件装夹方法　为了节省材料，经常会碰到加工坯料没有夹持余量的情况。由于模具重量大，单端夹持往往会造成工件低头，使加工后的工件不垂直，致使模具达不到技术要求。如果在坯料边缘处不加工的部位加一块托板，使托板的上平面与工作台面在一个平面上（见图 4-36），就能使加工工件保持垂直。

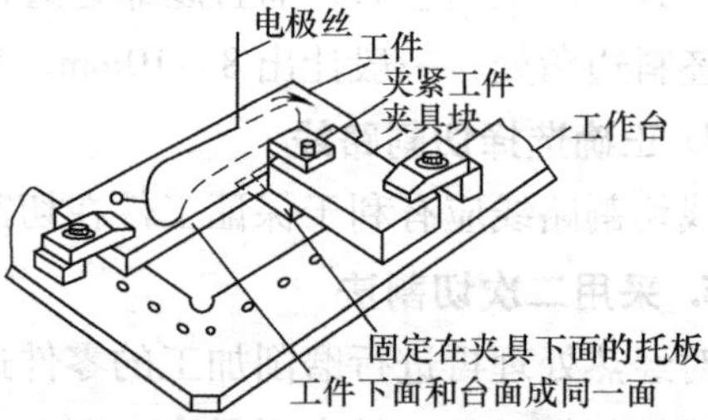

图 4-36　坯料余量小的装夹方法

（2）圆棒坯料的工件装夹方法　线切割圆棒形工件时，可用图 4-37 所示的装夹方法。圆棒可装夹在六面体的夹具内，夹具上钻一个与基准面平行的孔，用内六角螺钉固定。有时把圆棒坯料先加工成需要的片状，卸下夹子把夹具体转 90°，再加工成需要的形状。

（3）薄壁工件的装夹方法　装夹薄壁工件用的夹具，主要应考虑工件夹紧后不应变形，可采用图 4-38 所示的装夹方法，即让薄壁管的一面接触基准块，靠贴有许多橡胶板的铰接夹由一侧加压，夹紧力由夹持弹簧产生。在易变形的工件上可分散设置许多个弹性加压点，这样不仅能达到减小变形的目的，而且工件固定也很可靠。此方法适合批量生产。

（4）形状复杂工件的装夹方法　图 4-39 所示是一个用环状毛坯加工具有菠萝形状工件的夹具，工件加工完后切断成四个。夹具分为上板和下板，两者互相固定，下板的四个突出部分支持工件，突出部分避开加工位置。用螺钉通过矩形压板把工件夹固在上板上。这种安装方法也适合批量生产。

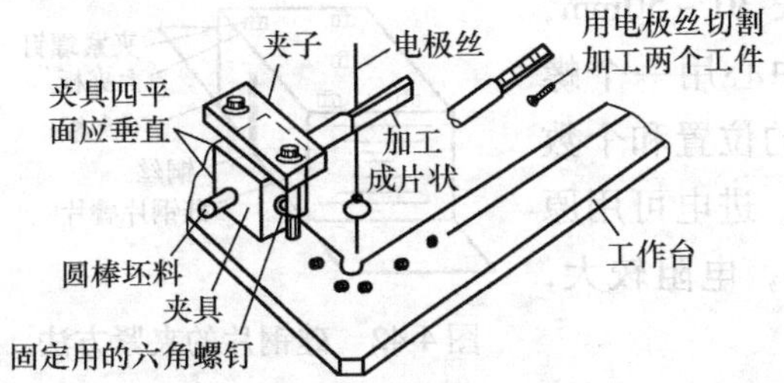

图4-37　圆棒工件的装夹方法

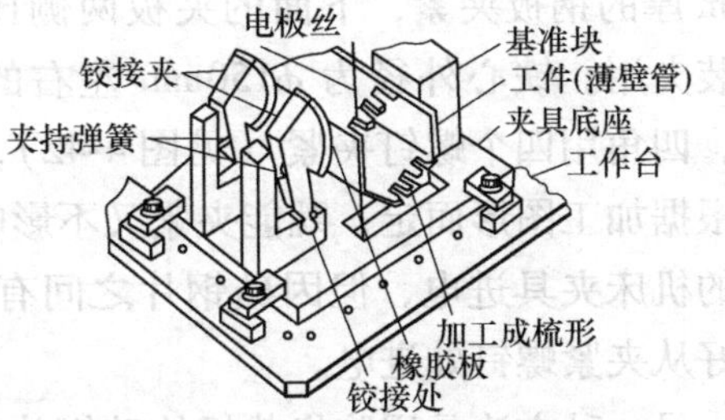

图4-38　薄壁工件的装夹方法

（5）无夹持部位工件装夹方法　加工无夹持部位的工件用基准凸台装夹，图4-40所示是用基准凸台装夹工件侧面来加工异形孔的夹具。在夹具的A部有与工件凹槽密切吻合的突出部分，用以确定工件位置。B部由螺钉固定在A部上，而工件用B部侧面的夹紧螺钉固定。这种夹具可使完全没有夹持余量的工件靠侧面用基准凸台来定位和夹紧，既保证精度，也能进行线切割加工。如果夹具的基准凸台由线切割加工，根据基准凸台的坐标再加工两个异形孔，这样更易于保证工件的精度和垂直度要求，且可保证批量加工时精度的一致性。

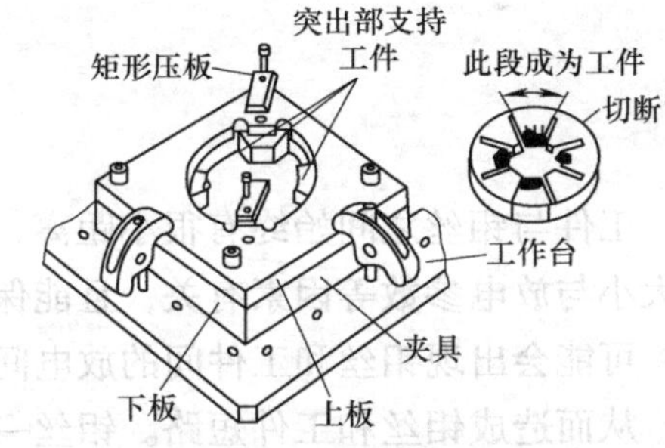

图4-39　形状复杂工件的装夹方法

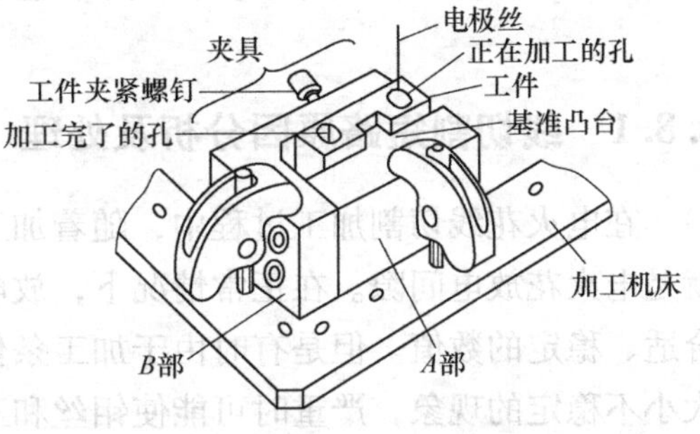

图4-40　加工无夹持余量工件用的基准凸台夹具

4.7.3　薄片工件的线切割加工方法

（1）切割不锈钢带　用线切割机床将长10mm，厚0.3mm的不锈钢带加工成不同的宽度（见图4-41），可将不锈钢带头部折弯，插入转轴的槽中，并利用转轴上两端的孔，穿上小轴，将钢带紧紧地缠绕在转轴上，然后装入套筒，利用钢带的弹力自动胀紧。这样即可固定在数控线切割机床上进行加工。切割时转轴、套筒、钢带一同切割，保证所需规格的各种宽度尺寸L、L_1、L_2等。

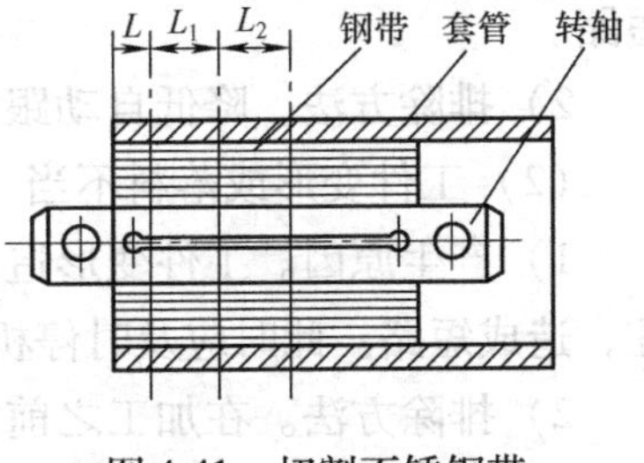

图4-41　切割不锈钢带

＊必须注意：套筒的外径须在数控线切割机床的加工厚度范围以内，否则无法进行加工。

（2）切割硅钢片　单件、小批量生产时，用线切割可加工各种电机定子、转子铁心的硅钢片，主要有以下两种方法：

第一种方法是把裁好的硅钢片按铁心所要求的厚度（超过50mm的分几次切割）用3mm厚的钢板夹紧，下面的夹板两侧比铁心长30～50mm，作装夹用。铁心外径为ϕ150mm左右的可在中心用一个螺钉，四角用四个螺钉夹紧（见图4-42），螺钉的位置和个数可根据加工图形而定，既能夹紧又不影响加工。进电可用原来的机床夹具进电，但因硅钢片之间有绝缘层，电阻较大，最好从夹紧螺钉处进电。

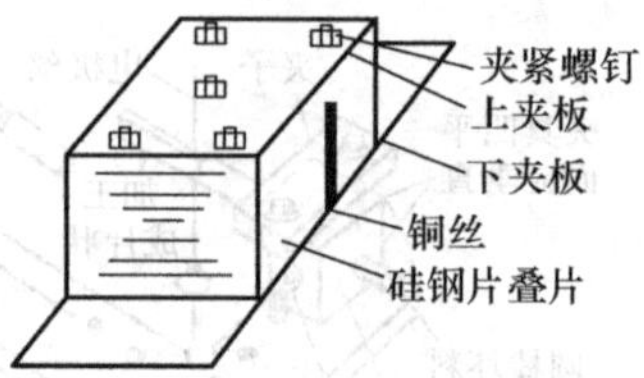

图4-42 硅钢片的夹紧方法

另一种方法是用胶将裁好的硅钢片粘成一体，这样既保证切割过程中硅钢片不变形，又使加工完的铁心成为一体，不用再重新叠片。粘接工艺是：先将硅钢片表面的污垢洗净，将片烘干，然后将片两面均匀地涂上一薄层（0.01mm左右）420胶，烘干后按要求的厚度用第一种方法夹紧，放到烘箱加温到160℃，保持2h，自然冷却后即可上机切割。此胶粘接能力较强，不怕乳化液浸泡，一般情况下切割的铁心仍成一体。此方法片间绝缘较好（420胶不导电），所以进电一定要由夹紧螺钉进入每张硅钢片，并要求螺钉与每张硅钢片孔接触良好（轻轻打入即可）。另外一种进电方法是将叠片的某一侧面打光后用铜导线把每片焊上，从这根铜导线进电效果更好。

4.8 线切割加工中的常见问题及处理方法

4.8.1 线切割短路原因分析及处理

在电火花线切割加工过程中，随着加工的进行，工件与钼丝之间始终有很小距离，这就是电火花放电间隙。在正常情况下，放电间隙的大小与放电参数等因素有关，且能保持合适、稳定的数值。但是有时由于加工条件的变化，可能会出现钼丝和工件间的放电间隙大小不稳定的现象，严重时可能使钼丝和工件接触，从而造成钼丝和工件短路。钼丝一旦与工件短路，线切割机床就会立即发出短路电流，工作台自动停止进给。

1. 造成短路的主要原因

若加工过程中出现短路，可以从以下几方面分析，并排除故障。

（1）进给速度过快　加工中引起短路最常见的原因就是进给速度过快。

1）产生原因。当进给速度大于切割速度时，电极丝将频繁地与工件表面接触，形成短路。

2）排除方法。降低自动跟踪速度，减慢伺服进给速度，等待系统自行消除短路。

（2）工件变形或落料不当

1）产生原因。工件变形造成切缝变窄，使切屑无法及时排出；落料掉下被下丝臂卡住，造成短路。此时应及时停机，取出落料，防止损伤工件和丝臂。

2）排除方法。在加工之前对工件进行低温回火处理，减少坯料的内应力，可有效地防止变形。落料脱落前，用磁铁吸住落料，或在切缝中塞入铜皮固定住落料。

（3）工作液浓度过高或过脏

1）产生原因。工作液浓度过高会造成排屑不畅，过脏的工作液夹带的杂质颗粒卡在缝隙之间，造成短路。因排屑不畅造成短路的现象时有发生，特别在加工较厚工件时更为突出。

2）排除方法。释放浓度过高的工作液，更换过脏的工作液。保持工作液的介电系数和绝缘强度，维持较高的火花爆炸力和清洗能力，使蚀除物对脉冲的短路作用减到最小。

（4）其他原因

1）工件材料中若有砂眼、气孔等，会造成材质不均匀，使加工过程中放电不均匀而形成短路。

2）放电间隙小也容易产生短路。

3）断的丝头混到电器部位中或夹在走丝装置中，引起短路。

2. 短路后的处理方法

（1）短路自动回退　目前绝大多数线切割控制器都具备短路回退功能，即在加工过程中一旦出现短路，系统可以按照设定的速度自行回退，从而消除短路。

（2）手动回退　因排屑不畅造成短路，若短路自动回退功能不奏效，可尝试停止加工及关闭高频开关，关掉工作液泵，用刷子蘸上渗透性较强的汽油、煤油等溶剂，反复在工件两面随着运动的钼丝向切缝中渗透（要注意钼丝运动的方向），直至用螺钉旋具等工具在工件下端轻轻地沿着加工的反方向触动钼丝，工件上端的钼丝能随着移动即可。然后，开启工作液泵和高频电源，依靠钼丝自身的颤动，恢复放电，继续加工。

（3）重新加工　若以上两种方法依然不能消除短路，只能抽出电极丝，将工件退回到起点重新加工。

4.8.2　线切割断丝原因分析及处理

1. 快走丝线切割断丝的原因与防止断丝的方法

1）若在刚开始加工阶段就断丝，则可能的原因如下：

①加工电流过大。

②钼丝抖动厉害。

③工件表面有毛刺或氧化皮。

2）若在加工中间阶段断丝，则可能的原因如下：

①电参数不当，电流过大。

②进给调节不当，开路短路频繁。

③工作液太脏。

④导电块未与钼丝接触或被拉出凹痕。

⑤切割厚件时，脉冲过小。

⑥丝筒转速太慢。

3）若在加工最后阶段出现断丝，则可能的原因如下：

①工件材料变形，夹断钼丝。

②工件跌落，撞落钼丝。

4）在快走丝线切割加工中，要正确分析断丝原因，采取合理的防止段丝的措施。在实际中往往采用如下方法：

①减少电极丝（钼丝）运动的换向次数，尽量消除钼丝抖动现象。根据线切割加工的特点，钼丝在高速切割运动中需要不断换向，在换向的瞬间会造成钼丝松紧不一致，即钼丝各段的张力不均，使加工过程不稳定，所以在上丝的时候，电极丝应尽可能上满储丝筒。

②钼丝导轮的制造和安装精度直接影响钼丝的工作寿命。在安装和加工中应尽量减小导轮的跳动和摆动，以减小钼丝在加工中的振动，提高加工过程的稳定性。

③选用适当的切削速度。在加工过程中，如切削速度（工件的进给速度）过大，被腐蚀的金属微粒不能及时排出，会使钼丝经常处于短路状态，造成加工过程的不稳定。

④保持电源电压的稳定和工作液的清洁。电源电压不稳定会使钼丝与工件两端的电压不稳定，从而造成击穿放电过程的不稳定。工作液如不定期更换会使其中的金属微粒成分比例变大，逐渐改变工作液的性质而使其失去作用，引起断丝。如果工作液在循环流动中没有泡沫或泡沫很少、颜色发黑、有臭味，则要及时更换工作液。

2. 慢走丝线切割加工中断丝的原因与防止断丝的方法

1）慢走丝机床加工中出现断丝的主要原因如下：

①电参数选择不当。

②导电块过脏。

③电极丝速度过低。

④张力过大。

⑤工件表面有氧化皮。

2）慢走丝加工中为了防止断丝，主要采取以下方法：

①及时检查导电块的磨损情况及清洁程度。慢走丝线切割机床的导电块一般加工了60~120h后就必须清洗一次。如果加工过程中在导电块位置出现断丝，就必须检查导电块，把导电块卸下来用清洗液清洗掉上面粘着的脏物，磨损严重的要更换位置或更换新导电块。

②有效的冲水（油）条件。放电过程中产生的切屑也是造成断丝的因素之一。切屑若粘附在电极丝上，则会在粘附的部位产生脉冲能量集中释放，导致电极丝产生裂纹，从而发生断裂。因此，加工过程中必须冲走这些微粒。在慢走丝线切割加工中，粗加工阶段的喷水（油）压力要大，精加工阶段的喷水（油）压力要小。

③良好的工作液处理系统。慢走丝切割机床放电加工时，工作液的电阻率必须在适当的范围内。绝缘性能太低，工作液将产生电解而形不成击穿火花放电；绝缘性能太高，则放电间隙小，排屑难，易引起断丝。

因此，加工时应注意观察电阻率表的显示，当发现电阻率不能再恢复正常时，应及时更换离子交换树脂。同时，还应检查与工作液有关的条件，如检查工作液的液量，检查过滤压力表，及时更换过滤器，以保证工作液的绝缘性能、洗涤性能和冷却性能，预防断丝。

④适当地调整放电参数。慢走丝线切割机床的加工参数一般都根据标准选取，但当加工超高件、上下异形件及大锥度切割时常常出现断丝，这时就要调整放电参数。较高能量的放电将引起较大的裂纹，因此就要适当地加长放电脉冲的间隙时间，减小放电时间，降低脉冲能量，断丝的概率也就会减少。

⑤选择好的电极丝。电极丝一般都采用锌和含锌量高的黄铜合金作为涂层，在条件允许的情况，尽可能使用优质的电极丝。

⑥及时取出废料。废料落下后，若不及时取出，可能与电极丝直接导通，产生能量集中释放，引起断丝。因此在废料落下时，要在第一时间取出废料。

3. 断丝后原地穿丝处理

断丝后步进电动机应保持在“吸合”状态，去掉较少一边的废丝，把剩余钼丝调整到储丝筒上适当的位置继续使用。因为工件的切缝中充满了乳化液杂质和电蚀物，所以一定要先把工件表面擦干净，并在切缝中先用毛刷滴入煤油，使其润滑切缝，然后再在断点处滴一点润滑油（这点很重要）。选一段比较平直的钼丝，剪成尖头，并用打火机火焰烧烤这段钼丝，使其发硬，用镊子捏着钼丝上部，悠着劲在断丝点顺着切缝慢慢地每次2~3mm地往下送，直至穿过工件。如果原来的钼丝实在不能使用，可更换新丝。新丝在断点处往下穿，要看原丝的损耗程度，如果损耗较大，切缝也随之变小，新丝则穿不过去，这时可用一小片细砂纸把要穿过的那部分丝打磨光滑后再穿。该方法使机床的使用效率大为提高。

4.8.3　产生废品的原因及预防方法

1. 电火花线切割加工产生废品的原因

多种因素的相互作用和影响造成了电火花线切割加工的工件报废或质量差，如机床、材料、工艺参数、操作人员的素质及工艺路线等。只有各方面的因素都能得到有效控制，加工的工件才会有较好的质量，减少报废。表4-5为归纳整理出的电火花线切割产生废品及质量差的原因。

表4-5　电火花线切割产生废品及质量差的原因

序号	工件报废或质量差的方面	造成工件报废或质量差的原因
1	表面质量差	进给失滑；工件质量差；电参数不当；导轮磨损；工作液质量差
2	工件上、下面与周边垂直度精度不好	装夹不当；夹具精度差；电极丝不垂直；电极丝未进导轮；工件有毛刺
3	形状轨迹出错	控制器失调；步进电动机失步；操作不当；编程出错
4	工件精度超差	材料变形；导轮磨损；环境温差大；电参数不当；进给不佳；切割路线错误；电极丝损耗大
5	断丝、烧丝	导轮磨损；工件变形、夹丝；工作液脏；电极丝质量差；电参数过大；进给欠跟踪；进电不良
6	其他	热处理残物；辅助工作不周；操作不当；编程图样绘制错误；工艺路线不当

2. 预防电火花线切割加工中工件报废或质量差的方法

（1）机床、控制器、脉冲电源工作要稳定

1）经常检查导电块、导丝轮，保证导丝机构必要的精度。导电块不允许在钼丝和导电块间出现火花放电，应使脉冲能量全部送往工件与电极丝之间。导电块要具有良好的接触性能，磨损后要及时调整。支撑导丝轮的轴承间隙要严格控制，以免电极丝运转时破坏了稳定的直线性，使工件精度下降，导电间隙变大，导致加工不稳定。同时，导丝轮的底径应小于电极丝的半径。导丝轮应调整到合适的位置，保证电极丝在储丝筒上排列整齐，否则会出现夹丝或叠丝现象。

2）系统保持良好的工作状态，控制器要有较强的抗干扰能力。步进电动机进给要平稳、不失步。变频进给系统要有调整环节。

3）脉冲电源的功率管个数、脉冲间隔及电压幅值要能调节。

（2）操作人员必须具有专业素质 图样要理解透彻，编程要正确；工作液要具有一定的清洁度，并及时更换；保证上、下喷嘴不堵塞，流量合适；工件装夹正确，电极丝校正垂直；正确选用参数，加工不稳定时及时调整变频进给速度；加工时每个工件都要记录起割坐标；对于数控程度较高的线切割机床，能够正确绘图和操作，保证线切割的线路正确。

（3）工件材料选择要正确 工件材料（如凸、凹模）要尽量选用热处理淬透性好、变形小的合金钢，如 Cr12 及 Cr12MoV 等。毛坯经锻造后，要进行回火，并保证适当的硬度。在线切割前，需将工件被加工区热处理后的氧化皮、残渣等清理干净。因为这些残存氧化皮、残渣等不导电，会导致断丝、烧丝或使工件表面出现深痕，严重时会使电极丝离开加工轨迹，造成工件报废。

4.8.4 线切割机床的常见故障及排除方法

因线切割机床中有很多零件是高速运转或与运动物体紧密接触的，是有一定寿命的。机床正常运行一段时间后，这些零件的磨损会导致机床出现一些故障，这时就要进行更换。DK77 系列快走丝线切割机床易损件清单见表 4-6，其常见故障及排除方法见表 4-7。

表 4-6 DK77 系列快走丝线切割机床易损件一览表

序号	名称	数量	所在部位	磨损、损坏后表现的主要症状	备注
1	前后导轮	2	上、下线臂	工件表面质量差，钼丝跳动，效率低	正常检查
2	D24 导轮轴承	2	上、下线臂	工件表面质量差，钼丝跳动，效率低	
3	导电块	2	上、下线臂	钼丝深陷，易拉丝	
4	丝筒电动机电刷	2	电动机内	电动机不转，划伤换向器	
5	丝筒联轴器橡皮	1	电动机和丝筒连接处	换向时有异常声音	
6	上、下水嘴	2	上、下线臂	工作液流向不正确	
7	行程限位开关	3	床身	换向不正常	

表 4-7　常见故障及排除方法一览表

故障现象	故障原因	排除方法
储丝筒不换向，导致设备时常停机	行程开关损坏	换行程开关
储丝筒在换向时常停转	电极丝太松 断丝保护电路故障	紧电极丝 换断丝保护继电器
储丝筒不转（按下走丝开关按钮，SB_1 无反应）	外电源无电压 电阻 R_1 烧断 桥式整流器 VC 损坏，造成熔丝 FU1 熔断	检查外电源并排除 更换电阻 R_1 更换整流器 VC、熔丝 FU1
储丝筒不转（走丝电压有指示且较正常工作时高）	电刷磨损或转子污垢 电动机 M 电源进线断	更换电刷、清洁电动机转子 检查进线并排除
工作灯不亮	熔丝 FU2 断	更换熔丝 FU2
工作液泵不转或转速慢	工作液泵工作接触器 KM3 不吸合 工作液泵电容损坏或容量减少	按下 SB4，KM3 线包两端若有 115V 电压，则更换 KM3，若无 115V 电压，检查控制 KM3 线包电路 换同规格电容或并联一只足够耐压的电容
高频电源正常，走丝正常，无高频火花（模拟运丝正常，切割时不走）	若高频继电器 K1 不工作，则是行程开关 SQ3 常闭触点坏 若高频继电器 K1 能吸合，则是高频继电器触点坏或高频输出线断	换行程开关 SQ3 换高频继电器 K1，检查高频电源输出线，并排除开路故障

第5章 数控线切割操作工（电切削工）职业技能鉴定理论试题

5.1 数控线切割操作工职业技能鉴定（初级）理论知识试题

1. 请按要求在试卷的标封处填写您的工作单位、姓名和准考证号。
2. 请仔细阅读题目，按要求答题，保持卷面整洁。考试时间为120分钟。

题号	一	二	三	四	总分	审核人
分数						

一、判断题（第1～20题。将判断结果填入括号中。正确的画“✓”，错误的画“×”。每题1分，满分20分。）

1. 在电火花线切割加工中工件受到的作用力较大。（ ）
2. 在型号为DK7632的数控电火花线切割机床中，其中型号中D表示电加工机床。（ ）
3. 目前我国主要生产的电火花线切割加工机床是快走丝电火花线切割机床。（ ）
4. 线切割机床通常分为两大类，一类是快走丝线切割机床，另一类是慢走丝线切割机床。（ ）
5. 快走丝线切割机床加工速度快，慢走丝线切割机床加工速度慢。（ ）
6. 线切割加工工件时，电极丝的入口宽度与出口宽度相同。（ ）
7. 快走丝线切割加工中，常用的电极丝为钨丝。（ ）
8. 在电火花线切割加工过程中，电极丝与工件间不会发生电弧放电。（ ）
9. 在电火花线切割加工过程中，可以不使用工作液。（ ）
10. 3B代码编程法是最先进的电火花线切割加工编程方法。（ ）
11. 在G代码编程中G04属于延时指令。（ ）
12. 工件被限制的自由度少于六个，称为欠定位。（ ）
13. 上一程序段中有了G01指令，下一程序段如果仍然是G01，则G01可省略。（ ）
14. 低碳钢硬度比较小，所以用线切割加工低碳钢的速度比较快。（ ）
15. 快走丝线切割机床的导轮要求使用硬度高、耐磨性好的材料制造，如高速钢、硬质合金、人造宝石或陶瓷等材料。（ ）
16. 数控线切割机床的坐标系是采用右手直角笛卡儿坐标系。（ ）
17. 电火花线切割加工可以用来制造成形电极。（ ）
18. 在电火花线切割加工中，M02的功能是关闭丝筒电动机。（ ）

19. 线切割加工中工件几乎不受力，所以加工中工件不需要定位。（　　）
20. 线切割机床在加工过程中产生的气体对操作者的健康没有影响。（　　）

得分	
评分人	

二、选择题（第 21～50 题。选择正确的答案，将相应的答案填入题内的括号中。每题 1 分，满分 30 分。）

21. 电火花线切割加工属于（　　）。
A. 放电加工　B. 特种加工　C. 电弧加工　D. 切削加工
22. 在电火花线切割加工过程中，放电通道中心最高温度可达（　　）℃左右。
A. 1000　B. 10000　C. 100000　D. 5000
23. 在型号为 DK7725 的数控电火花线切割机床中，K 是（　　）。
A. 机床特性代号，表示快走丝　B. 机床类别代号，表示数控
C. 机床特性代号，表示数控　D. 机床类别代号，表示快走丝
24. 使用电火花线切割不可以加工（　　）。
A. 方孔　B. 小孔　C. 阶梯孔　D. 窄缝
25. 下列不属于电火花线切割机床组成的是（　　）。
A. 机床本体　B. 脉冲电源　B. 工作液循环系统　D. 电极丝
26. 在使用线切割加工较厚的工件时，电极丝的进口宽度与出口宽度相比（　　）。
A. 相同　B. 进口宽度大　C. 出口宽度大　D. 不一定
27. 电火花线切割加工过程中，工作液必须具有的性能是（　　）。
A. 绝缘性能　B. 洗涤性能　C. 冷却性能　D. 润滑性能
28. 在线切割加工中，当穿丝孔靠近装夹装置时，开始切割时电极丝的走向应（　　）。
A. 沿离开夹具的方向进行加工
B. 沿与夹具平行的方向进行加工
C. 沿离开夹具的方向或与夹具平行的方向进行加工
D. 无特殊要求
29. 快走丝线切割加工在加工钢件时，其单边放电间隙一般取（　　）。
A. 0.02mm　B. 0.01mm　C. 0.03mm　D. 0.001mm
30. 快走丝线切割机床本体包括（　　）。
A. 工作台　B. 走丝机构　C. 丝架　D. 机床床身
31. 在快走丝线切割加工中，储丝筒转一转，其轴向移动的距离应（　　）。
A. 等于电极丝的直径　B. 大于电极丝的直径
C. 小于或等于电极丝的直径　D. 大于或等于电极丝的直径
32. 在线切割加工中，工件一般接电源的（　　）。
A. 正极，称为正极性接法　B. 负极，称为负极性接法
C. 正极，称为负极性接法　D. 负极，称为正极性接法

33. 在使用ISO代码编程时，关于圆弧插补指令，下列说法正确的是（　　）。

A. 整圆只能用圆心坐标来编程

B. 圆心坐标必须是绝对坐标

C. 所有圆弧或圆都可以使用圆心坐标来编程

D. 从线切割机床上方看G03为顺时针加工，G02为逆时针加工

34. 目前快走丝线切割加工中应用较普遍的工作液是（　　）。

A. 煤油　B. 乳化液　C. 去离子水　D. 水

35. 快走丝线切割机床与慢走丝线切割机床相比其机床价格（　　）。

A. 高　B. 低　C. 相差不大　D. 不确定

36. 电火花线切割可以加工的材料为（　　）。

A. 石墨　B. 塑料　C. 硬质合金　D. 大理石

37. 下列中不是电火花线切割加工机床采用过的控制方式是（　　）。

A. 靠模仿形　B. 光电跟踪　C. 数字控制　D. 声电跟踪

38. 快走丝线切割加工中，常用的导电块材料为（　　）。

A. 高速钢　B. 硬质合金　C. 金刚石　D. 陶瓷

39. 对于快走丝线切割机床，在切割加工过程中电极丝的运行速度一般为（　　）。

A. 3～5m/s　B. 8～10m/s　C. 11～15m/s　D. 4～8m/s

40. 用线切割加工机床加工直径为ϕ10mm的圆孔，在加工中当电极丝的补偿量设置为0.12mm时，加工孔的实际直径为ϕ10.02mm。如果要使加工的孔径为ϕ10mm，则采用的补偿量应为（　　）。

A. 0.10mm　B. 0.11mm　C. 0.12mm　D. 0.13mm

41. 在慢走丝线切割加工中，常采用的工作液为（　　）。

A. 乳化液　B. 机油　C. 去离子水　D. 柴油

42. 在电火花线切割加工过程中，下列参数中属于不稳定的参数是（　　）。

A. 脉冲宽度　B. 脉冲间隔

C. 加工速度　D. 短路峰值电流

43. 电火花线切割加工一般安排在（　　）。

A. 淬火之前，磨削之后　B. 淬火之后，磨削之前

C. 淬火与磨削之后　D. 淬火与磨削前

44. 电火花线切割机床使用的脉冲电源输出是（　　）。

A. 固定频率的单向直流脉冲　B. 固定频率的交变脉冲电源

C. 频率可变的单向直流脉冲　D. 频率可变的交变脉冲电源

45. 快走丝线切割加工中可以使用的电极丝有（　　）。

A. 黄铜丝　B. 纯铜丝　C. 钼丝　D. 钨钼丝

46. 电火花线切割机床一般的维护保养方法是（　　）。

A. 定期润滑　B. 定期调整　C. 定期更换　D. 定期检查

47. 在快走丝线切割加工中，工件的表面粗糙度值Ra一般可达（　　）。

A. 1.6～3.2μm　　B. 0.1～1.6μm　　C. 0.8～1.6μm　　D. 3.2～6.3μm

48. 利用电火花线切割加工冲孔模具时，孔的尺寸和（　　）相同。

A. 凸模尺寸　　B. 凹模尺寸

C. （凸模尺寸＋凹模尺寸）/2　　D. 其他尺寸

49. 在使用3B代码编程时，要用到（　　）指令参数。

A. 2个　　B. 3个　　C. 4个　　D. 5个

50. 线切割机床使用照明灯的工作电压为（　　）。

A. 6V　　B. 36V　　C. 220V　　D. 110V

得 分	
评分人	

三、简答题（第51～55题，每小题4分，满分20分。）

51. 在ISO代码编程中，G00、G01是两个比较常用的G代码，试比较它们在功能、使用、轨迹、速度及数控系统的颜色显示方面有什么不同？

52. 一般数控线切割机床都有电极丝自动找中心功能，简要说明电极丝找中心的基本原理，并画图加以说明。

53. 什么叫极性效应？在线切割加工中怎样利用极性效应？

54. 在什么情况下需要加工穿丝孔？为什么？

得分	
评分人	

四、编程题（满分 30 分）

55. 根据图 5-1 所示的正六边形零件尺寸，试编制利用电火花线切割加工其凹模和凸模的程序，已知毛坯材料为 Cr12。

（1）作出加工凸模的工件坐标系，标出电极丝切割方向，同时标出穿丝点位置（5 分）。

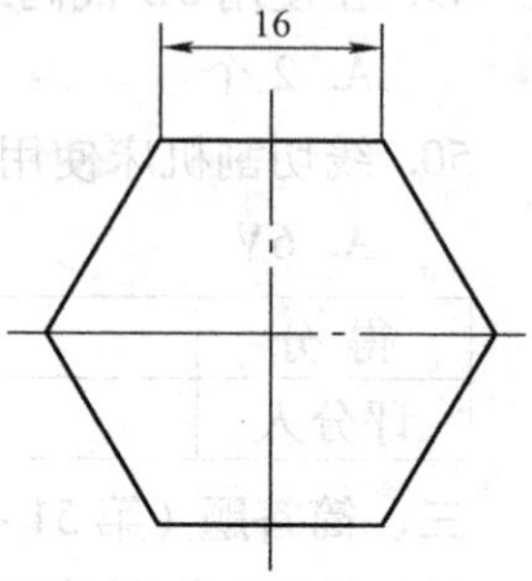

图 5-1　55 题图

（2）编写凸模加工程序（10 分）。

要求：加工程序单要字迹工整；程序段后加注释，不重复的注释不少于 5 种。

（3）作出加工凹模的工件坐标系，标出电极丝切割方向，同时标出穿丝点的位置（5 分）。

（4）编写凹模加工程序（10 分）。

要求：加工程序单要字迹工整；程序段后加注释，不重复的注释不少于 5 种。

参考答案（初级）

一、判断题

1. ×　2. ✓　3. ✓　4. ✓　5. ×　6. ×　7. ×　8. ×　9. ×　10. ×　11. ✓　12. ×
13. ✓　14. ×　15. ✓　16. ✓　17. ✓　18. ×　19. ×　20. ×

二、选择题

21. AB　22. B　23. C　24. C　25. D　26. B　27. ABC　28. A　29. B　30. ABCD　31. D
32. A　33. AC　34. B　35. B　36. AC　37. D　38. B　39. B　40. D　41. C　42. C
43. C　44. C　45. CD　46. ABCD　47. A　48. A　49. D　50. B

5.2　数控线切割操作工职业技能鉴定（中级）理论知识试题

1. 请按要求在试卷的标封处填写您的工作单位、姓名和准考证号。
2. 请仔细阅读题目，按要求答题，保持卷面整洁。考试时间为 120 分钟。

题号	一	二	三	四	总分	审核人
分数						

一、**判断题**（第 1 ~ 20 题。将判断结果填入括号中，正确的画“✓”，错误的画“×”。每题 1.0 分，满分 20 分。）

1. 电火花线切割加工属于特种加工。（　）
2. 前苏联的拉扎林柯夫妇发明了世界上第一台实用的电火花加工装置。（　）
3. 目前我国主要生产的电火花线切割机床是慢走丝电火花线切割机床。（　）
4. 线切割加工精度比较高，和铣削相比线切割加工的表面粗糙度值小。（　）
5. 快走丝线切割采用的电极丝材料比慢走丝的差，所以加工精度比慢走丝低。（　）
6. 线切割加工影响了零件的结构设计，不管什么形状的孔如方孔、小孔、阶梯孔、窄缝等都可以加工。（　）
7. 快走丝线切割加工中也可以使用铜丝作为电极丝。（　）
8. 电火花线切割加工过程中，电极丝与工件间火花放电是比较理想的状态。（　）
9. 电火花线切割加工过程中，电极丝与工件间只存在火花放电现象。（　）
10. 在电火花线切割加工过程中，放电通道中心最高温度可达 5000℃左右。（　）
11. 在线切割编程中 G01、G00 的功能相同。（　）
12. 只有当工件的六个自由度全部被限制，才能保证加工精度。（　）
13. 上一程序段中有了 G02 指令，下一程序段中如果是顺圆切割，则 G02 可省略。（　）
14. 低碳钢的含碳量比较低，硬度较小，所以用线切割加工低碳钢速度比较快。（　）
15. 由于铝的导电性能比较好，所以在线切割加工中铝比较好加工。（　）
16. 数控线切割机床和数控车床、数控铣床一样都采用右手直角笛卡儿坐标系。（　）
17. 电火花线切割加工中不需要制造电极。（　）
18. 在电火花线切割加工中，M00 的功能是关闭丝筒电动机。（　）
19. 线切割加工过程中工件几乎不受力，所以加工中工件不需要夹紧。（　）
20. 线切割机床在加工过程中产生的电磁辐射对操作者的健康没有影响。（　）

得 分	
评分人	

二、选择题（第21～50题。选择正确的答案，将相应的答案填入题内的括号中。每题1分，满分30分。）

21. 在线切割加工过程中，工件受到的作用力（　　）。
A. 为零　B. 较大　C. 较小　D. 为零或较小

22. 在线切割加工过程中，电极丝的进给为（　　）。
A. 等速进给　B. 加速进给　C. 减速进给　D. 伺服进给

23. 数控线切割机床坐标系统的确定是假定（　　）。
A. 工件相对静止的电极丝运动　B. 电极丝相对工件而运动
C. 电极丝、工件都运动　D. 电极丝、工件都不运动

24. 数控线切割机床和靠模仿形线切割机床相比，其轨迹控制精度（　　）。
A. 高　B. 低　C. 相近　D. 无法比较

25. 电火花线切割加工机床的脉冲电源与电火花成形加工机床的脉冲电源（　　）。
A. 原理和性能要求都相同　B. 原理不同，性能要求相同
C. 原理相同，性能要求不同　D. 原理和性能要求都不相同

26. 在使用线切割加工较厚零件时，电极丝的进口宽度与出口宽度相比（　　）。
A. 相同　B. 进口宽度大　C. 出口宽度大　D. 不一定

27. 快走丝线切割加工较厚工件时，对工作液的使用下列说法正确的是（　　）。
A. 工作液的浓度要大些，流量要略小
B. 工作液的浓度要大些，流量也要大些
C. 工作液的浓度要小些，流量也要略小
D. 工作液的浓度要小些，流量要大些

28. 在线切割加工中，当穿丝孔靠近装夹位置时，开始切割时电极丝的走向应（　　）。
A. 沿离开夹具的方向进行加工
B. 沿与夹具平行的方向进行加工
C. 沿离开夹具的方向或与夹具平行的方向进行
D. 无特殊要求

29. 快走丝线切割在加工钢件时，在切割出表面的入口和出口处附近往往有黑白相间交错的条纹，关于这些条纹下列说法正确的是（　　）。
A. 黑色条纹微凹，白色条纹微凸；黑色条纹处为入口，白色条纹为出口
B. 黑色条纹微凸，白色条纹微凹；黑色条纹处为入口，白色条纹为出口
C. 黑色条纹微凹，白色条纹微凸；黑色条纹处为出口，白色条纹为入口
D. 黑色条纹微凸，白色条纹微凹；黑色条纹处为出口，白色条纹为入口

30. 圆柱形工件放在一个较长的V形槽中限制了工件的（　　）个自由度。
A. 三　B. 四　C. 五　D. 六

31. 在快走丝线切割加工中，关于工作液的陈述正确的是（　　）。

A. 纯净的工作液效果最好

B. 煤油工作液切割速度低，但不易断丝

C. 乳化型工作液比非乳化型工作液的切割速度高

D. 水类工作液冷却效果好，所以切割速度高，且不易断丝

32. 在线切割加工中，电极丝一般接电源的（　　）。

A. 正极，称为正极性接法　　B. 负极，称为负极性接法

C. 正极，称为负极性接法　　D. 负极，称为正极性接法

33. 以下说法（　　）是正确的。

A. 只有 G92 是工件坐标设定指令

B. 所有数控机床在加工时都必须返回坐标原点

C. 根据需要一个工件可以设置几个工作坐标系

D. 程序开头必须用 G00 运行到程序原点

34. 目前快走丝线切割加工中应用较普遍的工作液是（　　）。

A. 煤油　　B. 乳化液

C. 全损耗系统用油　　D. 水

35. 一般情况下，快走丝线切割机床与慢走丝线切割机床相比其加工精度（　　）。

A. 高　　B. 低　　C. 相同　　D. 不确定

36. 不能使用电火花线切割加工的材料为（　　）。

A. 石墨　　B. 铝　　C. 硬质合金　　D. 大理石

37. 测量与反馈装置的作用是为了（　　）。

A. 提高机床的安全性

B. 提高机床的使用寿命

C. 提高机床的定位精度、加工精度

D. 提高机床的灵活性

38. 快走丝线切割机床电极丝工作状态为（　　）。

A. 往复供丝，反复使用　　B. 单向运行，一次性使用

C. 往复供丝，一次性使用　　D. 单向运行，反复使用

39. 只读存储器只允许用户读取信息，不允许用户写入信息。对一些常需读取且不希望改动的程序，就可存储在只读存储器中，只读存储器的英语缩写为（　　）。

A. CRT　　B. PIO　　C. ROM　　D. RAM

40. 数控系统的报警大体可以分为操作报警、程序错误报警、驱动报警及系统错误报警，某个程序在运行过程中出现“圆弧端点错误”，这属于（　　）。

A. 程序错误报警　B. 操作报警　　C. 驱动报警　　D. 系统错误报警

41. 慢走丝切割加工过程中，常用的工作液为（　　）。

A. 乳化液　　B. 全损耗系统用油

C. 去离子水　　D. 柴油

42. 现代数控系统中，系统一般都有子程序功能，并且子程序（　　）嵌套。

A. 只能有一层　　B. 可以是有限层　　C. 可以是无限层　　D. 不能

43. 穿丝孔与电火花线切割加工一般安排在（　　）。

A. 都在淬火之前　　B. 都在淬火之后

C. 穿丝孔加工在前，线切割加工在后　　D. 都在淬火之后

44. 维修设备时，利用电火花线切割加工非标准小齿轮，其主要目的是（　　）。

A. 节省材料　　B. 不用制造特殊刀具，比较经济

C. 加工速度快　　D. 容易加工

45. 程序原点是编程人员在编程过程中定义在工件上的几何基准点，加工开始时要以当前电极丝位置为参考点，设置工件坐标系，所用的 G 指令是（　　）。

A. G90　　B. G91　　C. G92　　D. G94

46. 在型号为 DK7732 的电火花切割机床中，其中 K 表示（　　）。

A. 机床特性代号，表示快走丝　　B. 机床类别，表示快走丝

C. 机床特性代号，表示数控　　D. 机床类别，表示数控

47. 在快走丝线切割加工中，工件的表面粗糙度值 *Ra* 一般可达（　　）。

A. 1.6 ~ 3.2μm　　B. 0.1 ~ 1.6μm　　C. 0.8 ~ 1.6μm　　D. 3.2 ~ 6.3μm

48. 用去除材料方法获得表面粗糙度，*Ra* 的上限值为 3.2μm 的表面粗糙度标注法是（　　）。

A. $\sqrt{Ra3.2}$　　B. $\bigtriangledown\!\!\!\sqrt{Ra3.2}$　　C. $\bigcirc\!\!\!\!\bigtriangledown\!\!\!\sqrt{Ra3.2}$　　D. $\bigtriangledown\!\!\!\sqrt{Ra3.2}$

49. 在使用 3B 代码编程时，要用到（　　）指令参数。

A. 2 个　　B. 3 个　　C. 4 个　　D. 5 个

50. 为了保障人身安全，在正常情况下，电气设备的安全电压规定为（　　）。

A. 42V　　B. 36V　　C. 24V　　D. 12V

得 分	
评分人	

三、简答题（第 51 ~ 55 题，每小题 4 分，满分 20 分。）

51. 在 ISO 代码编程中，常用的数控功能指令有哪些（写出 5 个以上）？并简述其功能。

52. 在电火花线切割加工前要将电极丝移动到穿丝点，常用的寻找穿丝点的方法有哪几种？简述其中一种方法的操作过程。

53. 什么叫电参数？它包括哪几个参数？

54. 什么叫放电间隙？它对线切割加工的工件尺寸有何影响？通常情况下放电间隙取多大？

得分	
评分人	

四、编程题（满分 30 分）

55. 根据图 5-2 所示的零件尺寸，试编制利用电火花线切割加工其凹模和凸模的程序，已知毛坯材料为 Cr12（图中为正六边形）。

（1）作出加工孔的凸模的工件坐标系，标出电极丝切割方向，同时标出穿丝点位置（2 分）。

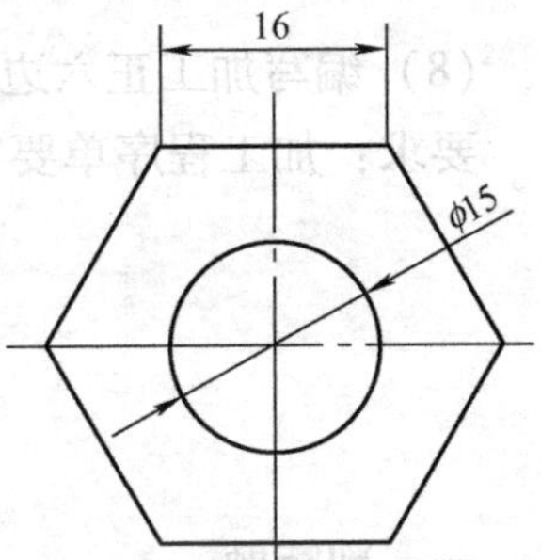

图 5-2　55 题图

（2）编写加工孔的凸模加工程序（5 分）。

要求：加工程序单要字迹工整；程序段后加注释，不重复的注释不少于 5 种。

（3）作出加工孔的凹模的工件坐标系，标出电极丝切割方向，同时标出穿丝点的位置。(2 分)

（4）编写加工孔的凹模加工程序（5 分）。

要求：加工程序单要字迹工整；程序段后加注释，不重复的注释不少于 5 种。

（5）作出加工正六边形（落料模）凸模的工件坐标系，标出电极丝切割方向，同时标出穿丝点的位置。(3 分)

（6）编写加工正六边形（落料模）凸模加工程序（5 分）。

要求：加工程序单要字迹工整；程序段后加注释，不重复的注释不少于 5 种。

（7）作出加工正六边形（落料模）凹模的工件坐标系，标出电极丝切割方向，同时标出穿丝点的位置。(3 分)

（8）编写加工正六边形（落料模）凹模加工程序（5 分）。

要求：加工程序单要字迹工整；程序段后加注释，不重复的注释不少于 5 种。

参考答案（中级）

一、判断题

1. ✓ 2. ✓ 3. × 4. × 5. × 6. × 7. × 8. ✓ 9. × 10. × 11. × 12. × 13. ✓ 14. × 15. × 16. ✓ 17. × 18. × 19. × 20. ×

二、选择题

21. C 22. D 23. B 24. A 25. C 26. B 27. D 28. A 29. A 30. B 31. BC 32. D 33. C 34. B 35. B 36. D 37. C 38. A 39. C 40. A 41. C 42. B 43. C 44. B 45. C 46. C 47. A 48. B 49. D 50. B

5.3 数控线切割操作工职业技能鉴定（高级）理论知识试题

1. 请按要求在试卷的标封处填写您的工作单位、姓名和准考证号。
2. 请仔细阅读题目，按要求答题，保持卷面整洁。考试时间为 120 分钟。

题号	一	二	三	四	总分	审核人
分数						

一、判断题（第 1 ~ 20 题。将判断结果填入括号中，正确的画“✓”，错误的画“×”。每题 1 分，满分 20 分。）

1. 晶体管矩形波脉冲电源广泛用于快走丝线切割机床，它一般由脉冲发生器、推动

级、功放级及直流电源四个部分组成。（　　）

2. *RC* 式脉冲电源在工作时电容器时而充电，时而放电，所以这类电源为“弛张式”脉冲电源。（　　）

3. 慢走丝切割机床，除了浇注式供液方式外，有些还采用浸泡式供液方式。（　　）

4. 线切割加工机床的供液方式与普通机床供液方式相同。（　　）

5. 工作液的质量及清洁程度对线切割加工影响不大，所以有的线切割机床没有工作液过滤系统。（　　）

6. 在慢走丝线切割加工中，由于采用单向连续供丝方式，在加工区总是保持新电极丝加工，所以加工精度高。（　　）

7. 线切割加工中应用较普遍的工作液是乳化液，其成分和磨床使用的乳化液成分相同。（　　）

8. 电火花线切割机床脉冲电源的脉冲宽度一般在 2 ~ 60μs。（　　）

9. 电火花线切割在加工厚度较大的工件时，脉冲宽度应选择较小值。（　　）

10. 一般情况下，线切割加工的脉冲重复频率约为 5 ~ 500kHz。（　　）

11. 线切割加工中使用的工作液对环境无污染对人体无害。（　　）

12. 导向器是慢走丝线切割机床导丝机构中的主要部件，它的寿命要比快走丝切割机床的导轮长。（　　）

13. 我国以前生产的快走丝线切割机床一般采用 B 代码格式编程，B 代码格式又分为 3B 格式、4B 格式、5B 格式等。（　　）

14. 在使用 3B 代码编程中，B 为分隔符，它的作用是将 X、Y、J 的数值分隔开，如果 B 后的字母为 0，则 0 可以省略不写。（　　）

15. 在利用 3B 代码编程加工圆弧时，为了看上去简单、方便，可以用公约数将 X、Y 的数值同时缩小相同的倍数。（　　）

16. 在加工落料模时，为了保证零件尺寸，应将配合间隙放在凹模上。（　　）

17. 传动齿轮间隙的消除可以使用偏心调整法，它属于柔性调整。（　　）

18. 数控编程从起初的手工编程到后来的 APT 语言编程，发展到今天的人机交互式编程。（　　）

19. 计算机辅助设计又称为 CAD，它是 Computer aided design 的缩写。（　　）

20. 数控电火花线切割机床的控制系统不仅对轨迹进行控制，同时还对进给速度等进行控制。（　　）

得 分	
评分人	

二、选择题（第 21 ~ 50 题。选择正确的答案，将相应的答案填入题内的括号中。每题 1 分，满分 30 分。）

21. 在电火花线切割加工中，采用正极性接法的目的有（　　）。

A. 提高加工速度　　B. 减少电极丝损耗

C. 提高加工精度　　D. 提高表面质量

22. 电火花线切割加工称为（　　）。

A. EDM　B. WEDM　C. ECM　D. EBM

23. 第一台快走丝简易数控线切割样机是由（　　）研制出的。

A. 中国的张维良　B. 复旦大学与上海交通电器厂联合

C. 前苏联的拉扎林柯夫妇　D. 瑞士阿奇公司

24. 目前广泛使用的电火花加工电源是（　　）。

A. 闸流管式脉冲电源　B. 电子管式脉冲电源

C. 晶闸管式脉冲电源　D. 晶体管式脉冲电源

25. 一般加工条件下，性能较好的脉冲电源加工 $10000mm^2$ 的面积时，电极丝的损耗应小于（　）。

A. 0.01mm　B. 0.1mm　C. 0.001mm　D. 0.0001mm

26. 步进电动机在单拍控制过程中，因为每次只有一相通电，所以在绕组通电切换的瞬间，步进电动机将会（　　）。

A. 失去自锁力矩　B. 容易造成失步

C. 容易损坏　D. 发生飞车

27. 使用步进电动机控制的机床具有（　）优点。

A. 结构简单　B. 控制方便　C. 成本低　D. 控制精度高

28. 步进电动机驱动器是由（　　）组成。

A. 环形分配器　B. 功率放大器　C. 频率转换器　C. 多谐振荡器

29. 电火花线切割加工机床脉冲电源的脉冲宽度与电火花成形加工机床脉冲电源的脉冲宽度相比（　　）。

A. 差不多　B. 小很多　C. 大很多　D. 不确定

30. 电火花线切割加工中，当工作液的绝缘性能太高时会（　　）。

A. 产生电解　B. 放电间隙小　C. 排屑困难　D. 切割速度缓慢

31. 我国以前生产的快走丝线切割机床中一般采用B代码格式编程，其中最常用的是（　）。

A. 3B代码　B. 4B代码　C. 5B代码　D. 2B代码

32. 线切割编程中参数通常使用（　　）作为单位。

A. m　B. cm　C. mm　D. μm

33. 下列关于滚珠丝杠副的说法不正确的是（　　）。

A. 按滚珠返回方式不同，滚珠丝杠副分为内循环和外循环

B. 内循环的滚珠丝杠副由丝杠、螺母、滚珠、回珠管等组成

C. 滚珠丝杠副的优点是传动效率高，摩擦小、使用寿命长

D. 滚珠丝杠副的缺点是制造成本高，不能实现自锁

34. 人机交互式图形编程的实现是以（　　）技术为前提。

A. CAD　B. CAM　C. APT　D. CAD/CAM

35. 在型号为DK7732的电火花线切割机床中，其中32表示（　　）。

A. 机床加工工件的最大长度320mm

B. 工作台纵向行程320mm

C. 机床加工工件的最大高度320mm

D. 工作台横向行程320mm

36. 快走丝线切割机床的加工精度一般在（　　）。

A. 0.01～0.005mm　　B. 0.01～0.04mm

C. 0.1～0.5mm　　D. 0.05～0.1mm

37. 慢走丝线切割机床加工精度一般为（　　）。

A. 0.01～0.005mm　　B. 0.01～0.04mm

C. 0.1～0.5mm　　D. 0.05～0.1mm

38. 目前已有的慢走丝线切割加工中心，它可以实现（　　）。

A. 自动搬运工件　　B. 自动穿电极丝

C. 自动卸除加工废料　　D. 无人操作的加工

39. 目前数控电火花线切割机床一般采用（　　）数控系统。

A. 单片机　　B. 单板机　　C. 微型计算机　　D. 大型计算机

40. 电火花线切割加工的微观过程可以分为极间介质的电离、击穿、形成放电通道，介质热分解、电极材料熔化、汽化热膨胀，电极材料抛出，极间介质消电离四个连续阶段。在这四个阶段中，间隙电压最高在（　　）。

A. 极间介质的电离、击穿、形成放电通道

B. 电极材料的抛出

C. 介质热分解、电极材料熔化、汽化热膨胀

D. 极间介质消电离

41. 同步带传动的特点（　　）。

A. 无滑动、传动准确　　B. 传动效率高

C. 不需要润滑　　D. 过载保护

42. 快走丝机床的走丝机构中电动机与储丝筒中心轴一般利用联轴器将两者连在一起，这个联轴器可以采用（　　）。

A. 刚性联轴器　　B. 弹性联轴器

C. 摩擦锥式联轴器　　D. 以上都可以用

43. 某个程序在运行过程中出现“圆弧端点错误”，这属于（　　）。

A. 程序错误报警　　B. 操作报警

C. 驱动报警　　D. 系统错误报警

44. 数控机床系统参数一般最终由（　　）设置完成。

A. 系统厂家　　B. 机床厂家　　C. 用户　　D. 销售人员

45. 线切割加工时，工件的装夹方式一般采用（　　）。

A. 悬臂式支撑　　B. V形装夹　　C. 桥式支撑　　D. 分度装具装夹

46. 将钢热处理到发生相变的温度，保温一定时间，然后缓慢冷却到室温的热处理方

式叫（　　）。

A. 退火　　B. 回火　　C. 正火　　D. 调质

47. 机床夹具按（　　）分类，可分为通用夹具、专用夹具、组合夹具等。

A. 使用机床类型　　B. 驱动夹具的动力源

C. 夹紧方式　　D. 专门化程度

48. 用水平仪检验机床导轨的直线度误差时，若把水平仪放在导轨的右端，气泡向前偏2格；若把水平仪放在导轨的左端，气泡向后偏2格，则此导轨是（　　）状态。

A. 中间凸　　B. 中间凹　　C. 不凸不凹　　D. 扭曲

49. 电火花加工表层包括（　　）。

A. 熔化层　　B. 热影响层　　C. 基体金属层　　D. 汽化层

50. 在加工较厚工件时，要保证加工的稳定，放电间隙要大，所以（　　）。

A. 脉冲宽度和脉冲间隔都取较大值

B. 脉冲宽度和脉冲间隔都取较小值

C. 脉冲宽度取较大值，脉冲间隔取较小值

D. 脉冲宽度取较小值，脉冲间隔取较大值

得 分	
评分人	

三、简答题（第51~55题，每小题4分，满分20分。）

51. 什么叫电极丝的偏移？对于电火花线切割来说有什么意义？在G代码编程中分别用哪几个代码表示？

52. 已知一步进电动机有三相定子绕组，电动机转子的齿数为50，问在三相三拍和三相六拍两种通电方式下，步进电动机的步距角分别为多大？

53. 什么叫脉冲当量？它对一台数控机床来说有何意义？

54. 什么叫极性效应？在电火花线切割加工中是怎样应用的？这方面它与电火花成形加工有什么不同？为什么？

得 分	
评分人	

四、编程题（满分30分）

55. 根据下图5-3所示零件尺寸，试编制利用电火花线切割加工其凹模和凸模的程序，已知毛坯材料为Cr12（图中为正八边形）。

（1）作出加工孔的凸模的工件坐标系，标出电极丝的切割方向，同时标出穿丝点的位置（2分）。

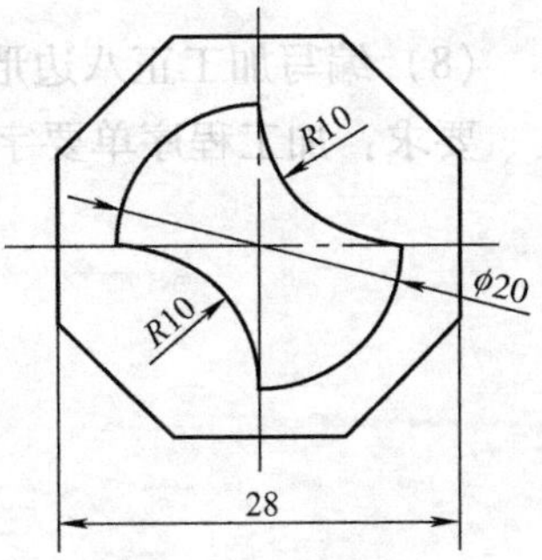

图5-3　55题图

（2）编写加工孔的凸模的加工程序（5分）。

要求：加工程序单要字迹工整；程序段后加注释，不重复的注释不少于5种。

（3）作出加工孔的凹模的工件坐标系，标出电极丝切割方向，同时标出穿丝点的位置（2分）。

（4）编写加工孔的凹模的加工程序（5分）。

要求：加工程序单要字迹工整；程序段后加注释，不重复的注释不少于5种。

（5）作出加工正八边形（落料模）凸模的工件坐标系，标出电极丝切割方向，同时标出穿丝点的位置（3分）。

（6）编写加工正八边形（落料模）凸模加工程序（5分）。

要求：加工程序单要字迹工整；程序段后加注释，不重复的注释不少于5种。

（7）作出加工正八边形（落料模）凹模的工件坐标系，标出电极丝切割方向，同时标出穿丝点的位置（3分）。

（8）编写加工正八边形（落料模）凹模加工程序（5分）。

要求：加工程序单要字迹工整；程序段后加注释，不重复的注释不少于5种。

参考答案（高级）

一、判断题

1. ✓ 2. ✓ 3. ✓ 4. × 5. × 6. ✓ 7. × 8. ✓ 9. × 10. ✓ 11. × 12. ✓
13. ✓ 14. ✓ 15. × 16. × 17. × 18. ✓ 19. ✓ 20. ✓

二、选择题

21. ABC 22. B 23. A 24. D 25. C 26. AB 27. ABC 28. AB 29. B 30. BCD
31. A 32. D 33. B 34. A 35. D 36. B 37. A 38. ABCD 39. C 40. A 41. ABC
42. BC 43. A 44. B 45. AC 46. A 47. D 48. D 49. AB 50. A

第 6 章　电火花线切割机床的基本操作

6.1 电火花线切割机床的安全操作规程

1）进入实训区必须穿合身的工作服、戴工作帽，衬衫要系入裤内，敞开式衣袖要扎紧。女同学必须把长发纳入帽内；禁止穿高跟鞋、拖鞋、凉鞋、裙子、短裤及戴围巾。

2）开机前按机床说明书要求对各润滑点加油。

3）开动机床前，要检查机床电气控制系统是否正常，工作台和传动丝杠润滑是否充分。检查工作液是否充足，然后开动机床低速空转 3～5min，检查各传动部件是否正常，确认无故障后，才可正常使用。

4）按照线切割加工工艺正确选用加工参数，按规定的操作顺序操作。

5）用手摇柄转动储丝筒后，应及时取下手摇柄，防止储丝筒转动时将手摇柄摔出伤人。

6）装卸电极丝时，注意防止电极丝扎手，卸下的废丝应放在规定的容器内，防止造成电器短路等故障。

7）停机时，要在储丝筒刚换向后尽快按下停止按钮，以防储丝筒起动时冲出行程而引起断丝。

8）安装工件的位置，应防止电极丝切割到夹具；防止夹具与丝架下臂碰撞；防止超出工作台的行程极限。

9）加工零件前，应进行无切削轨迹仿真运行，并应安装好防护罩。工件应消除残余应力，防止切削过程中夹丝、断丝，甚至工件迸裂伤人。

10）定期检查导丝轮 V 形的磨损情况，如磨损严重应及时更换。经常检查导电块与钼丝接触是否良好，导电块磨损到一定程度时要及时更换。

11）不能用手或手持导电工具同时接触工件与床身（脉冲电源的正极与地线），以防触电。

12）禁止用湿手按开关或接触电器部分，防止工作液及导电物进入电器部分。发生因电器短路起火时应先切断电源，用四氯化碳等合适的灭火器灭火，不准用水灭火。

13）在检修时，应先断开电源，防止触电。

14）加工结束后断开总电源，擦净工作台，并对夹具等上油。

6.2　电火花线切割机床的维护与保养

电火花线切割机床维护和保养的目的是保持机床能正常可靠地工作，延长其使用寿命。

6.2.1 机床的维护

1）整机应经常保持清洁，停机 8h 以上应擦拭干净并涂油防锈。

2）丝架上的导电块、排丝轮、导轮周围以及储丝筒两端应经常用煤油清洗干净，清洗后的脏油不应流回工作台的回液槽内。

3）钼丝电极与工件间的绝缘是由工件夹具保证的，应经常将导电块、工件夹具的绝缘物擦拭干净，保证绝缘要求。

4）导轮、排丝轮及轴承一般使用 6～8 个月应成套更换。

5）不定期检查储丝筒电动机的电刷、转子，发现电刷磨损严重或转子污垢，应更换电刷或清洁转子。

6）工作液循环系统如有堵塞应及时疏通，特别要防止工作液渗入机床内部造成电器故障。

7）更换行程限位开关后，需重新调节撞块的撞头，调节原则是：保证 0.5～1mm 的超行程。超行程过小则动作不够可靠，超行程过大则损耗行程开关。

8）机床应与外界振源隔绝，避免附近有强烈的电磁场，整个工作区应保持清洁。

9）当供电电压超过额定电压 ±10% 时，建议用稳压电源。

6.2.2 机床的保养

1）定期润滑。机床各运动部位采用定期润滑方式进行润滑。上下拖板的丝杠、传动齿轮、轴承、导轨，丝筒的丝杠、传动齿轮、轴承、导轨应每天用油枪加油润滑，润滑油型号为 HJ-30。加油时要摇动手柄或用手转动储丝筒，使丝杠、导轨全程移动。对导轮、排丝轮轴承进行加油之前，应将导轮、排丝轮用煤油清洗干净后再上油，加油周期为 3 个月。轴承和滚珠丝杠如果是保护套的形式，可以经半年或一年后拆开注油。

2）定期调整。对于丝杠螺母、导轨及电极丝挡块和进电块等，要根据使用时间、间隙大小或沟槽深浅进行调整。部分线切割机床采用锥形开槽式的调节螺母，则需适当拧紧一些，凭经验和手感确定间隙，保持转动灵活。滚动导轨的调整方法为：松开工作台一边的导轨固定螺钉，调节螺钉，看百分表的反应，使其紧靠另一边。挡丝棒和进电块如使用了较长时间，摩擦出痕迹，需转动或移动一下，改变接触位置。

3）定期更换。线切割机床上的导轮、导轮轴承和挡丝棒等均为易损件，磨损后应及时更换，且使用正确的更换方法。电火花线切割的工作液太脏也会影响切割加工，所以工作液也要定期更换。

4）定期检查。定期检查机床电源线、行程开关、换向开关等是否安全可靠。另外，每次使用前要检查工作液是否足够，管路是否畅通等。

6.3　快走丝线切割机床的操作顺序流程

1. 开机前的检查工作

1）检查钼丝松紧程度。

2）检查钼丝是否在挡丝棒里面。

3）检查钼丝是否在导轮的中间，钼丝是否在导电块的规定位置。

4）检查限位挡块是否在限位开关的两侧，并查看限位开关的松紧，不能松动。

5）储丝筒油杯润滑油是否正常，开机前每天拉一次。

6）检查工作液是否正常。

2. 开机步骤

1）打开钥匙开关。

2）松开急停按钮。

3）双击 Fhgd 图标进入 HF 系统。

3. 绘图并生成加工轨迹

1）进入软件系统的主菜单，点击“全绘编程”按钮进入全绘图编程环境。

2）绘图。

3）生成轨迹。

4）作引线。

5）存图。

4. 执行和后置处理

进入执行命令，设定间隙补偿值f(0.01～0.02mm)；生成平面 G 代码加工单（或 3B 代码加工单），数据文件扩展名为“2NC”；设定切割次数。

5. 模拟仿真

对生成的程序进行模拟，确定数值是否正常以及防止超切。

6. 工作液的调整

分上水和下水两个开关，其中左旋是变大，右旋变小。

7. 碰火花定位，加工

***8. 工作时的注意事项**

1）工作台上不能放置工具和其他物品。

2）人站立在机床正对面，其余位置不要站立。

3）床身与夹具不能同时接触，机床的脉冲电压 70～110V。

4）床身上高频开关打开（上部闭合），只能在调试状态下关闭。

5）不允许 2 人同时操作同一台机床。

6）手控盒操作过程中不可大力拉动电线，以免失灵，使用后一定要放回原处挂好。

7）为了避免电器柜过热，冷却系统必须处于连续工作状态。

8）为了避免直接接触到通电的电线，必须关闭机床防护罩。

9）工件的装夹以方便和稳固为原则，在架设工件时，压紧力以工件不被水冲动为原则，以免造成螺钉滑丝而无法卸除。

10）对丝（电极丝定位）前一定要注意零件的尺寸，防止出现加工时切割到夹具或床身。

11）加工中不能直接用手触摸工件及钼丝，落料时应注意避免料头卡住机头的现象，料头较难取出时要小心设备和手指，以免受到伤害。

12）加工过程中一定要注意观察，防止出现意外，一旦出现紧急情况，立即按下急停按钮。

13）加工后应注意勤洗手，特别在用餐前应洗净双手，避免杂质较多的加工液摄入，危害身体。

6.4 工件的装夹与找正

6.4.1 工件的装夹

线切割加工，特别是慢走丝线切割加工属于较精密加工，工作的装夹对加工零件的定位精度有直接影响，特别在模具制造等加工中，需要认真仔细地装夹工件。

1. 装夹注意事项

1）工件的定位面要有良好的精度，一般以磨削加工过的面作为定位基准较好，棱边倒钝，孔口倒角。

2）切入点要导电，热处理件切入处要去除残留物及氧化皮。

3）热处理件要充分回火去应力，平磨件要充分退磁。

4）工件装夹的位置应利于工件找正，并应与机床的行程相适应，夹紧螺钉高度要合适，避免干涉到加工过程，上导丝轮要压得较低。

5）对工件的夹紧力要均匀，不得使工件变形和翘起。

6）批量生产时，最好采用专用夹具，以利于提高生产率。

7）对细小、精密、薄壁等工件要固定在不易变形的辅助夹具上。

2. 装夹方法

（1）悬臂式支撑　工件直接装夹在工作台上或桥式夹具的一个刃口上，如图 6-1 所示悬臂式支撑通用性强，装夹方便，但容易出现上仰或倾斜，一般只在工件精度要求不高的情况下使用。如果由于加工部位所限只能采用此装夹方法而加工又有垂直要求时，要利用指示表找正工件上表面，使上表面与机床工作台平行。

（2）垂直刃口支撑　如图 6-2 所示，工件装在具有垂直刃口的夹具上。用这种方法装夹后工件也能悬伸出一角便于加工，装夹精度和稳定性较悬伸式好，也便于用指示表找正。装夹时夹紧点注意对准刃口。

（3）桥式支撑　如图 6-3 所示，桥式支撑的装夹方式是快走丝线切割最常用的装夹方法，适用于装夹各类工件，特别是方形工件，装夹稳定性好。只要工件上、下表面平行，装夹力均匀，工件表面即能保证与工作台面平行。桥的侧面也可作定位面使用，用指示表找正桥的侧面与工作台 X 方向平行。如果工件有较好的定位侧面，与桥的侧面靠紧即可保证工件与 X 方向平行。

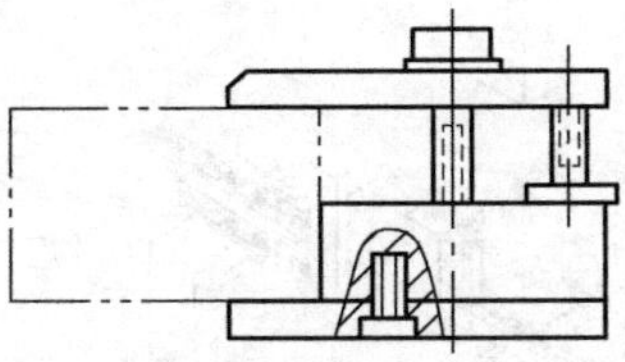
图6-1　悬臂式支撑

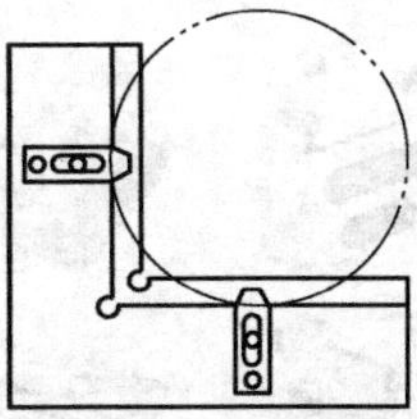
图6-2　垂直刃口支撑

（4）板式支撑　如图6-4所示，加工某些外周边已无装夹余量或装夹余量很小、中间有孔的零件，可在底面加一托板，用胶粘固或螺栓压紧，使工件与托板连成一体，且保证导电良好，加工时连托板一起切割。

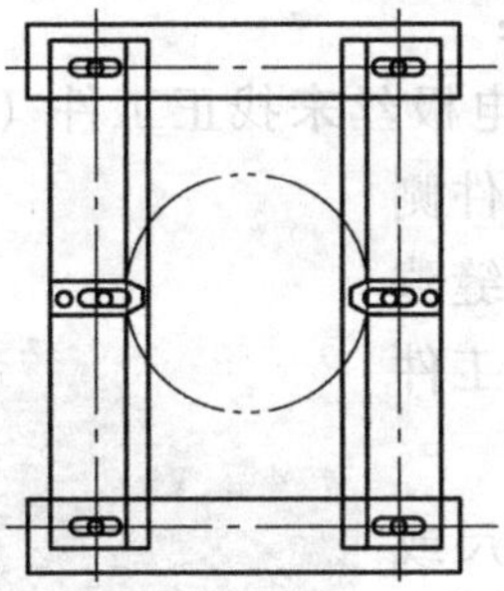
图6-3　桥式支撑

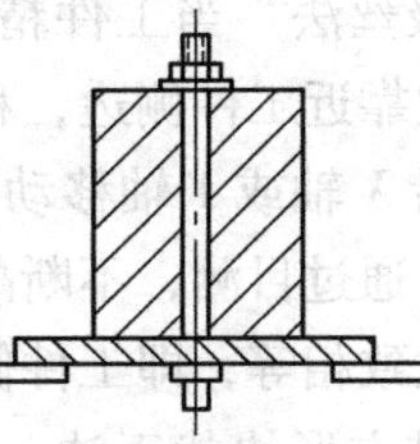
图6-4　板式支撑

（5）分度夹具装夹

①轴向安装的分度夹具。例如小孔机上弹簧夹头的切割，要求沿轴向切两个垂直的窄槽，即可采用专用的轴向安装的分度夹具。分度夹具安装于工作台上，三爪内装一检验棒，使用指示表跟工作台的 X 或 Y 方向找平行，工件安装于三爪上，旋转找正外圆和端面，找中心后切完第一个槽，旋转分度夹具旋钮，转动90°切割另一槽。

②端面安装的分度夹具。例如加工中心上链轮的切割，其外圆尺寸已超过工作台行程，不能一次装夹切割，即可采用分齿加工的方法。工件安装在分度夹具的端面上，通过心轴定位在夹具的锥孔中，一次加工2~3齿，通过连续分度完成一个零件的加工。

（6）专用夹具　对于细小、精密、薄壁等零件，需要用专用的辅助夹具来固定，然后再将辅助夹具固定在机床工作台上。图6-5所示为阿奇夏米尔公司专用夹具。采用这些专用夹具，夹持工件快捷方便，尤其适合小型精密零件的加工。

6.4.2　工件的找正

线切割的找正分两种：工件侧面与机床 X 轴或 Y 轴平行；工件的上表面或下表面与机

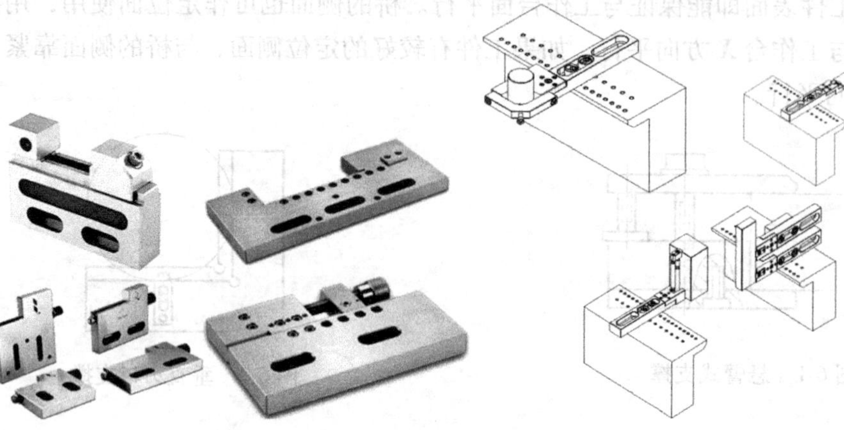

图 6-5　专用夹具及装夹示意图

床工作台 XY 面平行。

1. 工件侧面与坐标轴平行

为保证工件侧面与坐标轴平行，通常有 3 种找正方法：

（1）电极丝法　当工件精度要求不高时，可以利用电极丝来找正工件（见图 6-6）。首先将电极丝靠近工件侧边，移动工作台，使电极丝沿工件侧面移动（即沿 X 轴或 Y 轴移动），观察电极丝与工件侧面缝隙大小的变化。通过目测，不断敲击工件，最终使电极丝与工件侧面的距离大致相等，即工件侧面与移动的坐标轴平行。

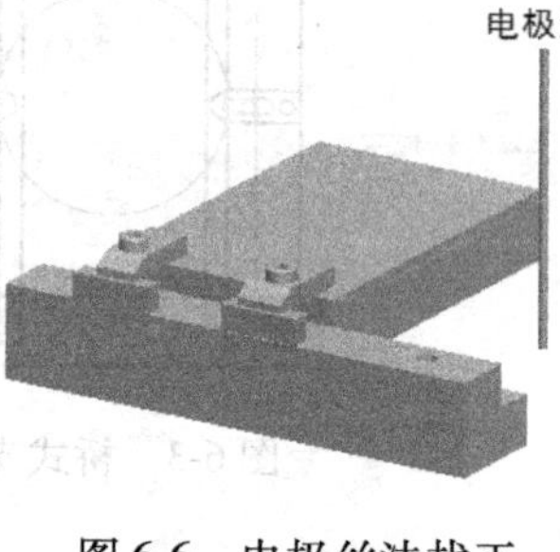

图 6-6　电极丝法找正

（2）标准方形块找正法　用一个标准方形块（如角尺或量块）靠在工件和机床横梁上（注：横梁必须是已经找正且与机床的坐标轴平行），如图 6-7 所示，观察标准方形块与工件侧面的缝隙，然后不断调整工件，直至缝隙消失为止。标准方形块找正工件精度不高，但速度快，适用于加工要求不高的零件。

（3）指示表找正法　指示表通过磁力表座固定在机床主轴上，指示表与工件的侧面接触（见图 6-8），往复移动 X 轴或 Y 坐标轴，根据指示表指针数值变化调整工件，直至指示表指针摆动幅度很小或不摆动。指示表找正较为精确，精密零件加工经常需要用指示表法来找正。

图 6-7　标准方形块找正法

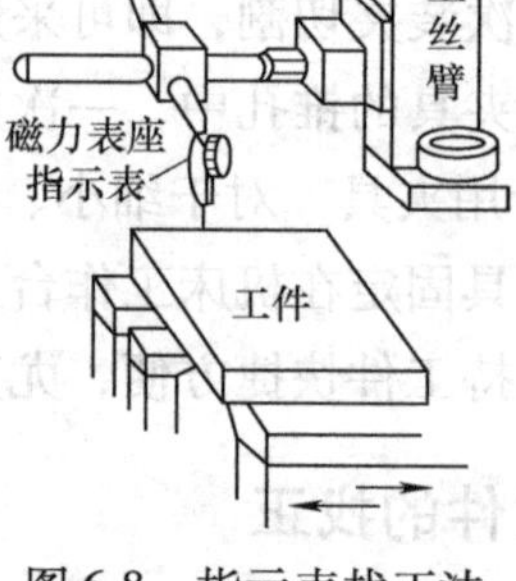

图 6-8　指示表找正法

2. 工件的表面与工作台面平行

线切割加工时，如果工件的表面与工作台面不平行，则加工完成后零件侧面就与工件的表面不垂直。因此，精密零件需要找正工件的表面，使其与工作台面平行。具体方法为：指示表通过磁力吸盘固定在机床主轴上，指示表指针接触工件上表面，分别移动机床 X 轴和 Y 轴，观察指示表指针的移动。通过敲击工件、工件底部塞垫片等方法调整工件，直至指示表指针摆动幅度很小或不摆动时为止。

6.5　线切割机床的穿丝

6.5.1　快走丝线切割机床的上丝及穿丝

1. 上丝

上丝的过程是将电极丝从丝盘绕到快走丝线切割机床储丝筒上的过程，也称为绕丝。不同的机床，上丝操作略有不同。下面以北京阿奇夏米尔 FW 系列机床为例说明上丝要点。

1）上丝以前，要先移开左、右行程开关，再起动储丝筒，将其移到行程左端（见图 6-9）或右端极限位置（目的是将电极丝上满，如果不需要上满，则需与极限位置有一段距离即可）。

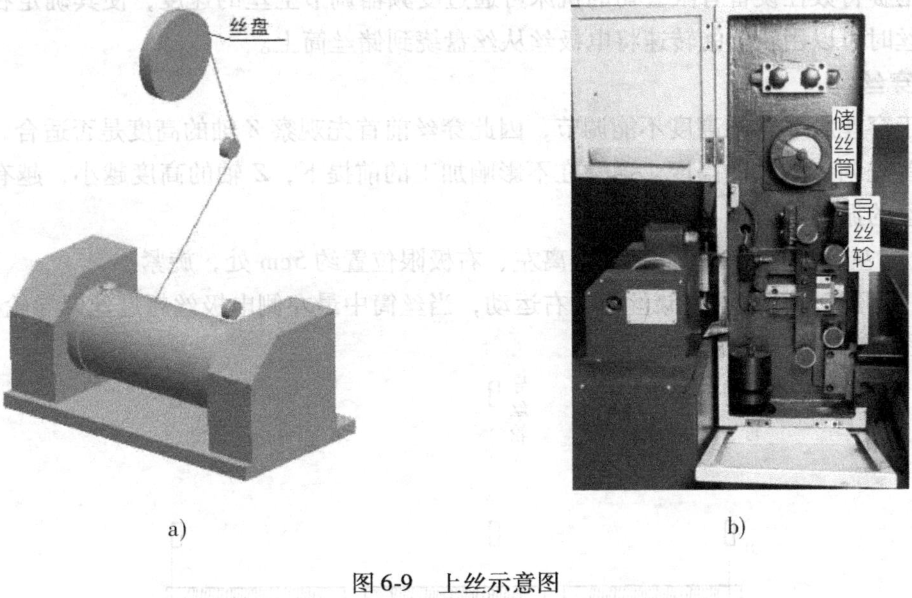

a)　　b)

图 6-9　上丝示意图

a）开始上丝示意图　b）机床上丝机构

2）上丝过程中要打开上丝电动机起停开关（见图 6-10），并旋转上丝电动机电压调节按钮 5 以调节上丝电动机的反向力矩，目的是保证上丝过程中电极丝有均匀的张力，避免电极丝打折。

3）按照机床的操作说明书，按上丝示意图将电极丝从丝盘绕到储丝筒上。具体操作如下：将装有电极丝的丝盘固定在上丝装置的转轴上，将电极丝通过导丝轮引向储丝筒上方（见图 6-11），用螺钉紧固。打开张丝电动机电源开关，通过张丝调节旋钮调节电极丝的张力后，手动摇把使储丝筒旋转，同时向右移动，电极丝以一定的张力均匀地盘绕在储丝筒上。绕完丝后，关掉上丝电动机起停开关，剪断电极丝，即可开始穿丝。

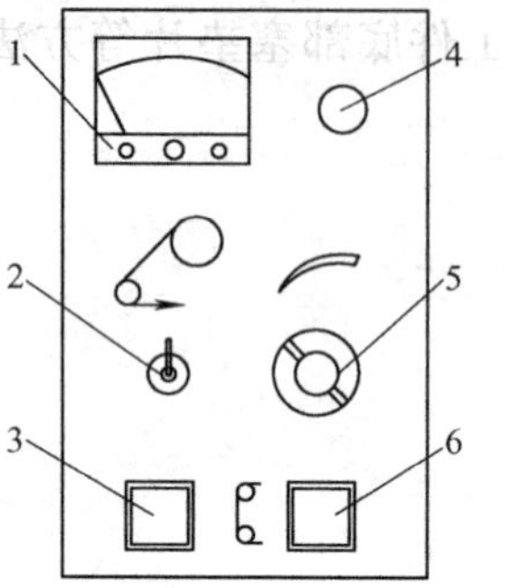

图 6-10　储丝筒操作面板

1—上丝电动机电压表　2—上丝电动机起停开关　3—丝筒运转开关　4—紧急停止开关　5—上丝电动机电压调节按钮　6—丝筒停止开关

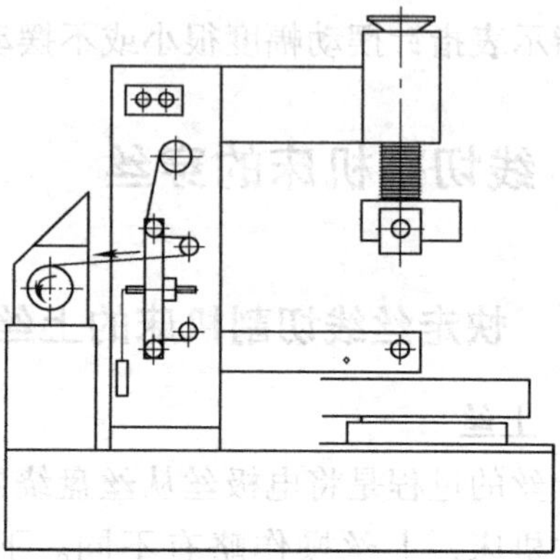

图 6-11　上丝示意图

北京阿奇夏米尔 FW 系列机床电极丝的速度大于 8m/s，不可调节，因此要手动上丝。对于部分机床，电极丝速度可调，如深圳福斯特机床，速度有 3m/s、6m/s、9m/s、12m/s 等。江南赛特数控设备有限公司的机床可通过变频器调节上丝的速度，使其确定在恰当的值，上丝时可以用较低的转速将电极丝从丝盘绕到储丝筒上。

2. 穿丝

由于穿丝后 Z 轴的高度不能调节，因此穿丝前首先观察 Z 轴的高度是否适合，如果不合适要首先调节 Z 轴的高度。通常在不影响加工的前提下，Z 轴的高度越小，越有利于减小电极丝的振动。

1）将左、右行程挡杆分别调至离左、右极限位置约 5cm 处，旋紧。

2）打开运丝开关，使储丝筒向右运动，当丝筒中最左侧电极丝超过丝架导轮 3 ~ 5mm 时（见图 6-12a）停止运丝。

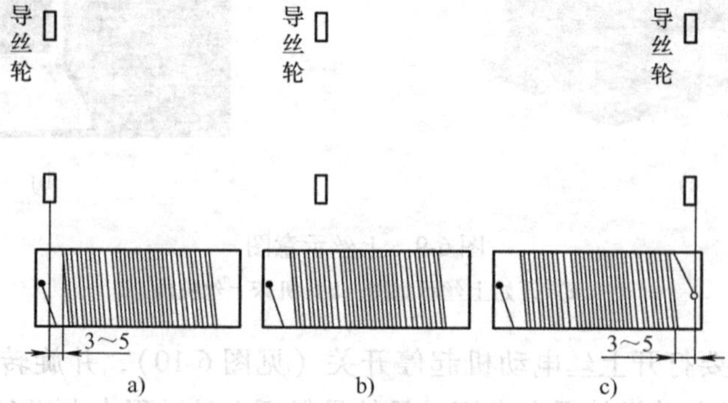

图 6-12　穿丝位置

a）左端穿丝位置　b）错误穿丝位置　c）右端穿丝位置

*说明：穿丝开始时，首先要保证储丝筒上的电极丝与辅助导丝轮、张紧导丝轮、主导丝轮在同一个平面上，否则在运丝过程中，储丝筒上的电极丝会重叠，从而导致断丝。图6-12a、c所示为正确的穿丝位置，分别从左端和右端穿丝，图6-12b所示为错误的穿丝位置，穿丝时会叠丝。

3）从左侧抽出电极丝，拉动电极丝头，由储丝筒上方通过辅助导丝轮、上丝架上的主导丝轮（丝在导轮槽中）、导电块（丝在导电块的上方），接着通过下丝架上的主导丝轮（丝在导轮槽中）、导电块（丝在导电块的下方）。穿丝示意图如图6-13所示。在操作中要注意手的力度，防止电极丝打折。

4）从储丝筒下方将电极丝顺时针旋入丝筒左边的螺钉内，检查电极丝的位置是否符合步骤3的要求。

5）用手盘动储丝筒使其由下而上旋转约10圈，将左边的行程挡杆调至左边的换向感应开关触点处并旋紧。

6）运丝。当电极丝运行至使丝筒右边的电极丝还剩3～5mm时，立即停止运丝。

7）将右边的行程挡杆调至右边的换向感应开关触点处并旋紧。

8）运丝，查看是否超行程，如不合适应立即调整行程挡杆的位置。

*注意：在穿丝过程中，一旦运丝，手指必须放在控制器的“停止”按键上，若有异常应立即停止储丝筒的运转。同时，要保证电极丝在导轮槽中，并且在上导电块上面、下导电块下面。

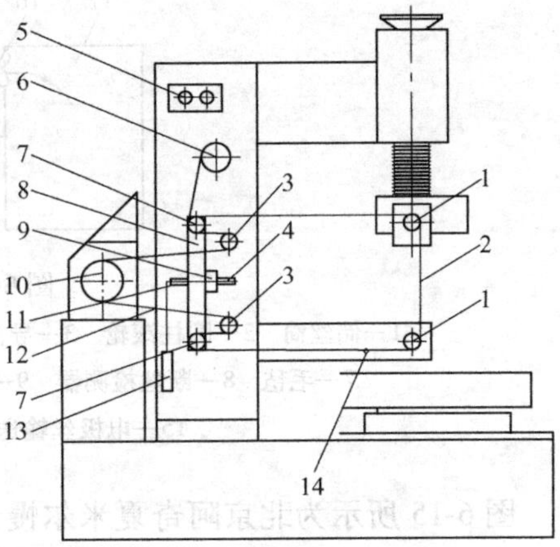

图6-13　穿丝示意图

1—主导丝轮　2—电极丝　3—辅助导丝轮　4—直线导轨　5—工作液旋钮　6—上丝盘　7—张紧轮　8—移动板　9—导轨滑块　10—储丝筒　11—定滑轮　12—绳索　13—重锤　14—导电块

*说明：以上步骤是从左侧经上丝架、下丝架进行穿丝，操作时也可从右侧经下丝架、上丝架进行穿丝，但步骤中的方向应相反。

6.5.2　慢走丝线切割机床的穿丝

慢走丝线切割机床的电极丝在加工中是单向运动（即电极丝是一次性使用）的。在走丝过程中，电极丝由储丝筒出丝，由电极丝输送轮收丝。慢走丝系统一般由以下几部分组成：储丝筒、导丝机构、导向器、张紧轮、压紧轮、圆柱滚轮、断丝检测器、电极丝输送轮、其他辅助件（如毛毡、毛刷）等。

图6-14所示为日本沙迪克公司某型号线切割机床的电极丝的送丝部分结构图，其中部分部件的作用如下：

圆柱滚轮2可使线电极从线轴平行地输出，且使张力维持稳定；导向孔模块3可使电极丝在张紧轮上正确地进行导向；张紧轮5在电极丝上施加必要的张力；压紧轮6为防止电极丝张力变动的辅助轮；毛毡7去除附着在电极丝上的渣滓；断丝检测器8检查电极丝送进是否正常，若不正常送进，则发出报警信号，提醒发生电极丝断丝等故障；毛刷9防止电极丝断丝时从轮子上脱出。

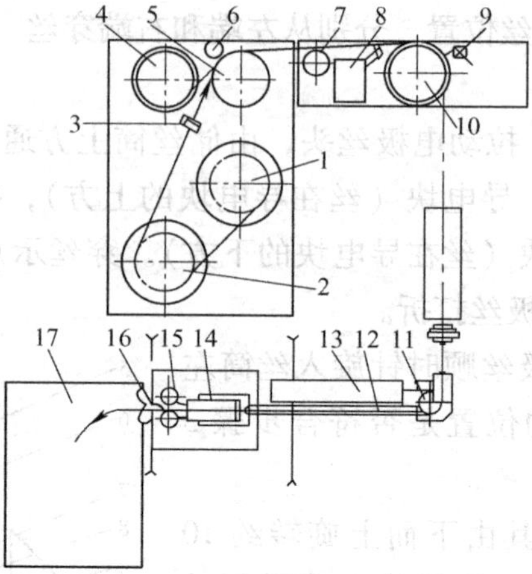

图6-14 电极丝送丝装置

1—储丝筒 2—圆柱滚轮 3—导向孔模块 4、10、11—滚轮 5—张紧轮 6—压紧轮 7—毛毡 8—断丝检测器 9—毛刷 12—导丝管 13—下丝臂 14—接丝装置 15—电极丝输送轮 16—废丝孔模块 17—废丝箱

图6-15所示为北京阿奇夏米尔慢走丝线切割机床的送丝图。

从总体来说，慢走丝线切割机床技术含量高，结构复杂，具体结构可以参考相关企业慢走丝线切割机床的说明书。

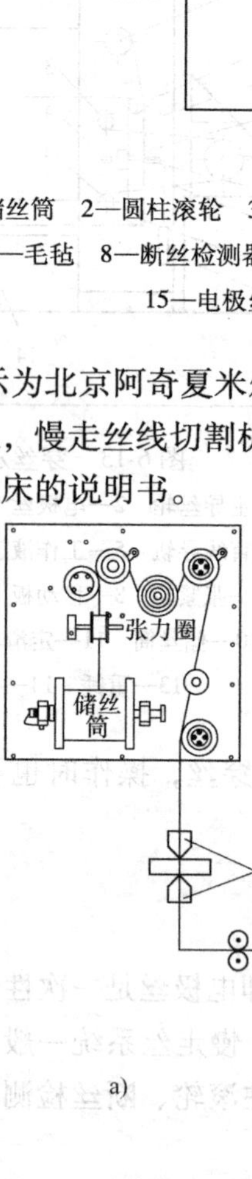

a)

b)

图6-15 电极丝送丝装置

a）电极丝送丝示意图 b）电极丝送丝实物图

6.6 电极丝垂直度的找正

线切割机床有U轴和V轴，U、V轴位于上丝架前端，轴上连接小型步进驱动电动机

（见图6-16）。U轴与X轴平行，V轴与Y轴平行，正负方向一致。因为有U、V轴，机床可以切割锥度、上下异形件。同样，U、V轴可能导致机床电极丝与工作台面不垂直。因此，在进行精密零件加工或锥度加工等情况下，需要重新找正电极丝对工作台平面的垂直度。电极丝垂直度找正的常见方法有两种：一种是利用找正块，另一种是利用找正器。

1. 利用找正块进行火花法找正

找正块是一个六面体或类似六面体（见图6-17a）。在找正电极丝垂直度时，首先目测电极丝的垂直度，若明显不垂直，则调节U、V轴，使电极丝大致垂直工作台；然后将找正块放在工作台上，在弱规准加工条件下，将电极丝沿X方向缓缓移向找正块。

图6-16　机床的U、V轴

当电极丝快碰到找正块时，电极丝与找正块之间产生火花放电，然后肉眼观察产生的火花：若火花上下均匀（见图6-17b），则表明在该方向上电极丝垂直度良好；若下面火花多（见图6-17c），则说明电极丝右倾，故将U轴的值调小，直至火花上下均匀；若上面火花多（见图6-17d），则说明电极丝左倾，故将U轴的值调大，直至火花上下均匀。同理，调节V轴的值，使电极丝在V轴垂直度良好。

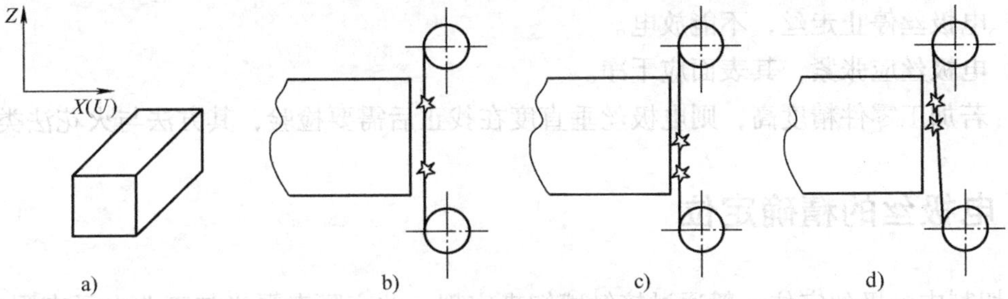

图6-17　用火花法校正电极丝垂直度

a）找正块　b）垂直度较好　c）垂直度较差（右倾）　d）垂直度较差（左倾）

在用火花法找正电极丝的垂直度时，需要注意以下几点：

1）找正块使用一次后，其表面会留下细小的放电痕迹。下次找正时，要重新换位置，不可用有放电痕迹的位置碰火花找正电极丝的垂直度。

2）在找正电极丝垂直度之前，电极丝应张紧，张力与加工中使用的张力相同。

3）在用火花法找正电极丝垂直度时，电极丝要运转，以免电极丝断丝。

4）在精密零件加工前，分别找正U、V轴的垂直度后，需要再检验电极丝垂直度找正的效果。具体方法是：重新分别从U、V轴方向碰火花，看火花是否均匀，若U、V轴方向上火花均匀，则说明电极丝垂直度较好；若U、V轴方向上火花不均匀，则重新找正，再检验。

2. 用找正器进行找正

找正器是一个触点与指示灯构成的光电找正装置，电极丝与触点接触时指示灯亮。它的灵敏度较高，使用方便且直观，底座用耐磨不变形的大理石或花岗岩制成（见图 6-18、图 6-19）。

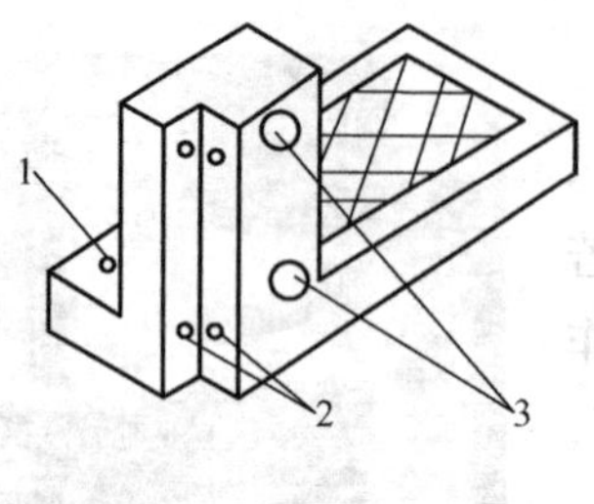

图 6-18 垂直度找正器

1—导线 2—触点 3—指示灯

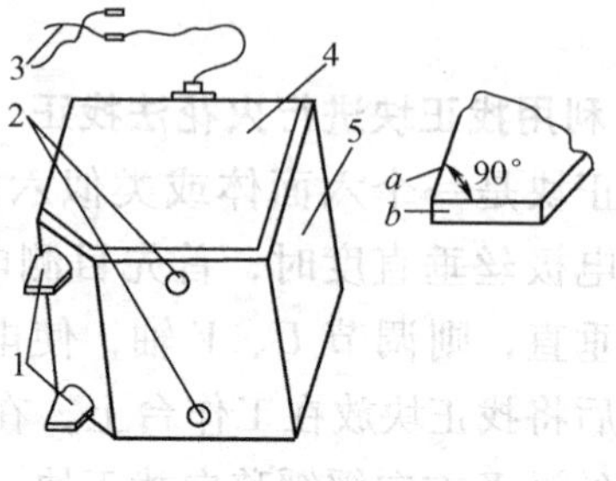

图 6-19 DF55-J50A 型垂直度找正器

1—上、下测量头 2—上、下指示灯 3—导线及夹子 4—盖板 5—支座

使用找正器找正电极丝垂直度的方法与火花法大致相似，两者的主要区别是：火花法是观察火花上下是否均匀，而用找正器则是观察指示灯。若在找正过程中，指示灯同时亮，则说明电极丝垂直度良好，否则需要找正。

在使用找正器找正电极丝的垂直度时，要注意以下几点：

1）电极丝停止走丝，不能放电。

2）电极丝应张紧，其表面应干净。

3）若加工零件精度高，则电极丝垂直度在找正后需要检验，其方法与火花法类似。

6.7 电极丝的精确定位

线切割中电极丝定位一般通过接触感知来实现，北京阿奇夏米尔工业电子有限公司等的接触感知代码为 G80。为方便初学者，下面举例说明 G80 指令的用法。

格式：G80 轴 + 方向

执行该指令，可以命令指定轴沿给定方向前进，直到和工件接触为止。例如“G80 X－;”意思是电极将沿 X 轴的负方向前进，直到接触到工件，然后停在那里。

如图 6-20a 所示，$ABCD$ 为矩形工件，该工件中有一直径为 ϕ30mm 的圆孔，现由于某种需要欲将该孔扩大到 ϕ35mm。已知 AB、BC 边为设计、加工基准，电极丝直径为 ϕ0.18mm，请写出相应操作过程及加工程序。

解 上面任务主要分两部分完成，首先将电极丝定位于圆孔的中心，然后写出加工程序。电极丝定位于圆孔的中心有以下两种方法。

（1）方法一 首先电极丝碰 AB 边，X 值清零，再碰 BC 边，Y 值清零，然后解开电极丝，并移动到坐标值（40.09，28.09）的位置。具体过程如下。

1）清理孔内部毛刺，将工件装夹在线切割机床工作台上，利用千分表找正，尽可能

使零件的设计基准 *AB*、*BC* 基面分别与机床工作台的进给方向 *X*、*Y* 轴保持平行。

2）用手控盒或操作面板等方法将电极丝移到 *AB* 边的左边，大致保证电极丝与圆孔中心的 *Y* 坐标相近（尽量消除工件 *ABCD* 装夹不佳带来的影响，理想情况下工件的 *AB* 边应与工作台的 *Y* 轴完全平行，而实际很难做到）。

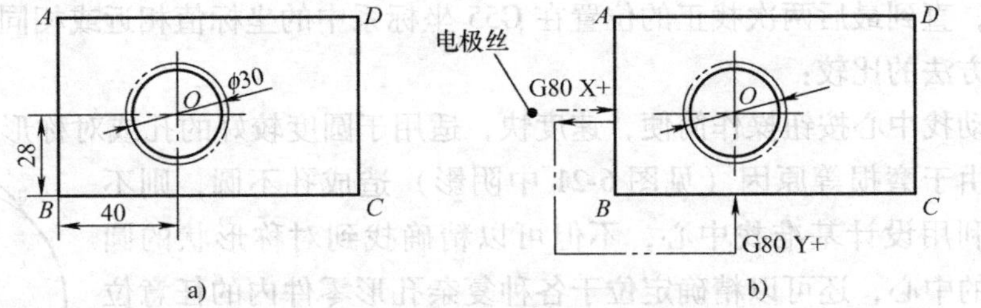

图6-20　零件加工示意图

a）零件图　b）电极丝找正轨迹图

3）用 MDI 方式执行指令：

G80　X+；

G92　X0；

M05　G00 X-2；

4）用手控盒或操作面板等方法将电极丝移到 *BC* 边的下边，大致保证电极丝与圆孔中心的 X 坐标相近。

5）用 MDI 方式执行指令：

G80　Y+；

G92　Y0；

T90；　仅适用慢走丝，目的是自动剪丝；对快走丝机床，则需手动解开电极丝

G00　X40.09　Y28.09；

6）为保证定位准确，往往需要确认。具体方法是：在找到的圆孔中心位置用 MDI 或别的方法执行指令“G55 G92 X0 Y0；”，然后再在 G54 坐标系（G54 坐标系为机床默认的工作坐标系）中按前面 1～4 所示的步骤重新找圆孔中心位置，并观察该位置在 G55 坐标系下的坐标值。若 G55 坐标系的坐标值与（0，0）相近或刚好是（0，0），则说明找正较准确，否则需要重新找正，直到最后两次中心孔在 G55 坐标系中的坐标相近或相同时为止。

（2）方法二　将电极丝在孔内穿好，然后按操作面板上的找中心按钮即可自动找到圆孔的中心。具体过程如下。

1）清理孔内部毛刺，将待加工零件装夹在线切割机床工作台上。

2）将电极丝穿入圆孔中。

3）按下自动找中心按钮找中心，记下该位置坐标值。

4）再次按下自动找中心按钮找中心，对比当前的坐标和上一步骤得到的坐标值，若数字重合或相差很小，则认为找中心成功。

5）若机床在找到中心后自动将坐标值清零，则需要同第一种方法一样进行如下操作：在第一次自动找到圆孔中心时用 MDI 或别的方法执行指令“G55 G92 X0 Y0;”，然后再按用自动找中心按钮重新找中心，再观察重新找到的圆孔中心位置在 G55 坐标系下的坐标值。若 G55 坐标系的坐标与（0，0）相近或刚好是（0，0），则说明找正较准确，否则需要重新找正，直到最后两次找正的位置在 G55 坐标系中的坐标值相近或相同时为止。

＊两种方法的比较：

利用自动找中心按钮操作简便，速度快，适用于圆度较好的孔或对称形状的孔状零件加工，但若由于磨损等原因（见图 6-21 中阴影）造成孔不圆，则不宜采用。而利用设计基准找中心，不但可以精确找到对称形状的圆孔、方孔等的中心，还可以精确定位于各种复杂孔形零件内的任意位置，所以虽然该方法较复杂，但在实际生产中仍得到了广泛的应用。

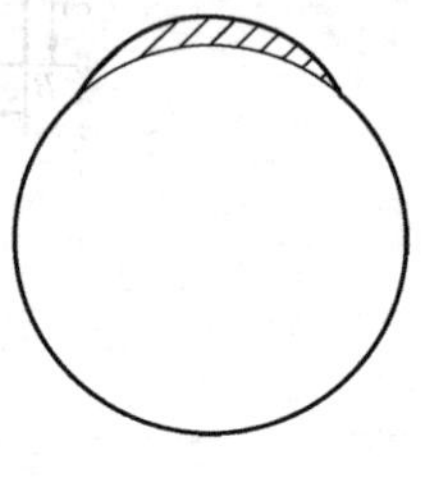

图 6-21 孔磨损

综上所述，线切割中电极丝定位的两种方法各有优劣，但其中关键一点是要采用有效的手段进行确认。一般来说，线切割中电极丝的找正要重复几次，至少保证最后两次找正位置的坐标值相同或相近。通过灵活采用上述方法，能够实现电极丝定位精度在 0.005mm 以内，从而有效地保证线切割加工的定位精度。

第 7 章　HF 系统线切割机床操作实训

7.1　HF 系统全绘编程软件的操作

HF 线切割数控自动编程软件系统是一个高智能化的图形交互式软件系统，它有如下功能：通过简单、直观的绘图工具，将所要进行切割的零件形状描绘出来；按照工艺要求，将描绘出来的图形进行排序、引入线和引出线设置、轨迹生成等处理；通过系统处理成一定格式的加工程序。

7.1.1　界面

在编控系统主菜单下，单击“全绘编程”按钮就出现图 7-1 所示的绘图界面。

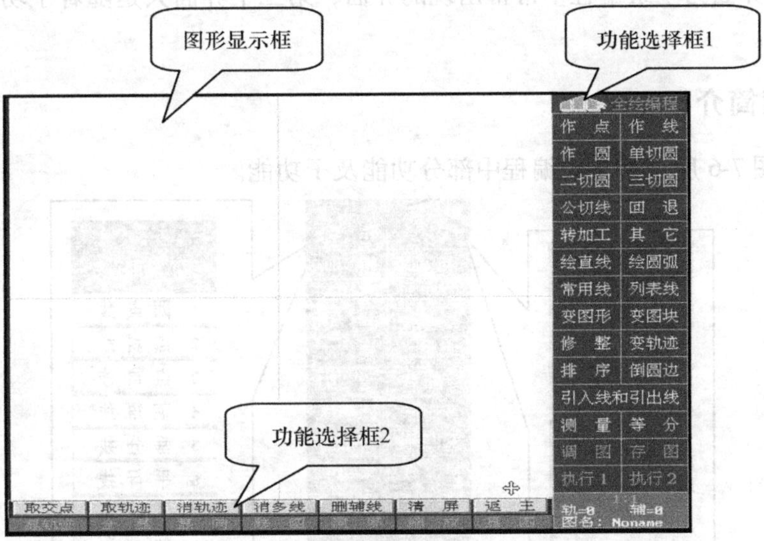

图 7-1　“全绘编程”绘图界面

图形显示框是所画图形显示的区域，在整个全绘编程过程中，这个区域始终存在。

功能选择框是功能选择区域，一共有两个。在整个全绘编程过程中，这两个区域随着功能的选择而变化。其中，功能选择框 1 可变成所选功能的说明框，功能选择框 2 变成对话提示框和热键提示框，如图 7-2 所示。

图 7-2 所示为选择了“作圆”功能中“心径圆”子功能后出现的界面，界面中图形显示框与图 7-1 一样，功能说明框将功能的说明和图例显示出来，供操作者参考，对话提示框提示输入圆心和半径。当根据要求输入后按回车键，一个满足要求的圆就显示在图形显

示框内；“热键提示框”提示了该子功能中可以使用的热键内容。

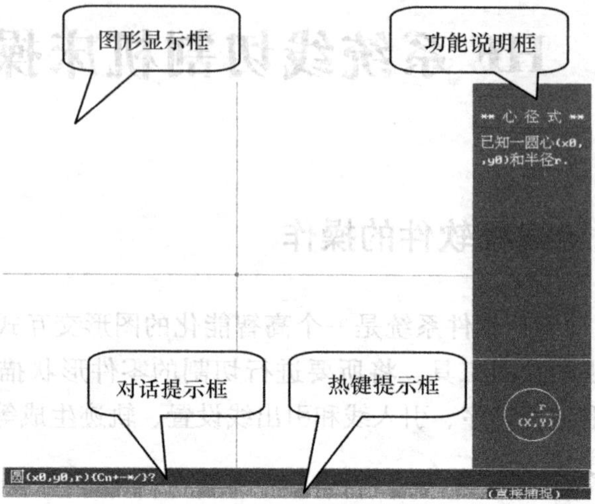

图 7-2　功能选择框

以上两个界面为全绘编程中常常出现的界面，第二个界面只是随着子功能的不同所显示的内容不同。

7.1.2　功能简介

图 7-3 ~ 图 7-6 所示为全绘编程中部分功能及子功能。

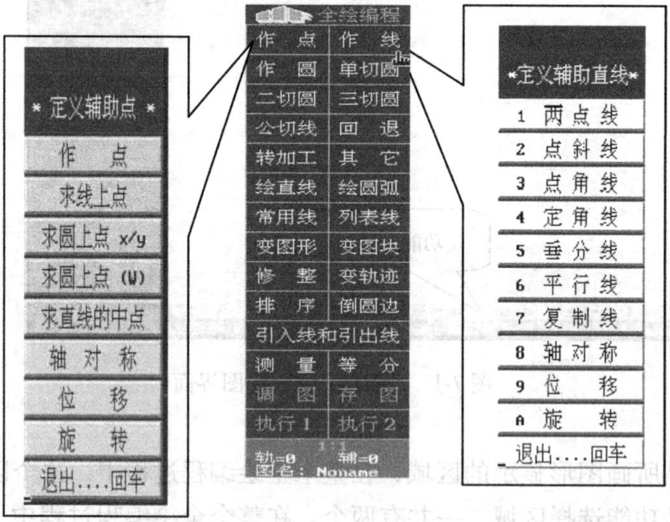

图 7-3　作点和作线功能及子功能

以上各图中全绘编程功能框的划分如图 7-7 所示，这些功能也是通常用到的部分。

屏幕下部的功能选择框如图 7-8 所示，它提供单一功能的选择。

取交点：在图形显示区内，定义两条线的相交点。

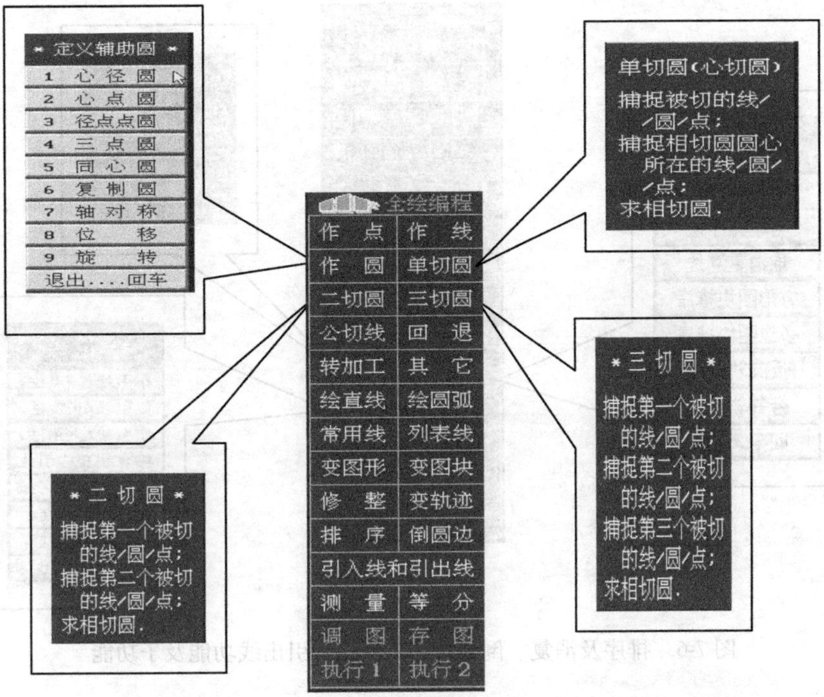

图 7-4　绘圆的各个功能及子功能

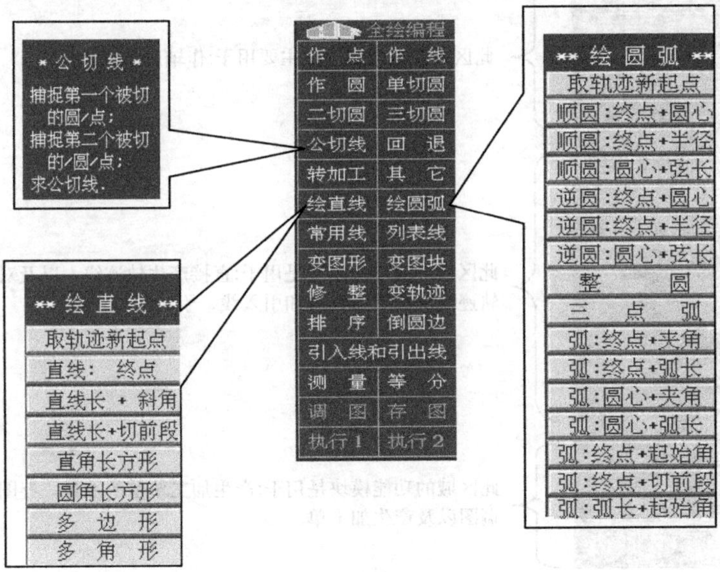

图 7-5　定义公切线、绘直线、绘圆弧功能及子功能

取轨迹：在某一曲线上两个点之间选取该曲线的这一部分作为切割的路径；取轨迹时这两个点必须同时出现在绘图区域内。

消轨迹：上一步的反操作，也就是删除轨迹线。

消多线：对首尾相接的多条轨迹线进行删除操作。

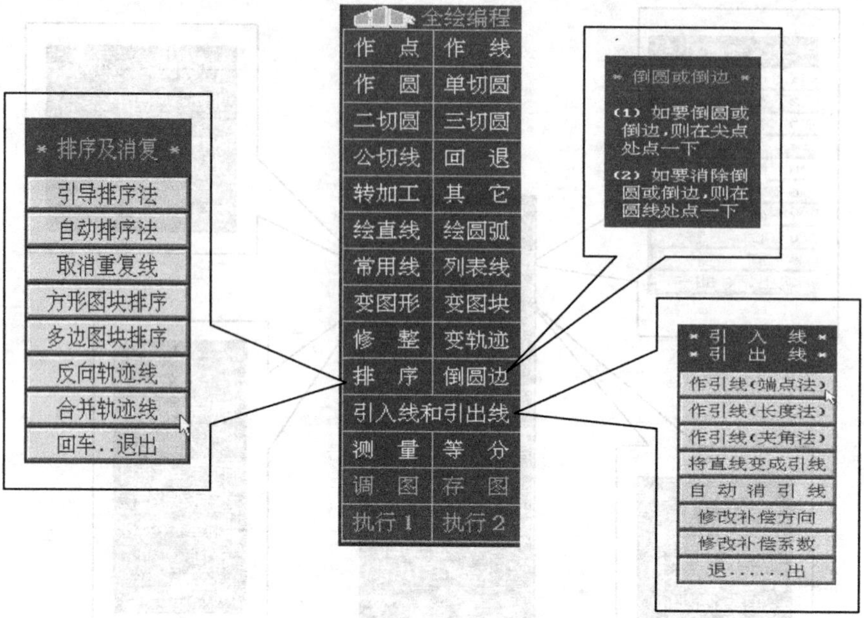

图 7-6 排序及消复、倒圆边、引入线和引出线功能及子功能

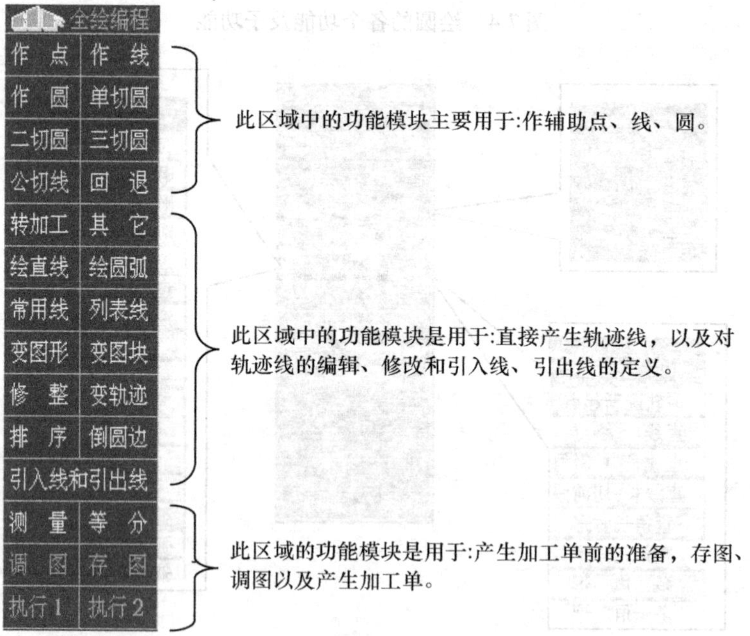

图 7-7 功能框的划分

图 7-8 功能选择框

删辅线：删除辅助的点、线、圆功能。

清屏：对图形显示区域的所有几何元素进行清除操作。

返主：返回主菜单。

显轨迹：在图形显示区域内只显示轨迹线，将辅助线隐藏起来。

全显：显示全部几何元素（辅助线、轨迹线）。

显向：预览轨迹线的方向。

移图：移动图形显示区域内的图形。

满屏：将图形自动充满整个屏幕。

缩放：将图形的某一部分进行放大或缩小。

显图：此功能模块由一些子功能所组成，其中包含了以上的一些功能，如图7-9所示的“显图”功能框。此功能框中“显轨迹线”“全显”“图形移动”与上面介绍的“显轨迹”“全显”“移图”是相同的功能。“全消辅线”和“全删辅线”有所不同，“全消辅线”功能是将辅助线完全删去，删去后不能通过恢复功能恢复；而“全删辅线”是可通过恢复功能将删去的辅助线恢复到图形显示区域内。

图7-9　“显图”功能对话框

7.2　HF系统加工界面的操作

在编控系统主菜单选择“加工”，或在全绘编程环境下选择“转向加工”菜单便进入加工界面，如图7-10所示。

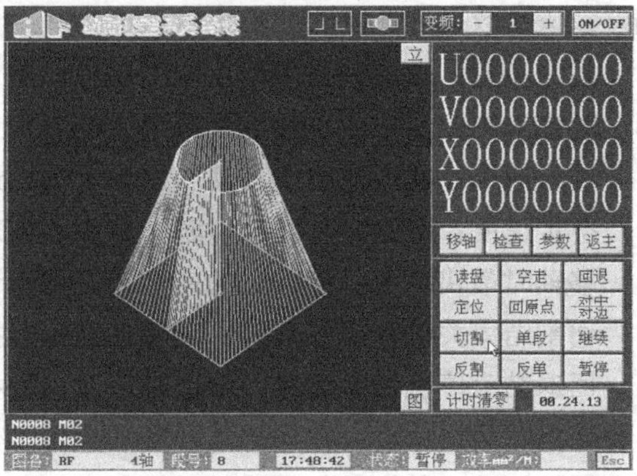

图7-10　加工界面

在加工前，需要准备好相应的加工文件。本系统所生成的加工文件，可以是3B代码加工文件，也可以是G代码加工文件。

加工文件的准备，主要有两种方法：

①在全绘编程环境下，绘好图形后选择“执行1”或“执行2”进入“后置”，从而生成无锥式G代码加工文件或锥度式G代码加工文件，或者是变锥式G代码加工文件，其文件的扩展名分别为“2NC”“3NC”“4NC”。

②在主菜单中选“异面合成”，则生成上下异面体G代码加工文件，其文件的扩展名为“5NC”。当然，在异面合成前，必须准备好相应的HGT图形文件。这些HGT图形文件都是在全绘图编程环境下完成的。

有了加工文件，就可以进行加工了。加工部分的菜单如下：

1. 参数设置

“参数”一栏是为用户设置加工参数的，如图7-11所示。

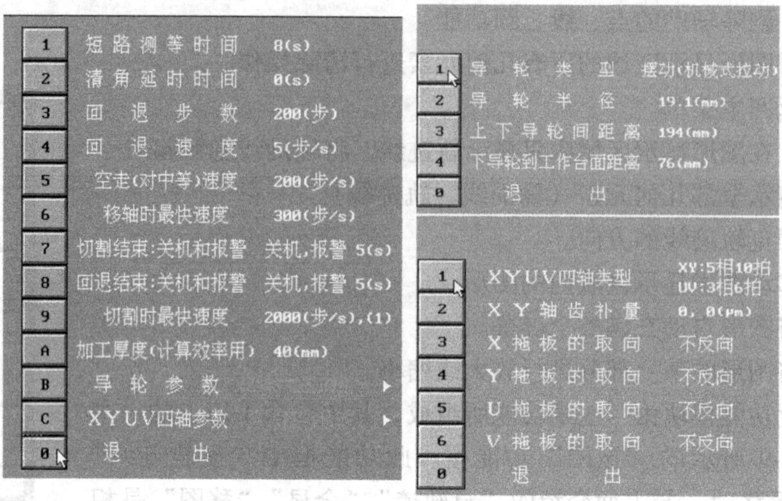

图7-11 参数设置

进行锥度加工和异面体加工时（即四轴联动时），需要对上和下导轮间距离、下导轮到工作台面距离、导轮半径这三个参数进行设置。四轴联动时（包括小锥度）均采用精确计算，即需要考虑导轮半径对 X、Y、U、V 四轴运动所产生的轨迹偏差。平面加工时，用不到这三个参数，任意值都可。

短路测等时间：判断加工有无短路现象而设置，通常设定为5~10s。

清角延时时间：段与段间过渡延时用，目的是改善拐角处由于电极丝弯曲造成的轨迹偏差。该参数是可选设的，系统默认值为0。

回退步数：加工过程中产生短路现象，则自动回退，回退的步数则由此项决定。手动回退时也采用此步数。该参数是可选设的。

回退速度：此项适用于自动回退和手动回退，是可选设的。

空走速度：空走时、回原点时、对中心或对边时的速度由此项决定，是可选设的。

移轴时最快速度：移轴时的速度，是可选设的。

切割结束关机和报警延时：工件加工完时报警提示时间，可自行设置。

回退结束停机报警延时：回退结束时报警提示时间，可自行设置。

切割时最快速度：在加工高厚度和超薄工件时，由于采样频率的不稳定，往往会出现不必要的短路现象提示。对于这一问题，可通过设置最快速度来解决。

加工厚度：计算加工效率需设置加工零件的厚度。

导轮参数：此项有导轮类型、导轮半径、上下导轮间距离、下导轮到工作台面距离四个参数，必须根据机床的情况来设置。

X、Y、U、V 轴类型：此项必须设置，而且只需设置一次（一般由机床厂家设置）。

XY 轴齿补量：这一项是选择项，是针对在机床的丝杠齿隙发生变化的情况下，作为弥补误差用的。选用此项必须对齿隙进行测量，否则会影响加工精度。

X 拖板的取向、Y 拖板的取向、U 拖板的取向、V 拖板的取向：如果某轴的正反方向与所需要的相反，则选择此项（一般由机床厂家设置）。

在加工过程中，有些参数是不能随意改变的，因为在“读盘”生成加工数据时，已将当前的参数考虑进去。例如加工异面体时，已用到“两导轮间距离”等参数，如果在自动加工时，改变这些参数、将会产生矛盾。在自动加工时，要修改这些参数，系统将不予响应。

2. 移轴

可手动移动 X、Y 轴和 U、V 轴，移动距离有自动设定和手工设定，如图 7-12 所示。

要自动设定，则选“移动距离”，其距离为 1.00，0.100，0.010，0.001。要手动设定，则选“自定移动距离”，其距离需从键盘输入。也可用 HF 无绳遥控盒移轴。

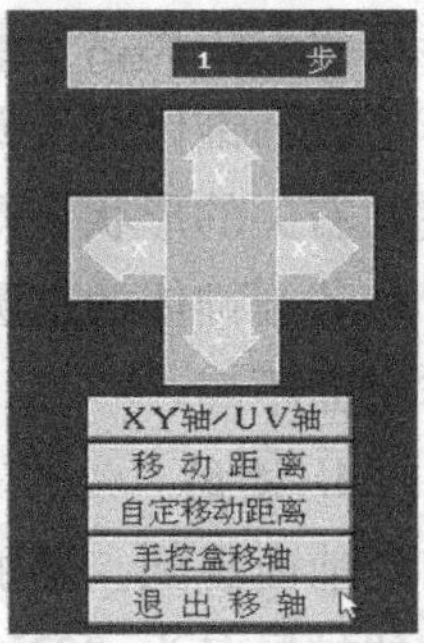

图 7-12 移轴

3. 检查

两轴显示如图 7-13 所示。

图 7-13 两轴显示

四轴显示如图 7-14 所示。

图 7-14 四轴显示

显加工单：可显示 G 代码加工单（两轴加工时也可显示 3B 代码加工单）。

加工数据：在四轴加工时，显示的是上表面和下表面的图形数据，还显示读盘时用到的参数和当前参数表里的参数，看其是否一致，以免误操作。

模拟轨迹：模拟轨迹时，拖板不动作。

回零检查：按照习惯，将加工起点总是定义为原点（0，0），而不管实际图形的起点是否为原点。这便于对封闭图形的回零检校。

极值检查：在四轴加工时可检查 X、Y、U、V 四轴的最大值和最小值。显示极值的目的是了解四轴的实际加工范围是否能满足该工件的加工。

由此可见，在四轴加工时，“加工数据”和“极值检查”所显示的内容是有区别的。还应当知道，U、V 拖板总是相对于 X、Y 拖板动作，因此，U、V 值也是相对于 X、Y 的相对值。

计算导轮：系统对导轮参数有反计算功能，如图 7-15 所示。

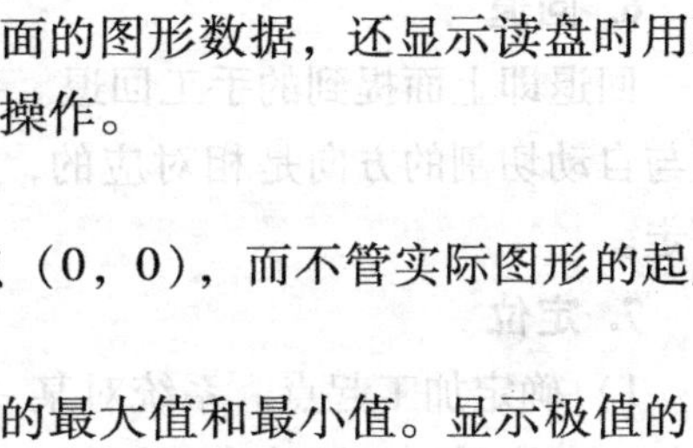

图 7-15 导轮参数反计算功能

导轮的参数（即上下导轮距离、下导轮到工作台面距离、导轮半径）对四轴加工，特别对大锥度加工的影响十分显著。这些参数不是事先能测量准确的，可用反计算功能来计算修正这些参数。

此外，根据理论推导和实验检验，还可以通过对一个上小下大的圆锥体形状的判别来修正导轮距离，一般规则如下：

若圆锥体的上圆呈现右大左尖的形状，则应调大上下导轮距离；反之，若上圆呈现左大右尖的形状，则应调小上下导轮距离。

若圆锥体的上圆偏大，则应调小下导轮到工作台面距离；反之，则应调大下导轮到工作台面距离。

4. 读盘

前面提到，要加工切割，必须在全绘编程环境下或异面合成条件下生成加工文件，文件的扩展名为“2NC”“3NC”“4NC”“5NC”。有了这些文件，就可以选择“读盘”这一项，将要加工的文件进行相应的数据处理，然后就可以加工了。

对某一加工文件读盘后，只要对参数表里的参数不作改变，那么下次加工时，就不需要第二次“读盘”。

对扩展名为“2NC”的文件读盘时，速度较快；对扩展名为“3NC”“4NC”“5NC”的文件“读盘”时，时间要稍长一些。可在屏幕中看到进度指示。

该系统读盘时也可以处理3B代码格式加工单。3B代码格式加工单可以在“后置”的“其它”中生成，也可直接在主菜单“其它”的“编辑文本文件”中编辑。当然，也可以读取其他编程软件所生成的3B代码格式加工单。

5. 空走

空走分正向空走和反向空走及正向单段空走和反向单段空走。空走时，可按Esc键中断空走。

6. 回退

回退即上面提到的手工回退。手工回退时，可按Esc键中断手工回退。手工回退的方向与自动切割的方向是相对应的，即如果在回退之前是正向切割，那么回退时沿着反方向走。

7. 定位

1）确定加工起点。系统对某一文件读盘后，将自动定位到加工起点。但是，如果工件加工完毕后，又要从头再加工，那么，就必须用“定位”功能定位到起点。用“定位”功能还可定位到终点或某一段的起点。

必须说明，如果在加工的中途停下又要继续加工，不必用“定位”功能。可用“切割”“反割”“继续”等选项继续进行未完的加工过程。“定位”功能对空走也适用。

2）确定加工结束点。在正向切割时，加工的结束点一般为报警点或整个轨迹的结束点。在反向切割时，加工的结束点一般为报警点或整个轨迹的开始点。加工的结束点可通过定位的方法予以改变。

3）确定是否保留报警点。

加工起点、结束点、报警点在屏幕上均有显示。

8. 回原点

将 X、Y 拖板和 U、V（如果是四轴）拖板自动复位到起点，即（0，0）。按 Esc 键可中断复位。

9. 对中和对边

HF 系统控制卡设计了对中和对边的有关线路，机床上不需要另接有关的专用线路。在夹具绝缘良好的情况下，可实现此功能。对中和对边时有拖板移动指示。可按 Esc 键中断对边和对中。采用此项功能时，钼丝的初始位置到要碰撞工件边沿的距离不得小于 1mm。

10. 自动切割

自动切割有六栏，包括“切割”“单段”“反割”“反单”“继续”“暂停”。

“切割”即正向切割；“单段”即正向单段切割；“反割”即反向切割；“反单”即反向单段切割。在自动切割时，“切割”和“反单”，“反割”和“反向”可相互转换。

“继续”是按上次自动切割的方向继续切割。

“暂停”是中止自动切割，在自动切割方式下，Esc 键不起作用。

自动切割时的速度是由变频数来决定的。变频数大，速度慢；变频数小，速度快。变频数的变化范围为 1～255，可在自动切割前或自动切割过程中改变。按“－”键变频数变小；按“＋”键变频数变大。改变变频数可通过鼠标操作。单击鼠标左键，按 1 递增或递减变化；单击鼠标右键则按 10 递增或递减变化。

在自动切割时，如遇到短路而自动回退，可按 F5 键中断自动回退。

在自动切割的同时，可进行全绘编程或其他操作。操作方法是：选“返主”命令，回到系统主菜单，此时便可选择“全绘编程”或其他选项。

在全绘编程环境下，也可随时进入加工菜单。如果仍是自动加工状态，那么屏幕上将继续显示加工轨迹和有关数据。

11. 显示图形

在自动切割、空走、模拟时均跟踪显示轨迹。

自动切割时，还可同时对显示的图形进行放大、缩小、移动等操作。在四轴加工时，还可以进行平面显图和立体显图切换。

7.3　操作技能实训案例

下面通过一个实例来说明 HF 线切割自动编程软件的基本应用。图 7-16 所示为准备进行编程和加工的图形。

对该图进行编程时，首先进入 HF 软件的主菜单，单击“全绘编程”命令进入全绘编程环境。

第一步：单击“功能选择框”中的“作线”按钮，再在“定义辅助直线”对话框中单击“平行线”按钮定义一系列平行线，分别是平行于 X 轴、距离分别为 20、80、100 的三条平行线和平行于 Y 轴、距离分别 20、121 两条平行线。图中“对话提示框”中显示

“已知直线（x3，y3，x4，y4）{Ln + － ∗ /}?”，此时可用鼠标直接选取 *X* 轴或 *Y* 轴，也可以在此框中输入 L1 或 L2 来选取 *X* 轴或 *Y* 轴。选取后出现图 7-17 所示的画面。

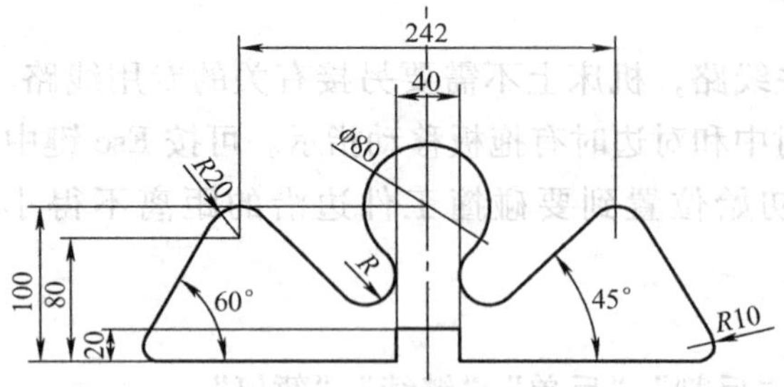

图 7-16　拟编程和加工的图形

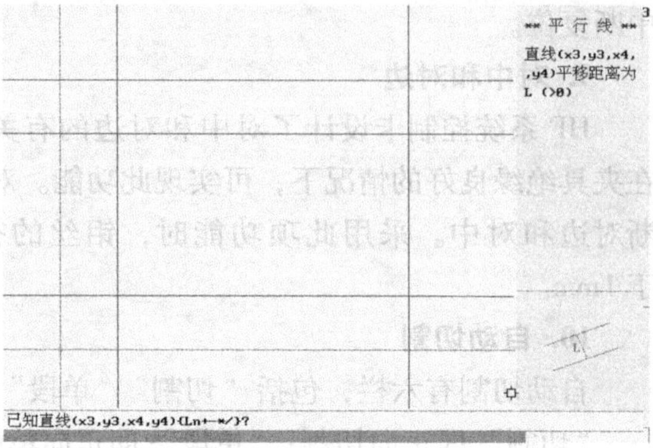

图 7-17　绘制平行线

∗注：图中“对话提示框”中显示“平移距 L = {Vn + － ∗ /}”，此时输入平行线间的距离值（如 20）后按回车键；图中“对话提示框”中显示“取平行线所处的一侧”，此时用鼠标点一下平行线所处的一侧，这样第一条平行线就形成了。画面回到继续定义平行线的画面，可接着再定义其他平行线。当以上几条线都定义完成后，按一下键盘上的 Esc 键退出平行线的定义，画面回到“定义辅助直线”。单击“退出”按钮可退出定义直线功能模块。此时可能有一条直线在“图形显示区”中看不到，可通过“热键提示框”中的“满屏”子功能将它们显示出来，也可通过“显图”功能中的“图形渐缩”子功能来完成，如图 7-17 所示。

第二步：作 ϕ80mm、ϕ40mm 两个圆和 45°、－60°的两条斜线。可以直接输入这些参数来定义这两个圆。以下为用另外一种方式来确定这两个圆。

首先，确定两个圆的圆心。单击“取交点”按钮，此时画面变成了取交点的画面。将鼠标移到平行于 *X* 轴的第三条线与 *Y* 轴相交处点一下，这就是 ϕ80mm 的圆心。用同样的方法来确定另一圆的圆心。此时两个圆心处均有一个红点。按 Esc 键退出。

接下来，单击“作圆”按钮，进入“定义辅助圆”功能，再单击“心径圆”按钮，进入“心径式”子功能。按照提示选取一圆心点，此时可拖动鼠标来确定一个圆，也可在对话提示框中输入一确定的半径值来确定一个准确的圆。按此步骤作出图 7-18 中 ϕ80mm、ϕ40mm 两个圆。

用取交点的方法来确定圆心的另一个目的是为作 45°、－60°两条直线做准备。退回到“全绘编程”界面。

单击“作线”按钮，进入“定义辅助直线”功能，单击“点角线”按钮，进入“点角式”子功能。此时在对话提示框中显示“已知直线（x3，y3，x4，y4）{Ln + － ∗ /}?”，可用鼠标选择一条水平线，也可在此提示框中输入 L1 表示已知直线为 *X* 轴所在直线。对话提示框中显示“过点（x1，y1）{Pn + － ∗ /}?”，此时可输入点的坐标，也可用鼠标选取图中右边的圆心点。在下一个画面的对话提示框中显示“角（度）w = {Vn + － ∗ /}”，此时输入一个角度值，如 45°，按回车键。屏幕中就产生一条过小圆圆心且与水平线成 45°的直线。用同样的方法去定义与 X 轴成 $-60°$ 的直线。退出“点角式”，再进入定义“平行线”子功能，定义分别与这两条线平行且距离为 20 的另外两条线。退出“作线”功能，用“取交点”功能来定义这两条线与圆的相切点并退出此功能界面，如图 7-18 所示。

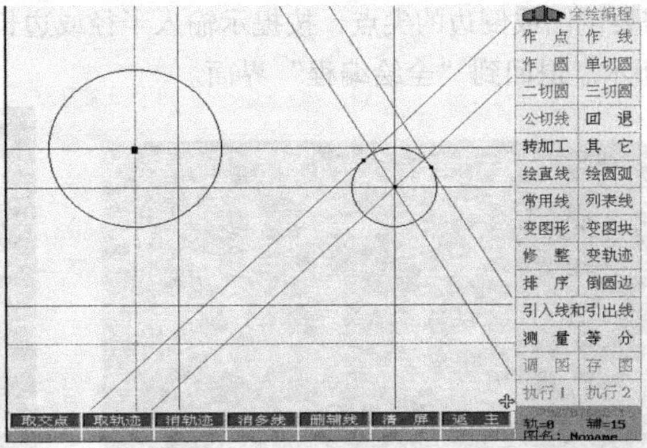

图 7-18　45°、$-60°$线与 ϕ80mm、ϕ40mm 圆的绘制

下面通过“三切圆”功能来定义图中标注为 R 的圆。单击“三切圆”按钮后进入“三切圆”功能，按图中三个椭圆标示的位置分别选取三个几何元素，此时“图形显示框”中显示满足与这三个几何元素相切的并且不断闪动的虚线圆，可通过单击鼠标右键来确定一个所需的圆，如图 7-19 所示。

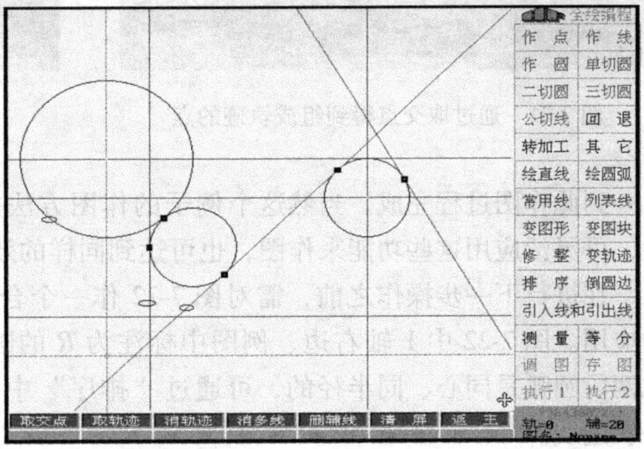

图 7-19　三切圆的绘制

第三步：通过“作线”“作圆”功能中的“轴对称”子功能来定义 Y 轴左边的图形部分。

单击“作线”按钮，进入“作线”功能；单击“轴对称”按钮，进入“轴对称”子功能。按照“对话提示框”中所提示内容进行操作，将所要对称的直线对称地定义到 Y 轴左边。退回“全绘编程”界面。

单击“作圆”按钮，进入“作圆”功能；单击“轴对称”按钮，进入“轴对称”子功能。按照“对话提示框”中所提示内容进行操作，将所要对称的圆对称地定义到 Y 轴左边。退回“全绘编程”界面，如图 7-20 所示。

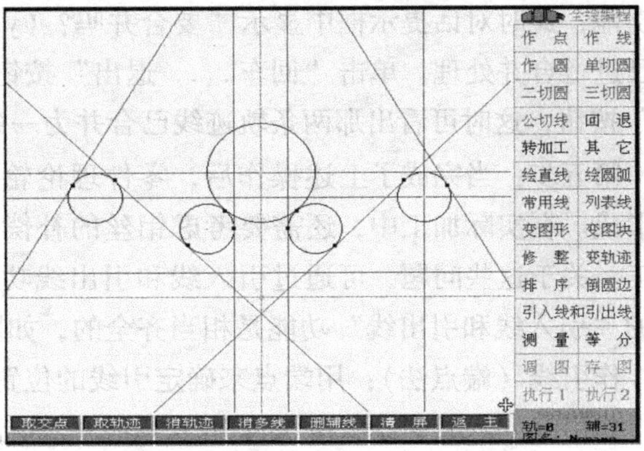

图 7-20　轴对称方式绘制圆与直线

再用“取交点”的功能来定义下一步“取轨迹”所需要的点，如图 7-21 所示。此时图中仍有两个 $R10$ 的圆还没有定义，这两个圆将采用“倒圆边”功能来解决。注意，“倒圆边”只对轨迹线起作用。

第四步：按照图形的轮廓形状，在上图中每两个交点间的连线上进行取轨迹操作，得到轨迹线。

退出“取轨迹”功能。单击“倒圆边”按钮，进入“倒圆或倒边”功能，用鼠标点取需要倒圆或倒边的尖点，按提示输入半径或边长的值，完成倒圆和倒边的操作，如图7-22所示。退回到“全绘编程”界面。

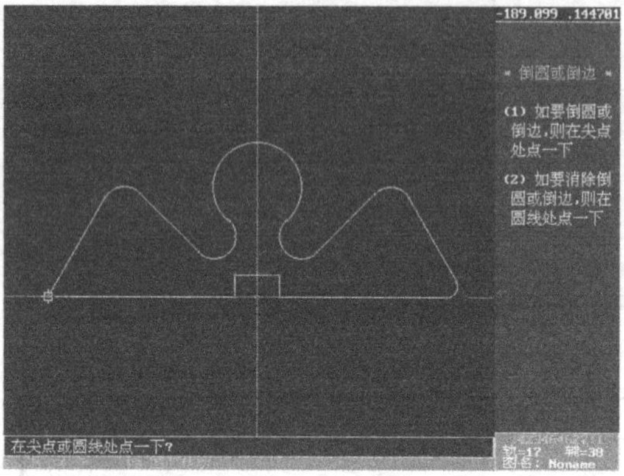

图 7-21 通过取交点得到组成轨迹的点

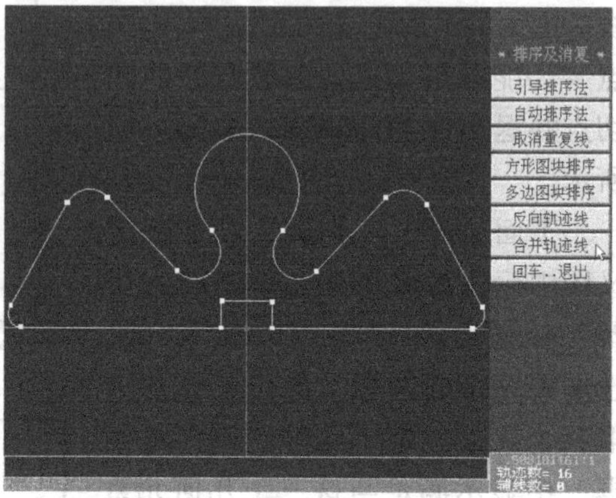

图 7-22 图形轨迹

到此作图过程完成。当然这个例子的作图方法并不只有这一种。在熟悉了各种功能后，可灵活应用这些功能来作图，也可达到同样的效果。

在进行下一步操作之前，需对图7-22作一个合并轨迹线操作，以便了解合并轨迹线的应用。图7-22中 Y 轴右边、例图中标注为 R 的圆弧，是由两段圆弧轨迹线所组成的。此两段圆弧是同心、同半径的，可通过“排序”中“合并轨迹线”功能将它们合并为一条轨迹线。

单击“排序”按钮，进入排序功能，再单击“合并轨迹线”按钮，进入合并轨迹线子功能，此时对话提示框中显示“要合并吗？(y)/(n)”，当按一下Y键并回车后，系统自己进行合并处理。单击“回车.... 退出”按钮，回到“全绘编程”界面。再单击“显向”按钮，这时可看出那两条轨迹线已合并为一条轨迹线。

第五步：当完成了上述操作后，零件理论轮廓线的切割轨迹线就已形成。在实际加工中，还需要考虑钼丝的补偿值以及从哪一点切入加工。关于这些问题，可通过引入线和引出线功能来实现。系统所提供的“引入线和引出线”功能是相当齐全的，如图7-23所示。

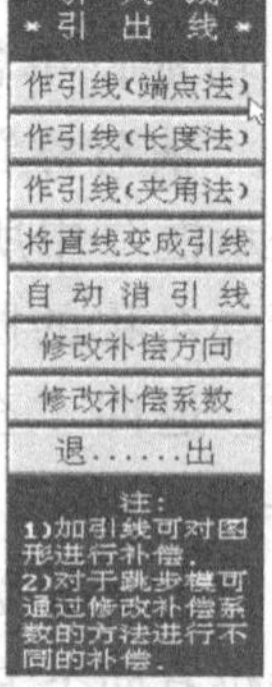

图 7-23 “引入线引出线”功能

作引线（端点法）：用端点来确定引线的位置、方向。

作引线（长度法）：用长度加上系统的判断来确定引线的位置、方向。

作引线（夹角法）：用长度加上与 X 轴的夹角来确定引线的位置、方向。

将直线变成引线：选择某直线轨迹线作为引线。

自动消引线：自动将所设定的一般引线删除。

修改补偿方向：任意修改引线方向。

修改补偿系数：不同的封闭图形需要有不同的补偿值时，可用不同的补偿系数来调整。

在“全绘编程”界面中，单击“引入线和引出线”按钮，进入“引入线和引出线”功能，再单击“作引线（端点法）”按钮，进入此功能，对话提示框中显示“引入线的起点（Ax，Ay）?”，此时通过键盘输入（20，－20）的坐标并确定，然后对话提示框中显示“引入线的终点（Bx，By）?”，此时直接输入点的坐标（20，0）或用鼠标选取这一点，对话提示框中显示“引线括号内自动进行尖角修圆的半径 sr = ?（不修圆回车）”（这一功能对于一个图形中没有尖角且有很多相同半径的圆角时非常有用），输入 5 作为修圆半径，按回车键，对话提示框中显示“指定补偿方向：确定该方向（鼠右键）/另换方向（鼠左键）”，如图 7-24 所示。

图中箭头是我们希望的方向（顺时针），单击鼠标右键完成引线的操作（注：在作引入线时会自动排序）。

单击“退回”按钮，回到“全绘编程”界面。

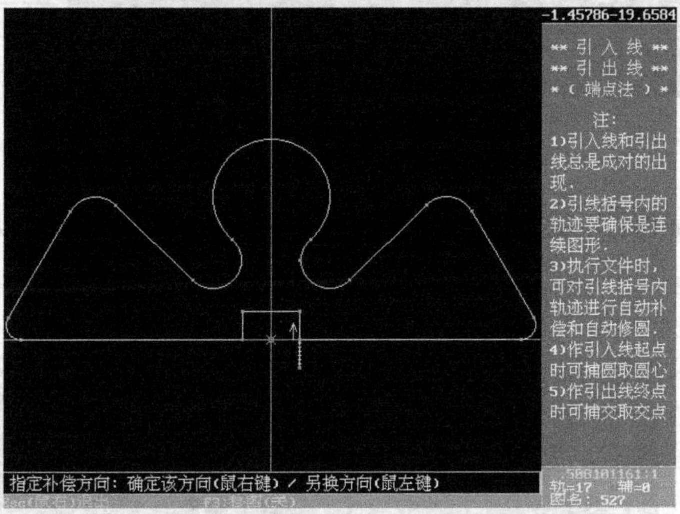

图 7-24　引入线引出线绘制的结果

第六步：存图操作。在完成以上操作后，将图形保存，以便以后调用。此系统的“存图”功能包括“存轨迹线图”“存辅助线图”“存 DXF 文件”“存 AUTOP 文件”子功能。按照这些子功能的提示进行存图操作即可。

第七步：执行和后置处理。该系统的执行部分有两个，即“执行 1”和“执行 2”。这两个执行的区别是：“执行 1”是对所作的所有轨迹线进行执行和后置处理；而“执行 2”只对含有引入线和引出线的轨迹线进行执行和后置处理。对于本例来说，采用任何一种执行处理都可。单击“执行 1”，屏幕显示为：

（执行全部轨迹）

（Esc：退出本步）

文件名：Noname

间隙补偿值 f=0.1（单边，通常≥0，也可＜0，该值与电极丝半径和电参数有关）

输入 f=0.1 值，按回车键确认后，出现的界面如图 7-25 所示。

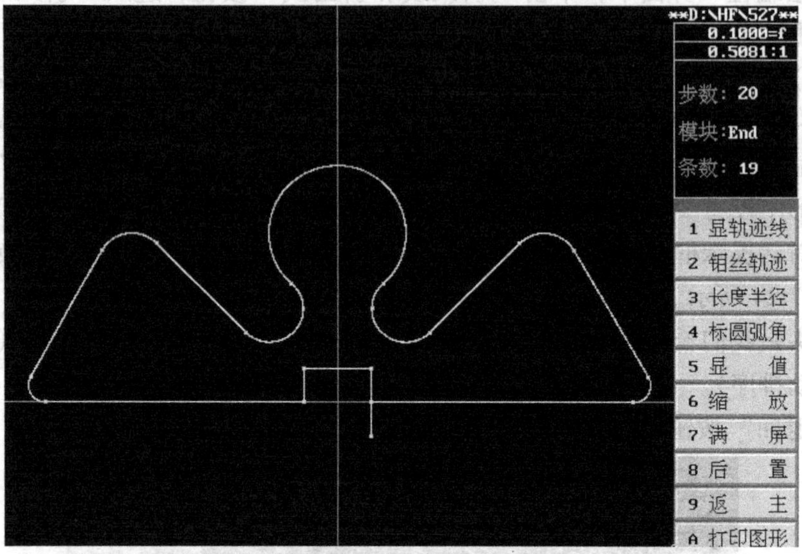

图 7-25 补偿量设置的结果

图 7-26 所示界面为生成加工程序前的检查界面，在这一界面中可以对零件图形作最后的确认操作。

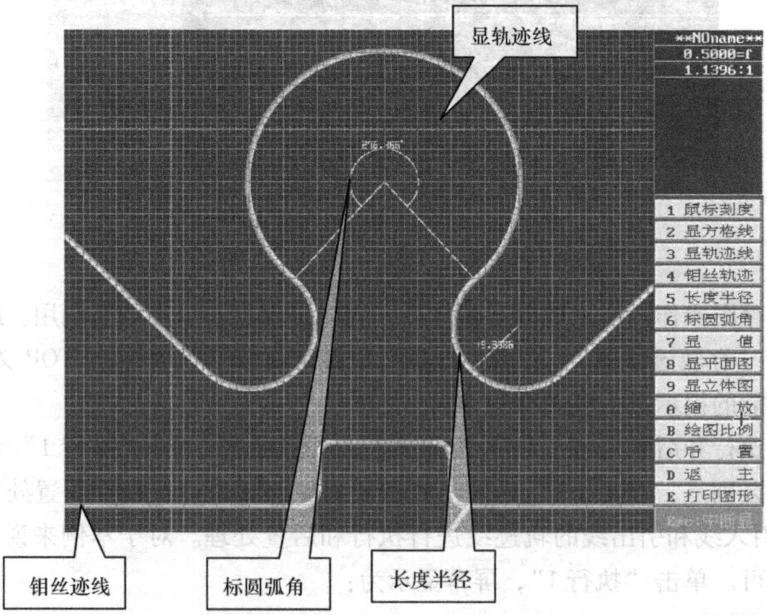

图 7-26 检查界面

确认图形完全正确后，通过“后置”按钮进入“后置处理”。进入“后置处理”功能后，界面如图 7-27 所示。

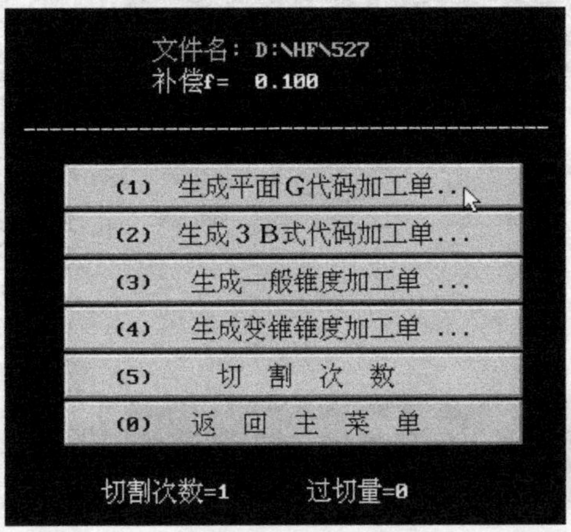

图 7-27　后置处理界面

第八步：程序读入。在图 7-27 的界面中单击“生成平面 G 代码加工单”，在弹出的对话框中单击“G 代码加工单存盘（平面）”，并输入代码名称 SQD，回到加工界面，如图 7-28 所示。

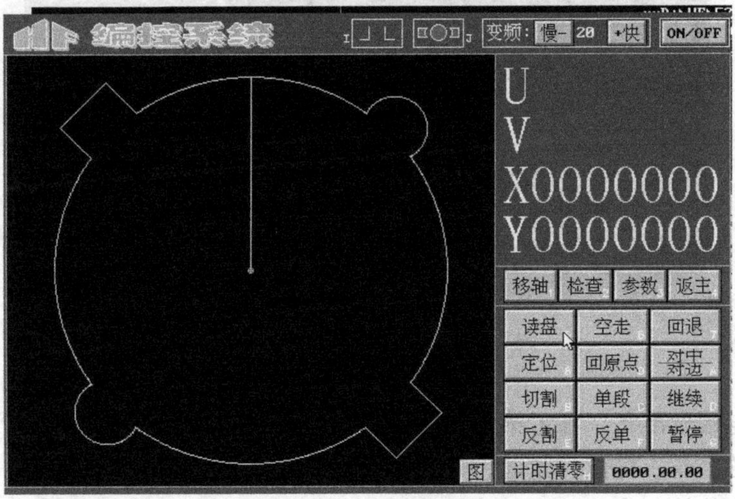

图 7-28　加工界面

在加工界面中单击“读盘”，在弹出的菜单中（见图 7-29）单击“读 G 代码程序”，选取刚才保存的“SQD. 2NC”文件。

程序文件读入后，加工界面显示如图 7-30 所示。为防止作图和意外情况发生，单击“检查”，对图形进行模拟轨迹，即进行加工仿真。仿真过程中注意观察切割的方向及界面右上角的 *X*、*Y* 轴参数变化，防止图形尺寸大于工作台的装夹尺寸而切割到工作台上的支架及机床附件。

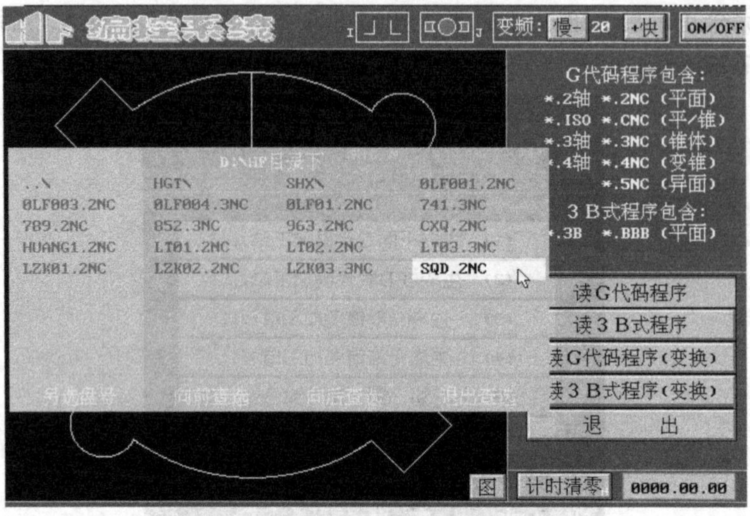

图 7-29　G 代码程序选择对话框

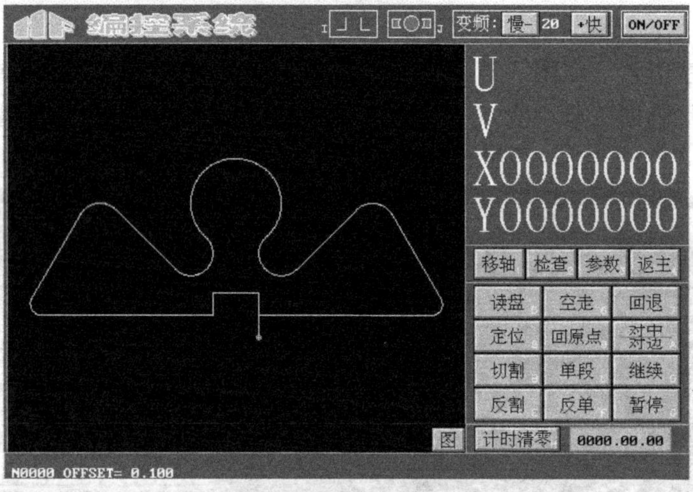

图 7-30　文件读入后的加工界面

第九步：电极丝准备。参考第 6 章的知识，将预处理后的毛坯装夹、找正，然后进行线切割电极丝的上丝、穿丝、紧丝，并对电极丝垂直度进行找正。

操作流程：将控制盒上的运丝旋钮旋转到“加工”挡；按下运丝开关使电极丝运动；在图 7-30 所示的加工界面中开启高频功能；摇动 *X*、*Y* 轴手柄使电极丝与毛坯定位部分接触放电，通过对边、对中等方法将电极丝定位到编程原点（如果有穿丝孔应定位到孔的中心）。

第十步：加工。以上工作完成后，在控制盒上开启“运水”；在加工界面单击“切割”进行加工。加工前、加工中应注意安全。加工完毕后机床自动停机，取下工件，测量相关尺寸，并与理论值相比较。最后注意关闭电源，打扫卫生并对机床进行保养。

第 8 章　AutoCut 系统线切割机床操作实训

8.1　AutoCut　CAD 绘图界面的操作

AutoCut 线切割编控系统是基于 Windows XP 平台的线切割编控系统，它运用 CAD 软件根据图样绘制加工图形，进行线切割工艺处理，生成线切割加工的二维或三维数据，并进行零件加工。在加工过程中，系统可以智能控制加工速度和加工参数，完成对不同加工要求的加工控制。这种以图形方式进行加工的方法，是线切割领域内 CAD 和 CAM 系统的有机结合。

AutoCut　CAD 绘图软件工作界面包括菜单栏、工具栏、绘图窗口、捕捉栏等（见图 8-1）。单击菜单项可打开下拉菜单，单击工具条上的按钮可以启动相应的功能，这些按钮对应的功能在菜单中都能找到，但它提供了一种比菜单功能更为方便的快捷访问方式。当将鼠标指向工具条上的按钮时，描述性文字出现在按钮附近，状态栏中有更加详细的描述。

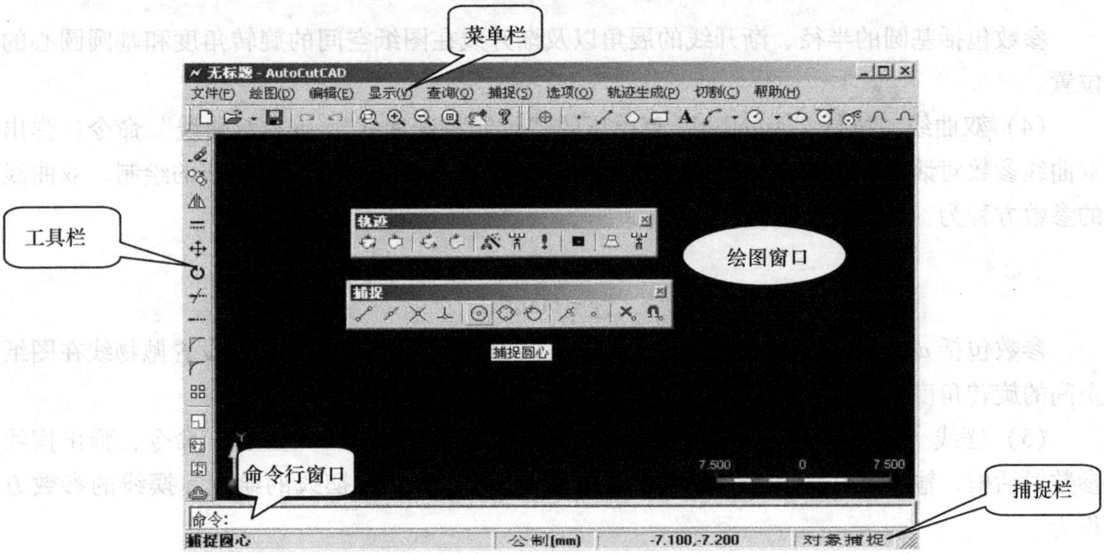

图 8-1　AutoCut　CAD 绘图软件工作界面

8.1.1　辅助绘图

AutoCut　CAD 的辅助绘图功能包括绘制阿基米德螺旋线、摆线、双曲线以及抛物线、齿轮等，现介绍如下：

（1）阿基米德螺线　执行“AutoCut”菜单下“绘制特殊曲线”→“阿基米德螺旋

线”命令，弹出绘制阿基米德螺旋线参数对话框，输入阿基米德螺旋线的参数后，按“确定”按钮即可完成阿基米德螺旋线的绘制。阿基米德螺旋线的参数方程为

$$\begin{cases} x = rt\cos t \\ y = rt\sin t \end{cases}$$

参数包括参数 t 的范围和系数 r 的值，以及阿基米德螺旋线在图纸空间的旋转角度和基点坐标。

（2）抛物线　执行“AutoCut”菜单下的“绘制特殊曲线”→“抛物线”命令，弹出抛物线参数对话框，输入抛物线的参数，按“确定”按钮即可完成抛物线的绘制。抛物线的参数方程为

$$y = kx^2$$

参数包括抛物线 x 坐标的范围以及系数 k 的值。另外，还可以设置抛物线在图纸空间的旋转和平移。

（3）渐开线　执行“AutoCut”菜单下的“绘制特殊曲线”→“渐开线”命令，弹出画渐开线对话框，输入渐开线的参数后，按“确定”按钮即可完成渐开线的绘制。渐开线的参数方程为

$$\begin{cases} x = r(\cos t + t\sin t) \\ y = r(\sin t - t\cos t) \end{cases}$$

参数包括基圆的半径、渐开线的展角以及渐开线在图纸空间的旋转角度和基圆圆心的位置。

（4）双曲线　执行“AutoCut”菜单下的“绘制特殊曲线”→“双曲线”命令，弹出双曲线参数对话框，输入双曲线的参数，按“确定”按钮即可完成双曲线的绘制。双曲线的参数方程为

$$\begin{cases} x = a/\cos t \\ y = b\tan t \end{cases}$$

参数包括 a、b 以及参数 t 的范围 t_1 和 t_2（$t_1 < t < t_2$）。另外，还可以设置抛物线在图纸空间的旋转角度和基点的位置。

（5）摆线　执行“AutoCut”菜单下的“绘制特殊曲线”→“摆线”命令，弹出摆线参数对话框，输入摆线的参数后，按“确定”按钮即可完成摆线的绘制。摆线的参数方程为

$$\begin{cases} x = r(t - \sin t) \\ y = r(1 - \cos t) \end{cases}$$

参数包括系数 r、摆角 t 以及摆线在图纸空间的旋转角度和基点的坐标。

（6）齿轮　执行“AutoCut”菜单下的“绘制特殊曲线”→“齿轮”命令，弹出绘制“齿轮”对话框（见图8-2），在输入齿轮的基本参数并预览后，即可将预览生成的齿轮轮廓线插入图纸空间。

（7）矢量文字　执行“AutoCut”菜单下的“绘制特殊曲线”→“矢量文字”命令，弹出“插入矢量字符”对话框（见图 8-3），在字符框中写入需要插入的字符，单击“预览”，该对话框的黑色窗口上会显示出相应的轮廓，单击“插入”，即可将预览生成的矢量文字轮廓插入到图纸空间。

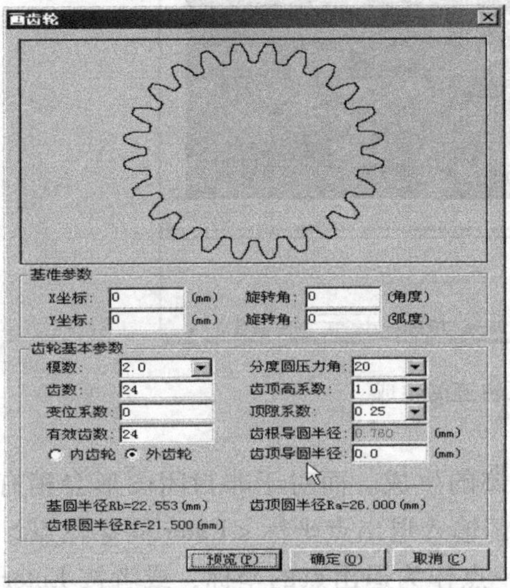

图 8-2　绘制齿轮对话框

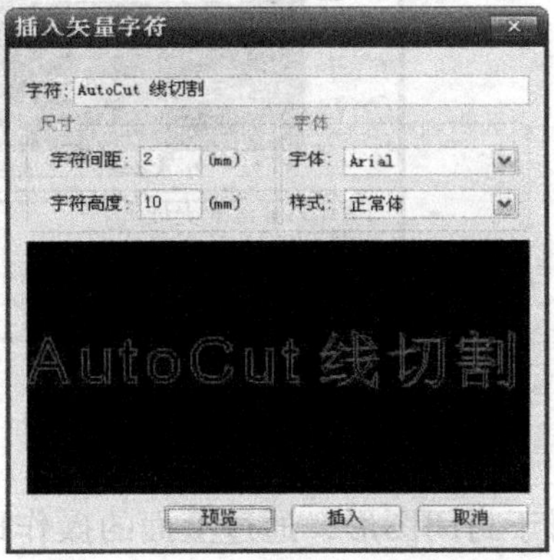

图 8-3　“插入矢量字符”对话框

8.1.2　轨迹设计

AutoCut 线切割模块中有三种设计轨迹的方法：生成加工轨迹、生成多次加工轨迹和生成锥度加工轨迹。

1. 生成加工轨迹

单击“AutoCut”下拉菜单，选择“生成加工轨迹”菜单项，或者单击工具条上的按钮，弹出图 8-4 所示的“快走丝加工轨迹”对话框，这是快走丝线切割机床生成加工轨迹时需要设置的参数。

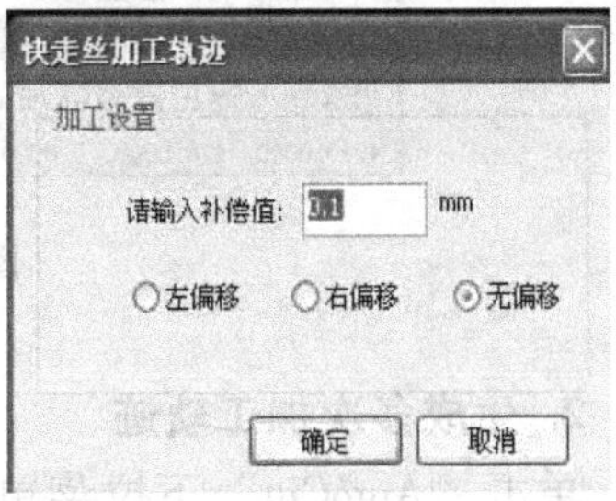

图 8-4　“快走丝加工轨迹”对话框

设置好补偿值和偏移方向后，单击“确定”按钮。命令行提示栏提示“请输入穿丝点坐标”，可以手动在命令行中用相对坐标或者绝对坐标的形式输入穿丝点坐标，也可以在屏幕上单击鼠标左键选择一点作为穿丝点坐标，穿丝点确定后，命令行提示“请输入切入点坐标”。这里要注意，切入点一定要选在所绘制的图形上，否则是无效的。切入点的坐标可以手动在命令行中输入，也可以用鼠标在图形上选取任意一点作为切入点。切入点选中后，命令行提示“请选择加工方向 <Enter 完成>”，如图 8-5 所示。晃动鼠标可看出加工轨迹上红、绿箭头交替变换，在绿色箭头一方单击鼠标左键，确定加工方向，或者按 Enter 键完成加工轨迹的拾取，轨迹方向是当时绿色箭头的方向。

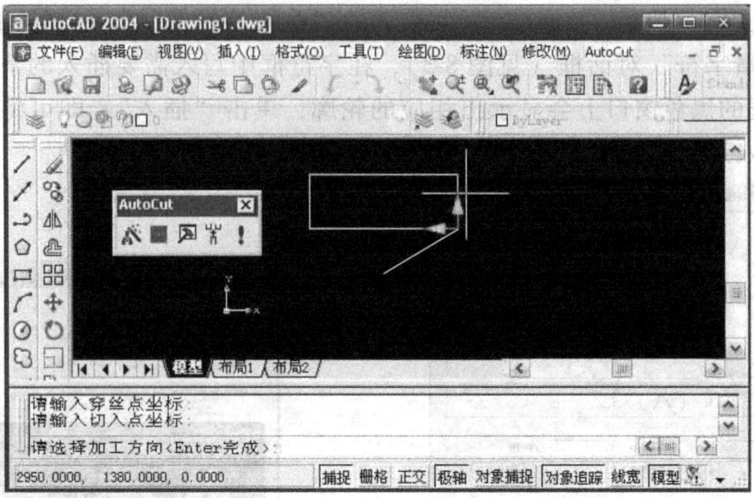

图 8-5　封闭图形加工轨迹的生成

对于封闭图形，通过上面的操作即可完成轨迹的生成。而对于非封闭图形会稍有不同，在完成加工轨迹的拾取之后，命令行提示“请输入退出点坐标 < Enter 同穿丝点 >”，如图 8-6 所示。手工输入或用鼠标在屏幕上拾取一点作为退出点的坐标，或者按 Enter 键完成默认退出点和穿丝点重合，完成非封闭图形加工轨迹的生成。

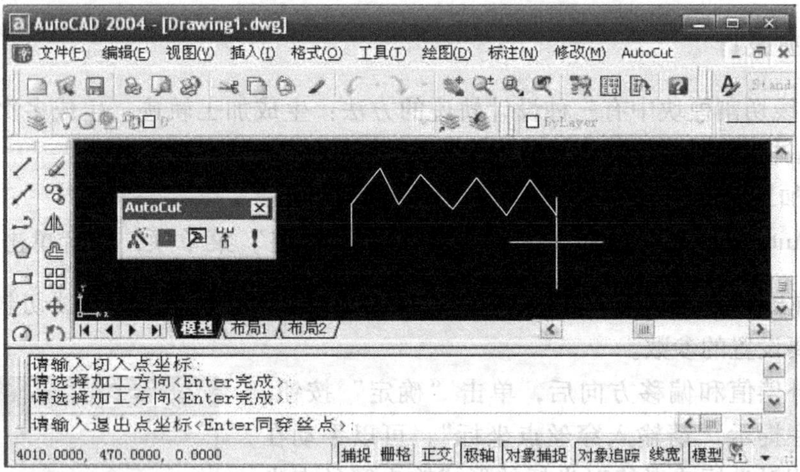

图 8-6　非封闭图形加工轨迹的生成

2. 生成多次加工轨迹

单击“AutoCut”下拉菜单，选择“生成加工轨迹”菜单项，或者单击工具条上的

按钮，弹出图 8-7 所示的“编辑加工路径”对话框。

加工次数：多次切割的次数。

凸模台宽：凸台的宽度，默认 1mm。

钼丝补偿：对钼丝的补偿，补偿值默认 0. 1mm。

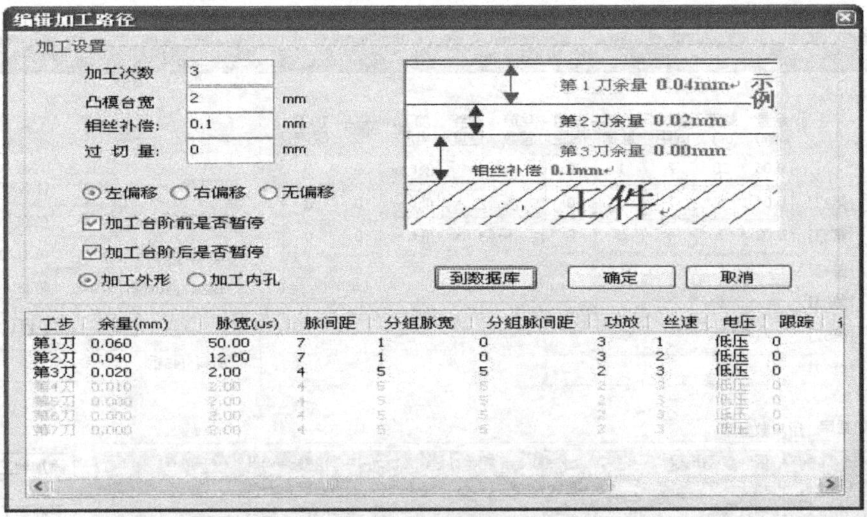

图 8-7　“编辑加工路径”对话框

过切量：加工结束后，工件有时不能完全脱离，可以在生成轨迹时设置过切量，使得加工后工件能够完全脱离。

左偏移：以钼丝沿着工件轮廓的前进方向为基准，钼丝位置位于工件轮廓左侧。

右偏移：以钼丝沿着工件轮廓的前进方向为基准，钼丝位置位于工件轮廓右侧。

无偏移：以钼丝沿着工件轮廓的前进方向为基准，钼丝位置和工件轮廓重合。

加工台阶前是否暂停：如选中该项，会在加工台阶之前暂停，等待人工干预后继续加工，否则不用。

加工台阶后是否暂停：如选中该项，会在加工完台阶后暂停，等待人工干预后继续加工，否则不用。

加工外形：加工的是外部图形。

加工内孔：加工的是内部图形。

单击“到数据库”按钮，弹出“专家库”对话框，如图 8-8 所示。

在专家库中，可以对多刀切割的加工参数进行设置，并可保存到数据库中，单击“确定”按钮后，当前工艺参数被传递到“编辑加工路径”对话框中，如图 8-9 所示。

在“编辑加工路径”对话框中，单击“确定”按钮，多次加工的参数设置完成。

多次加工参数设置完成后，AutoCut 软件的命令行提示栏会提示“请输入穿丝点坐标”，可以手动在命令行中用相对坐标或者绝对坐标的形式输入穿丝点坐标，也可以在屏幕上单击鼠标左键选择一点作为穿丝点坐标。穿丝点确定后，命令行提示“请输入切入点坐标”，这里要注意，切入点一定要选在所绘制的图形上，否则是无效的。切入点的坐标可以手动在命令行中输入，也可以用鼠标在图形上选取任意一点作为切入点。切入点选中后，命令行提示“请选择加工方向 <Enter 完成>”（同生成加工轨迹）。晃动鼠标可以看出加工轨迹上的红、绿箭头交替变换，在绿色箭头一方单击鼠标左键，确定加工方向，或者按 Enter 键完成加工轨迹的拾取，轨迹方向为当时绿色箭头的方向。

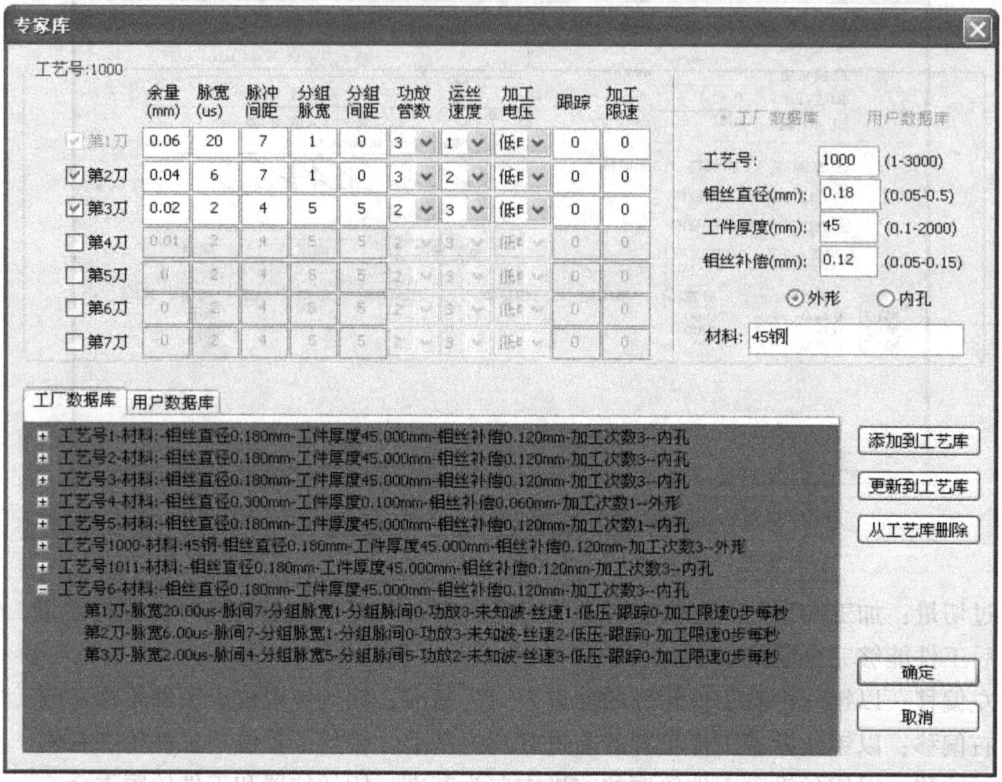

图 8-8 “专家库”对话框

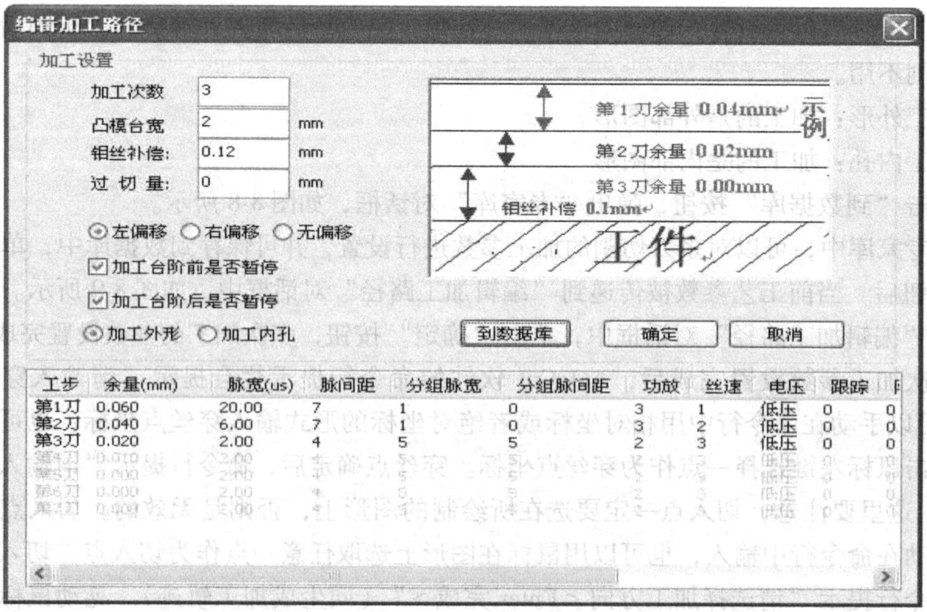

图 8-9 “编辑加工路径”对话框

对于封闭与非封闭的图形，设置完加工参数后，其他部分和“生成加工轨迹”功能类似。

3. 生成锥度加工轨迹

锥度的加工轨迹有两种生成方法：一种是上下异形面锥度，一种是指定具有锥度角的锥度。在进行上下异形面锥度生成轨迹之前，先用“生成加工轨迹”生成上下表面两个加工轨迹，如图 8-10 所示。

图 8-10　加工轨迹图

单击“AutoCut”下拉菜单，选择“生成锥度加工轨迹”菜单项，弹出图 8-11 所示的“锥度加工参数设置”对话框。

(1) 加工设置：

加工次数：多次切割的次数。

凸模台宽：凸台的宽度，默认 1mm。

左偏移：以钼丝沿着工件轮廓的前进方向为基准，钼丝位置位于工件轮廓左侧。

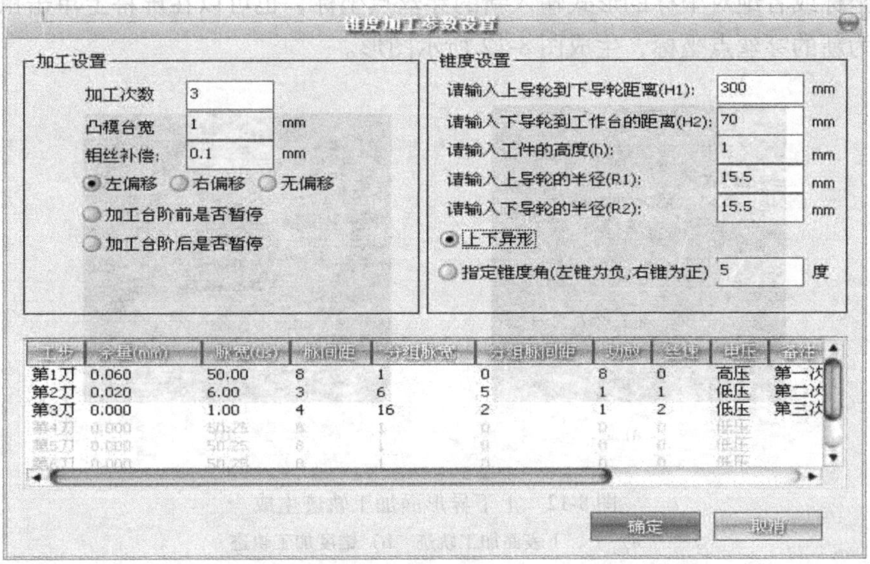

图 8-11　“锥度加工参数设置”对话框

右偏移：以钼丝沿着工件轮廓的前进方向为基准，钼丝位置位于工件轮廓右侧。

无偏移：以钼丝沿着工件轮廓的前进方向为基准，钼丝位置和工件轮廓重合。

加工台阶前是否暂停：如选中该项，会在加工台阶之前暂停，等待人工干预后继续加工，否则不用。

加工台阶后是否暂停：如选中该项，会在加工完台阶后暂停，等待人工干预后继续加工，否则不用。

(2) 锥度设置：

请输入上导轮到下导轮距离：输入上导轮圆心到下导轮圆心的距离，单位为 mm（毫米）。

请输入下导轮到工作台的距离：输入下导轮圆心到工作台（工件下表面）的距离，单位为 mm（毫米）。

请输入工件的高度：输入工件上表面到工件下表面的距离，即上下编程面的距离，单位为 mm（毫米）。

请输入上导轮半径：输入机床上导轮半径，单位为 mm（毫米）。

请输入下导轮半径：输入机床下导轮半径，单位为 mm（毫米）。

上下异形：需要选择上下两个加工轨迹面。

指定锥度角：指定锥度角后，只要选择一个加工轨迹面，系统自动生成相应的锥度图形；

*注意：多次切割加工参数的设置同“生成多次加工轨迹”。

（1）上下异形面生成加工轨迹　设置完成后，单击“确定”，AutoCut 软件的命令行提示栏提示“请选择上表面”，选择一个已经生成的加工轨迹，命令行提示“请选择下表面”，再选择一个已经生成的加工轨迹，提示“请输入新的穿丝点”。可以手动在命令行中用相对坐标或者绝对坐标的形式输入新的穿丝点坐标，也可以在屏幕上单击鼠标左键选择一点作为新的穿丝点坐标，生成图 8-12 所示图形。

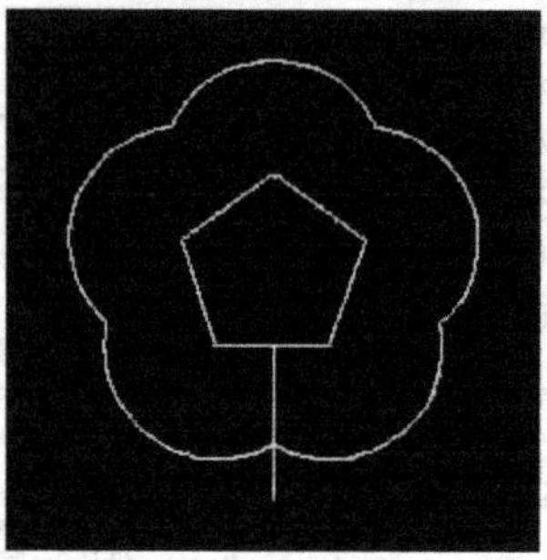

a)

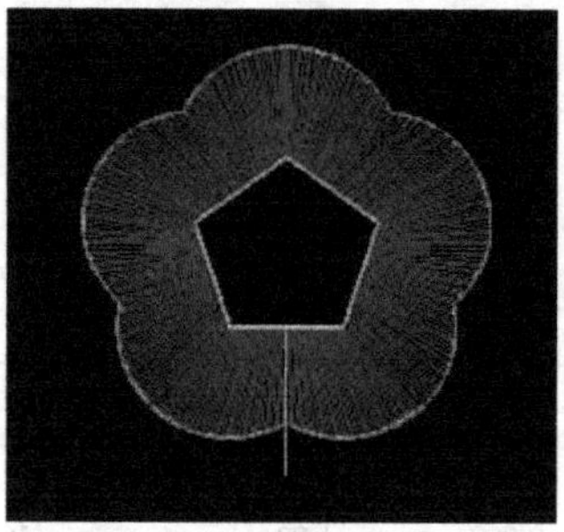

b)

图 8-12　上下异形面加工轨迹生成

a）上、下表面加工轨迹　b）锥度加工轨迹

使用“视图”下拉菜单下的“三维动态观察器”，可以看到图 8-13 所示的上下异形面锥度轨迹的三维效果。

（2）指定锥度角生成锥度加工轨迹　设置完成后，单击“确定”，AutoCut 软件的命令行提示栏提示“请选择下表面”，选择一个已经生成的加工轨迹，提示“请输入新的穿丝点”，可以手动在命令行中用相对坐标或者绝对坐标的形式输入新的穿丝点坐标，也可以在屏幕上单击鼠标左键选择一点作为新的穿丝点坐标，生成图 8-14 所示图形。

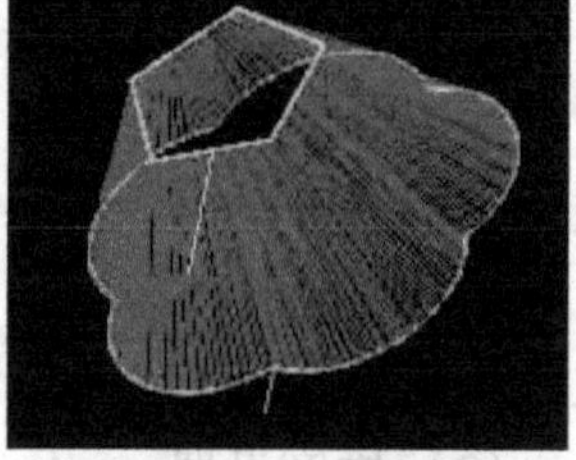

图 8-13　上下异形面锥度轨迹的三维效果

使用“视图”下拉菜单下的“三维动态观察器”，可以看到生成图 8-15 所示的锥度轨迹三维效果图。

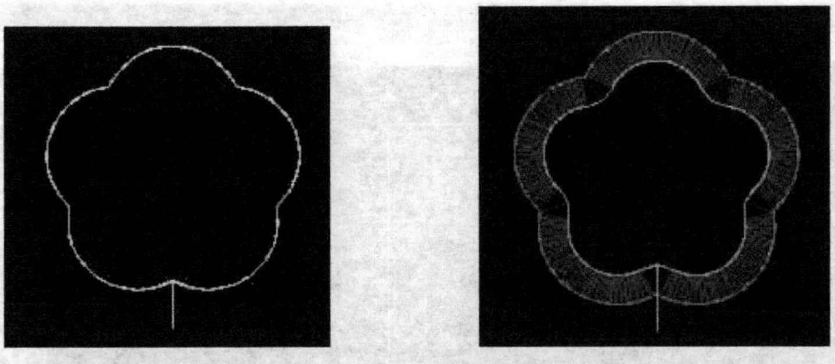

a)　　　　b)

图 8-14　指定锥度角生成锥度加工轨迹

a）已生成加工轨迹　b）锥度加工轨迹

8.1.3　轨迹加工

AutoCut 线切割模块中有三种轨迹加工方式：一种是直接通过 AutoCAD 发送加工任务给 AutoCut 控制软件，另一种是发送锥度加工任务给 AutoCut 控制软件，第三种是直接运行 AutoCut 控制软件，并在控制软件中以载入文件的形式完成对工件的加工。

1. 发送加工任务

单击“AutoCut”下拉菜单，选择“发送加工任务”菜单项，或者单击按钮，弹出图 8-16 所示的“选卡”对话框。

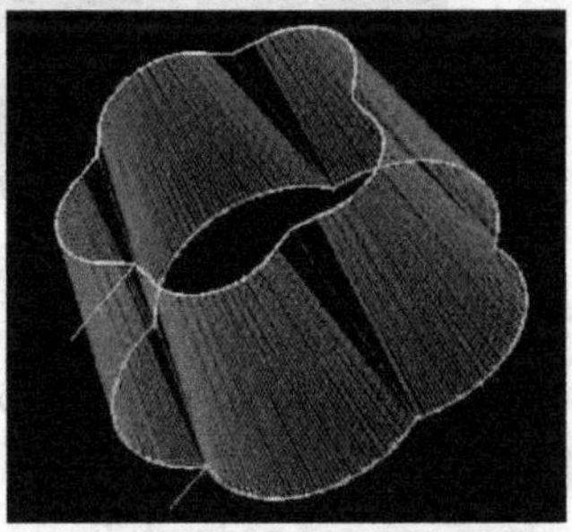

图 8-15　锥度轨迹的三维效果

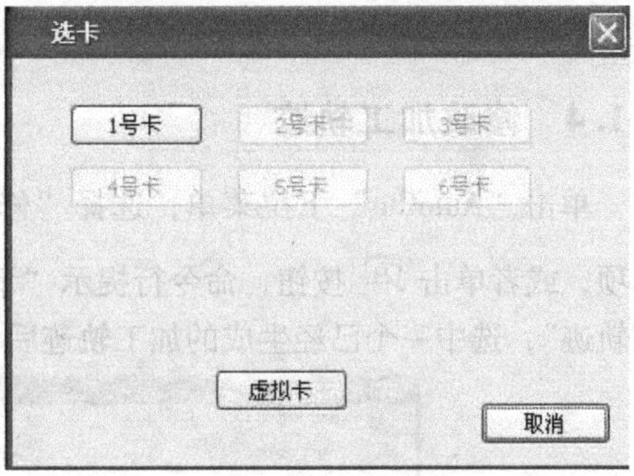

图 8-16　“选卡”对话框

单击“1 号卡”按钮（在没有控制卡的时候可以点选“虚拟卡”看演示效果），命令行提示“请选择对象”，用鼠标左键选择图 8-17 中粉色的轨迹，单击鼠标右键，进入图 8-18 所示的控制界面。

2. 发送锥度加工任务

单击“AutoCut”下拉菜单，选择“发送锥度加工任务”菜单项，弹出“选卡”对话框。选中 1 号卡后，再到图形界面中选中上面生成的锥度加工轨迹，单击鼠标右键，即可将锥度加工任务发送到控制软件中，如图 8-19 所示。

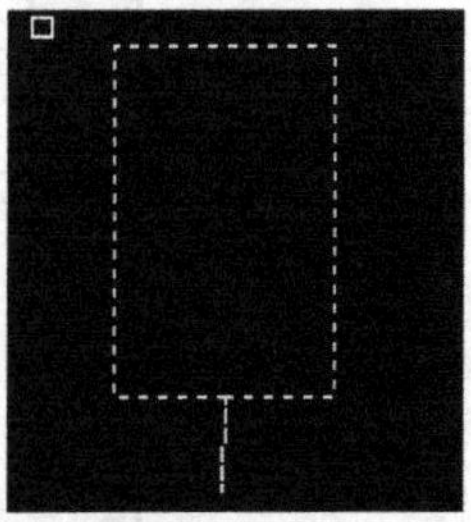

图 8-17　选择加工对象

图 8-18 “1 号卡”控制界面

3. 运行加工程序

单击“AutoCut”下拉菜单，选择“运行加工程序”菜单项，或者单击 按钮，单击“1 号卡”按钮，进入控制界面。

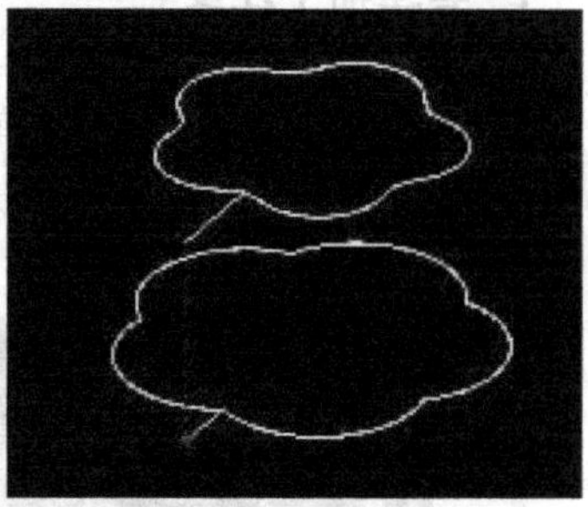

图 8-19 控制软件中的加工任务显示

8.1.4 修改加工轨迹

单击“AutoCut”下拉菜单，选择“修改加工轨迹”菜单项，或者单击 按钮，命令行提示“请选择要修改的加工轨迹”，选中一个已经生成的加工轨迹后，弹出图 8-20 所示的“编辑加工路径”对话框。

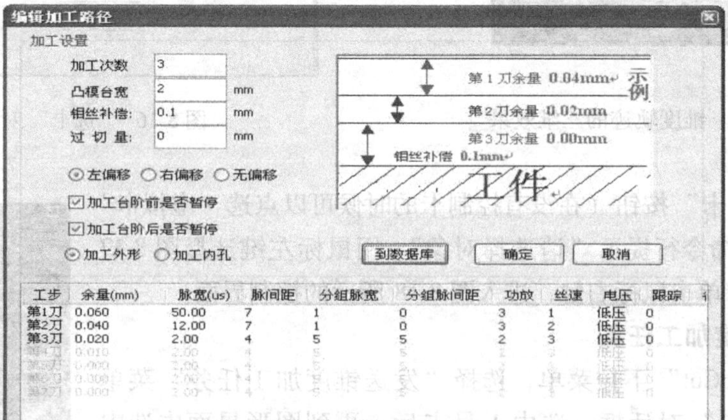

图 8-20 “编辑加工路径”对话框

图 8-20 中显示的参数是所选加工轨迹带有的加工参数，通过此对话框可以对其中的参数进行修改，修改方法同“生成多次加工轨迹”时的设置过程相同。修改后单击“确定”按钮，完成对已生成加工轨迹的参数重新设置。

8.1.5　工艺库（专家库）

单击“AutoCut”下拉菜单，选择“维护工艺库”菜单项，弹出图 8-21 所示的“专家库”对话框。

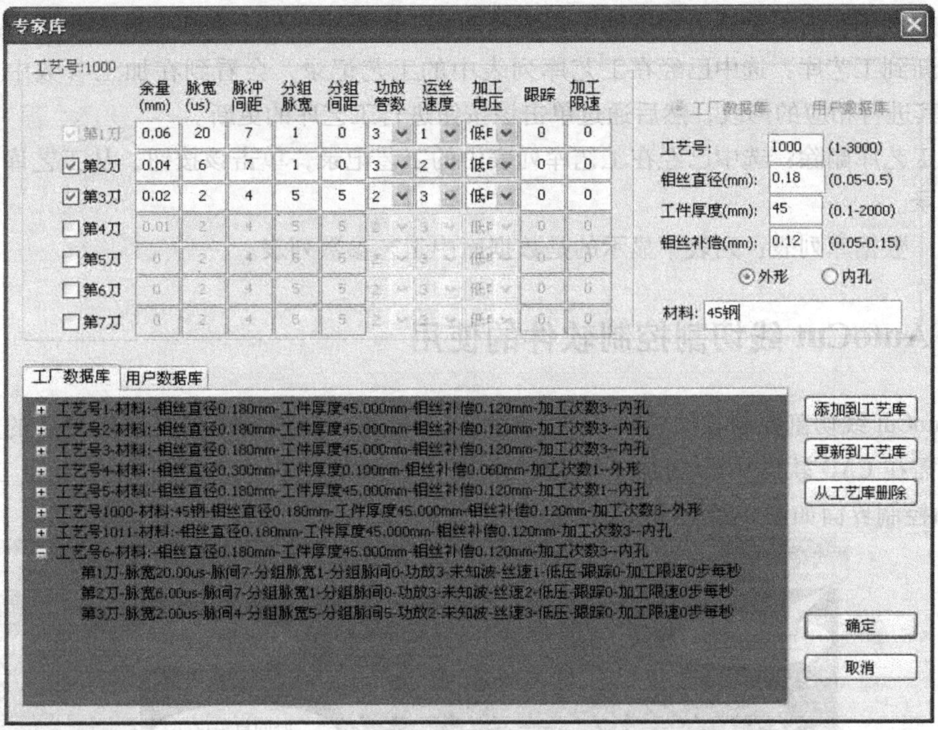

图 8-21　“专家库”对话框

余量（mm）：两次切割之间的距离，单位为 mm（毫米）。

脉宽（μs）：0.5～250μs。

脉冲间距（倍脉宽）：1～30 之间。

分组脉宽（个脉冲）：1～30 之间。

分组间距（倍）：1～30 之间。

功放管数：1～6 之间。

运丝速度（m/s）：0～3m/s 之间。

加工电压：高压或低压。

跟踪：可以调节跟踪的稳定性；数值越小跟踪越紧；0 为不设置跟踪。

加工限速：加工时的最快速度，0 为不设置。

工艺号：在数据库中的编号，有效值为 1～3000。

钼丝直径（mm）：当前工艺对应的钼丝直径，单位为 mm（毫米），范围为 0.05

~0.5mm。

工件厚度（mm）：当前工艺对应的工件厚度；单位为 mm（毫米），范围为 0.1 ~2000mm。

钼丝补偿（mm）：当前工艺对应的钼丝补偿；单位为 mm（毫米），范围为 0.05 ~0.15mm。

外形、内孔：外形、内孔选项。

材料：用于描述当前工艺适合加工的材料。

添加到工艺库：是将上面的加工参数添加到工艺库中，供下次加工设置时使用。

更新到工艺库：选中已经在工艺库列表中的工艺记录，会看到在加工参数中显示出来，对其进行相应的修改，然后通过单击该按钮进行工艺库的更新。

从工艺库删除：选中已经在工艺库列表中的工艺记录，单击该按钮，从工艺库中删除该条记录。

工厂数据库列表：列表中显示的是数据库中工艺参数列表。

8.2 AutoCut 线切割控制软件的使用

AutoCut 线切割控制软件界面友好，使用较为简单，使用者不需要接触复杂的加工代码，只需在 CAD 软件中绘制加工图形，生成相应的加工轨迹，就可以开始加工零件。AutoCut控制界面如图 8-22 所示。

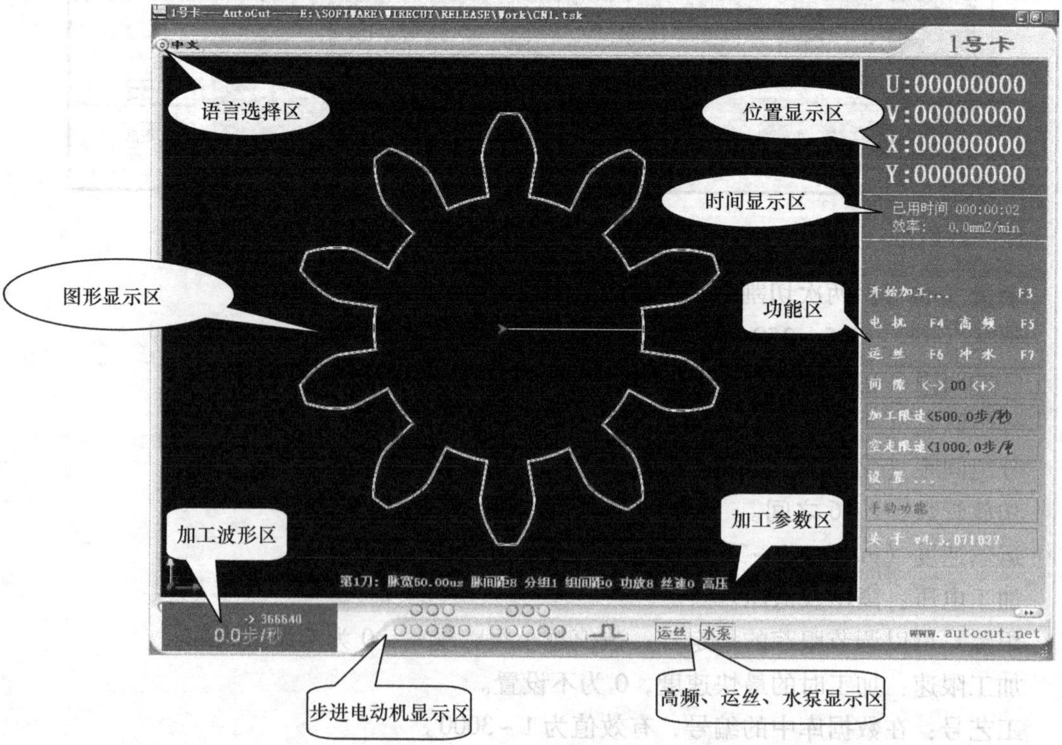

图 8-22 AutoCut 控制界面

8.2.1　界面

（1）语言选择区　在图 8-22 所示的语言选择区中，单击鼠标左键，出现提示中、英文可切换的界面 ✔中文简体 English，只要用鼠标左键进行选择就可以完成语言切换。

（2）位置显示区　实际加工或者空走加工时，位置显示区会实时显示 *X*、*Y*、*U*、*V* 四轴实际加工的位置。

（3）时间显示区　加工时“已用时间”表示该工件的加工已经使用的时间，“剩余时间”表示该工件加工完毕还需要的时间。

（4）图形显示区　在实际加工、空走加工时，图形显示区会实时显示当前加工的位置。

（5）加工波形区　实时显示加工的快慢及稳定性。

（6）加工参数区　实时显示当前加工参数：脉宽、脉间距、分组、组间距、丝速等。

（7）步进电动机显示区　实时显示步进电动机的锁定情况。

（8）高频、运丝、水泵显示区　实时显示高频、运丝、水泵的开关状态。

（9）功能区　功能区包含打开文件、开始加工、高频、跟踪、加工限速、空走限速、设置、手动功能等。

8.2.2　加工任务的载入

（1）CAD 图形驱动　在 AutoCAD 或 AutoCut　CAD 中，用“发送加工任务”的命令，将图形轨迹发送到控制软件中，用户无需接触代码便可进行加工。

（2）文件载入　在控制软件中单击“打开文件”按钮或者使用快捷键“F2”，弹出图 8-23 所示的“打开”对话框，在“文件类型”后可以选择任意一种文件类型，然后选择欲加工的文件，打开并进行加工（ISO　G Code、AutoCut Task 由 AutoCut CAD 生成的二维和三维加工文件，3B Code 由 CAXA 等其他绘图软件生成）。

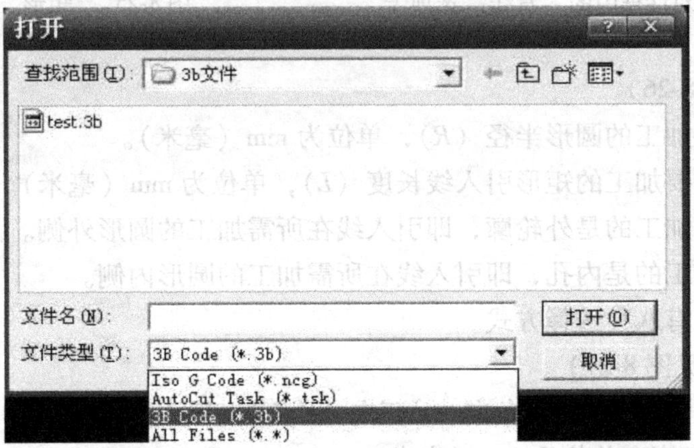

图 8-23　“打开”对话框

（3）模板载入　在控制软件中右键单击“打开文件”，弹出下拉菜单 打开文件 打开模板，选择“打开模板”，弹出图 8-24 所示的“模板”对话框。

1）直线（见图 8-24）

X 轴距离：需要加工的 *X* 轴距离，单位为 mm（毫米）。

Y 轴距离：需要加工的 *Y* 轴距离，单位为 mm（毫米）。

2）矩形（见图 8-25）

矩形宽：需要加工的矩形宽度（*W*），单位为 mm（毫米）。

矩形高：需要加工的矩形高度（*H*），单位为 mm（毫米）。

引入线长：需要加工的矩形引入线长度（*L*），单位为 mm（毫米）。

外轮廓：表明加工的是外轮廓，即引入线在所需加工的矩形外侧。

内孔：表明加工的是内孔，即引入线在所需加工的矩形内侧。

引入线方向：有八种选择方式。

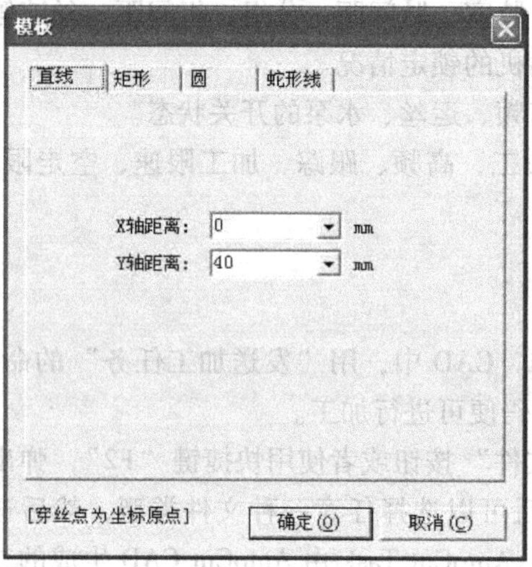

图 8-24 “模板”对话框中的“直线”选项卡

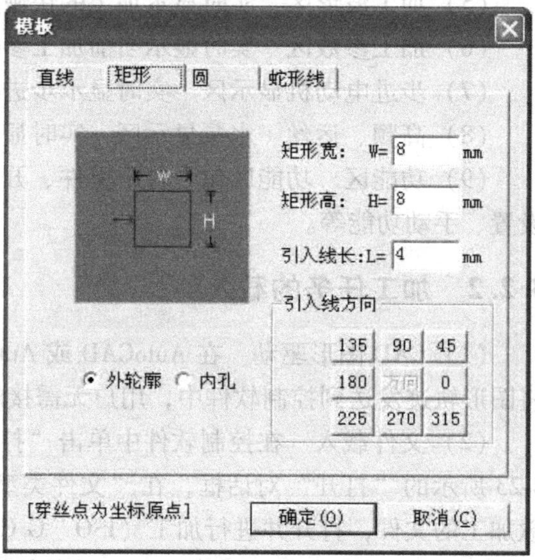

图 8-25 “矩形”选项卡

3）圆（见图 8-26）

圆半径：需要加工的圆形半径（*R*），单位为 mm（毫米）。

引入线长：需要加工的矩形引入线长度（*L*），单位为 mm（毫米）。

外轮廓：表明加工的是外轮廓，即引入线在所需加工的圆形外侧。

内孔：表明加工的是内孔，即引入线在所需加工的圆形内侧。

引入线方向：有八种选择方式。

4）蛇形线（见图 8-27）

走线方向分为：*X* 正向、*X* 负向、*Y* 正向、*Y* 负向四种方向。

a：蛇形线的高度，单位为 mm（毫米）。

b：蛇形线的走线单个宽度，单位为 mm（毫米）。

n：蛇形线的弯曲次数。

左右镜像：会对当前的蛇形线进行镜像。

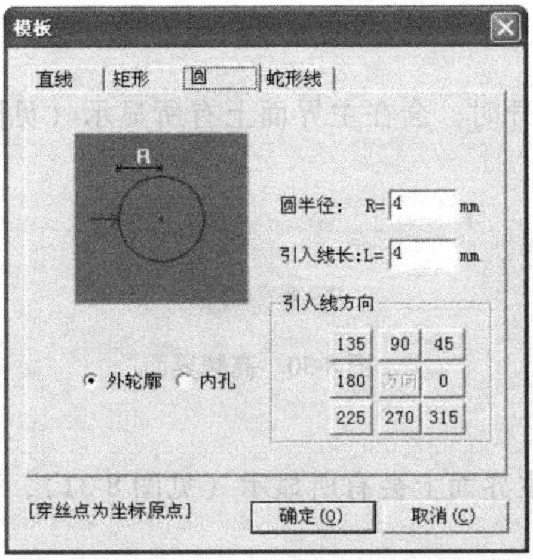

图 8-26　“圆”选项卡

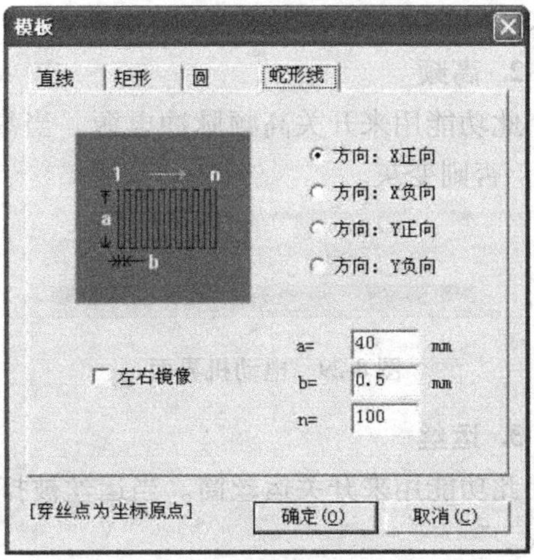

图 8-27　“蛇形线”选项卡

8.2.3　开始加工（见图 8-28）

（1）工作选择

开始：开始进行加工。

停止：停止当前的加工工作。

注意：正在进行加工时不能退出程序，必须先停止加工，然后才能退出。

（2）运行模式

加工：打开高频脉冲电源，实施加工。

空走：不开高频脉冲电源，机床按照加工文件空走。

回退：打开高频脉冲电源，回退指定步数（回退的指定步数可以在设置界面中进行设置，并会一直保存直到下一次设置被更改）。

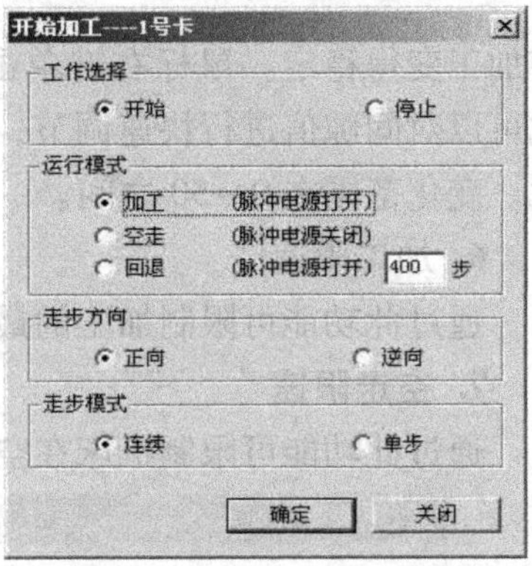

图 8-28　“开始加工”对话框

（3）走步方向

正向：实际加工方向与加工轨迹方向相同。

逆向：实际加工方向与加工轨迹方向相反。

（4）走步模式

连续：加工时，只有全部加工轨迹加工完才停止。

单步：加工时，一条线段或圆弧加工完时，会进入暂停状态，等待用户处理。

选择完上述选项，确定开始加工后，原来的“开始加工”按钮会变成“暂停加工”，在需要暂停的时候可以单击该按钮，同样会弹出图 8-28 所示的对话框，供操作者根据实际情况进行相应处理。

8.2.4　其他功能简介

1. 电机

此功能用来完成电动机的锁定或解锁。选中时，被锁定的电动机在界面中以绿灯显示出来（见图 8-29），否则变灰。

2. 高频

此功能用来开关高频脉冲电源。当高频被打开时，会在主界面上有所显示（见图 8-30），否则变灰。

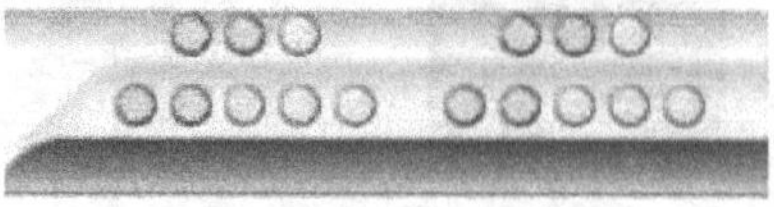

图 8-29　电动机界面

图 8-30　高频界面

3. 运丝

此功能用来开关运丝筒。当运丝被打开时，主界面上会有所显示（见图 8-31），否则变灰。

4. 冲水

此功能用来开关水泵。当水泵被打开时，主界面上会有所显示（图 8-32），否则变灰。

图 8-31　运丝界面

图 8-32　水泵界面

5. 间隙

此功能用来调整加工的稳定性。当加工厚工件时，加工变得不稳定，此时调大此值可使加工变得稳定。鼠标右键单击

按钮，弹出下拉菜单

，由此可以对间隙值进行快速调节；鼠标左键单击 < – > 或 < + > 处可以按 1 递增或递减变化。变化范围在 0 ~ 50 之间。

6. 加工限速

通过此功能可限制加工的最大速度（见图 8-33），单位为 Hz（步/秒）。

7. 空走限速

通过此功能可限制机床在空走时的最大速度（见图 8-34），单位为 Hz（步/秒）。

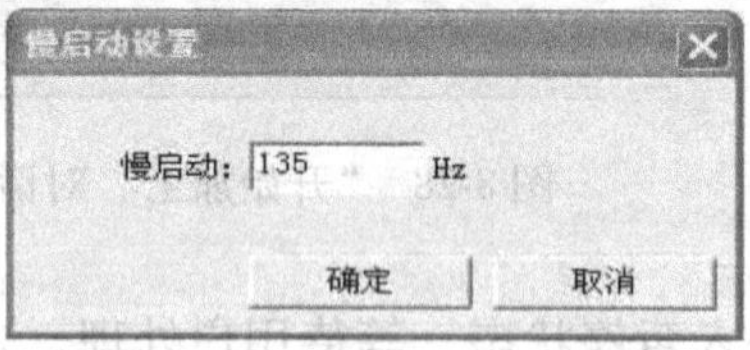

图 8-33　加工限速界面

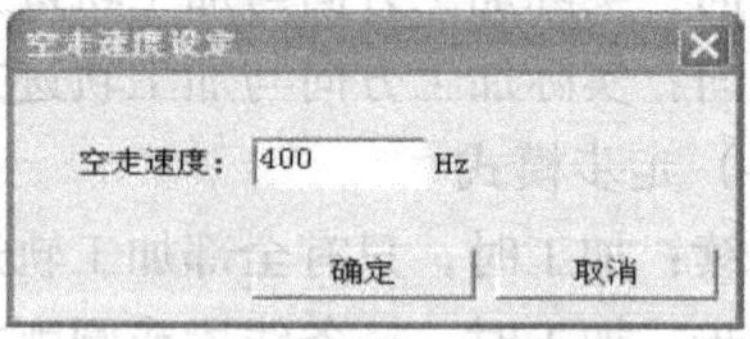

图 8-34　空走限速设定界面

8. 手动功能

（1）移轴（见图 8-35）

1）平移坐标

X 轴平移：指在 X 方向移动的距离，单位为 mm（毫米）。

Y 轴平移：指在 Y 方向移动的距离，单位为 mm（毫米）。

U 轴平移：指在 U 方向移动的距离，单位为 mm（毫米）。

V 轴平移：指在 V 方向移动的距离，单位为 mm（毫米）。

＊说明：输入正数，向正方向移动；输入负数，向负方向移动。

定速走步：以固定的速度移动各轴指定的步数，单位为 Hz（步/秒）。

跟踪走步：以实际加工的方式移动各轴指定的步数。

开始：设置好参数后，单击该按钮即可进行平移。

停止：在平移过程中可以单击该按钮结束平移。

回原点：以最近的路径回到原点。

2）使用方法。

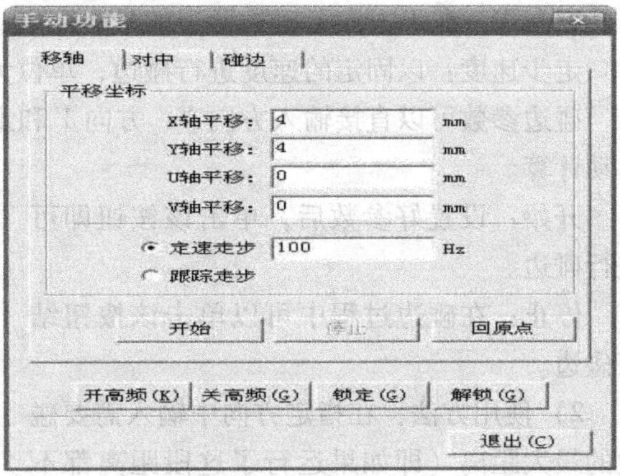

图 8-35“移轴”选项卡

①空走平移。在相应的平移方向中输入需要平移的距离，并设置走步速度（默认为 100Hz），单击“开始”，即可以按照指定的方向平移指定的距离，在平移的过程中可以单击“停止”按钮，结束平移。

②边平移边进行加工。选择“跟踪走步”，系统自动打开高频，按照指定的方向加工到指定的距离，在加工过程中可以单击“停止”按钮，结束平移。

③回原点。在任一机床停止的时刻，可以单击“回原点”按钮，系统以最近的路径回到原点。

（2）对中（见图 8-36）

1）对中类型

X 轴对中：有“先走 X 正向，再走 X 负向”和“先走 X 负向，再走 X 正向”可以选择。

Y 轴对中：有“先走 Y 正向，再走 Y 负向”和“先走 Y 负向，再走 Y 正向”可以选择。

走步速度：以固定的速度移动，单位为 Hz（步/秒）；

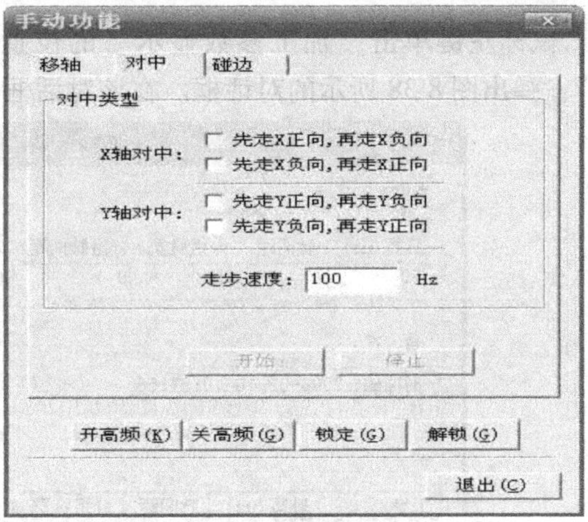

图 8-36　“对中”选项卡

开始：设置好参数后，单击该按钮即可进行对中。

停止：在对中过程中可以单击该按钮结束对中。

2）使用方法：在“X 轴对中”和“Y 轴对中”中选择走步顺序（也可以只对一个轴进行对中），并设定走步速度（默认 100Hz），单击“开始”按钮即可以开始对中。在对中过程中可以单击“停止”按钮结束对中，否则直到找到中心才会停止走步。

（3）碰边（见图 8-37）

1）目标坐标

方向 X：在 X 方向上碰边所走的最大距离，单位为 mm（毫米）。

方向 Y：在 Y 方向上碰边所走的最大距离，单位为 mm（毫米）。

走步速度：以固定的速度进行碰边，单位为 Hz（步/秒）。

碰边参数可以直接输入方向 X、方向 Y 和走步速度，也可以通过指定距离和常用方向自动计算。

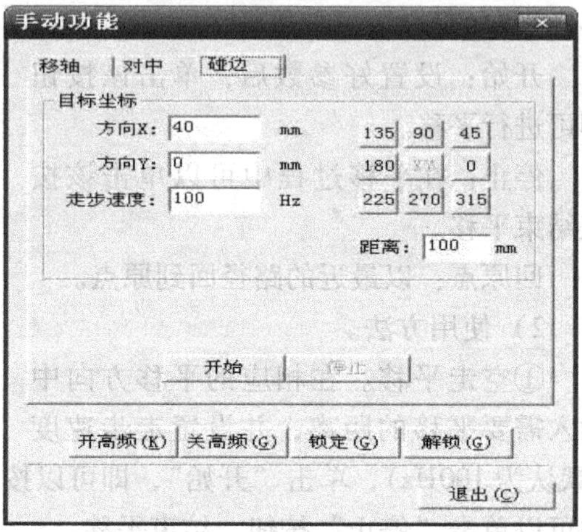

图 8-37 “碰边”选项卡

开始：设置好参数后，单击该铵钮即可进行碰边。

停止：在碰边过程中可以单击该按钮结束碰边。

2）使用方法：在指定方向中输入需要碰边的最大距离（即如果运行了这段距离都不能碰到边，将自动停止碰边），设置走步速度，单击“开始”按钮开始碰边，在碰边的过程中可以单击“停止”按钮结束碰边，否则直到碰到边才会停止走步。

另外，可以在手动功能中，进行开高频、关高频、电动机锁定、电动机解锁等操作。

9. 高频设置

鼠标左键单击“加工参数显示”的位置，显示 高频设置 界面，单击“高频设置”，弹出图 8-38 所示的对话框。在该对话框中，可以对任意一条参数进行修改。

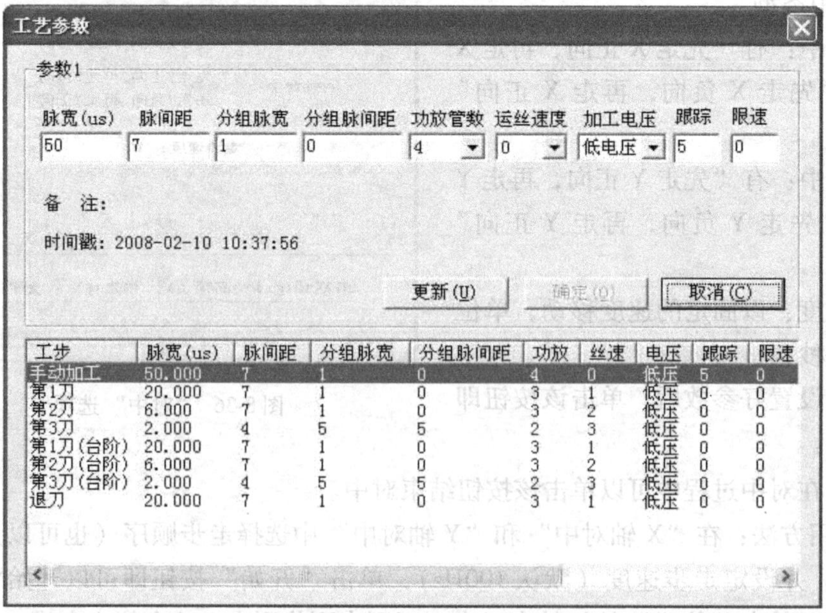

图 8-38 工艺参数对话框

操作方法为：选中列表中任一条需要修改的参数项进行修改，修改完毕后，单击“更新”按钮，即将修改后的参数更新到工艺参数中，单击“确定”按钮，设置完成。

8.3 操作技能实训案例

下面通过一个实例来说明 AutoCut 软件的基本应用。图 8-39 所示为进行编程和加工的图形。

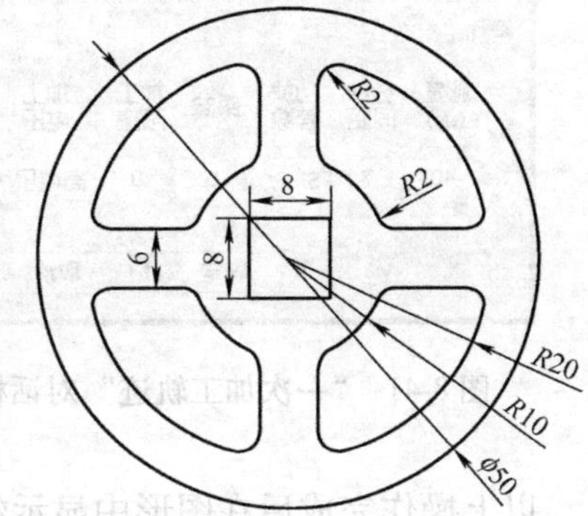

图 8-39 编程和加工的图形

对该图进行编程，首先进入 AutoCAD 软件系统的主菜单，进入 CAD 绘图环境。

第一步：使用 AutoCAD 绘图软件绘制图 8-39 所示的图形。由于读者已基本掌握 AutoCAD 绘图的方法，在此不做详细介绍。要求绘制的图形必须精确，即图形中不应有断点、重复线、交叉线等。

第二步：进入 AutoCut 菜单进行加工轨迹的设置。操作如下：

单击图 8-40 菜单栏“AutoCut”下的“生成加工轨迹”，在弹出的对话框中设置补偿值为 0.1mm，加工参数设置如图 8-41 所示，并单击“确定”按钮。

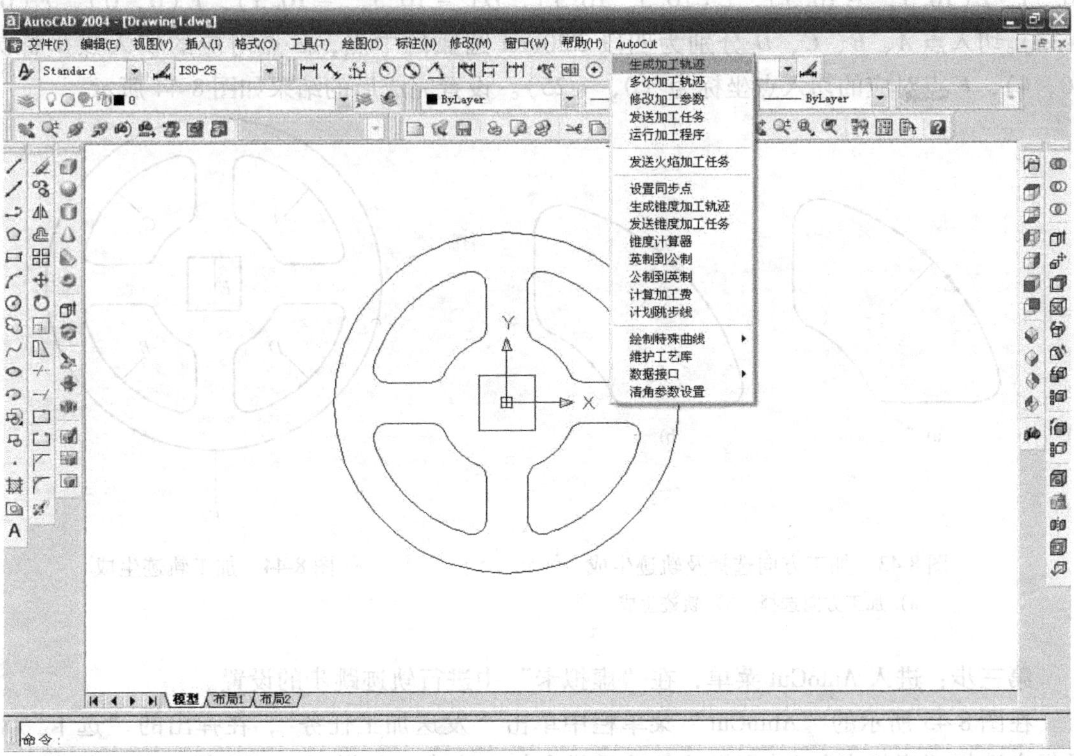

图 8-40 AutoCut 菜单栏

根据信息提示区的提示，用键盘输入左上角图形的穿丝点坐标（-10.5，10.5），随后用鼠标选择左上角图形中*R*20mm圆弧的中点作为切入点，如图8-42所示。

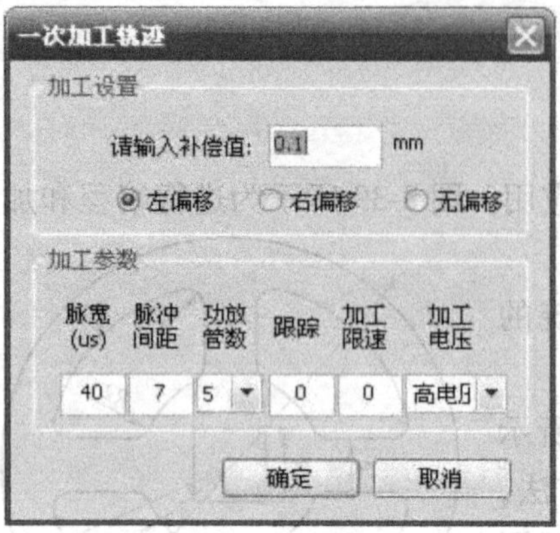

图8-41 “一次加工轨迹”对话框

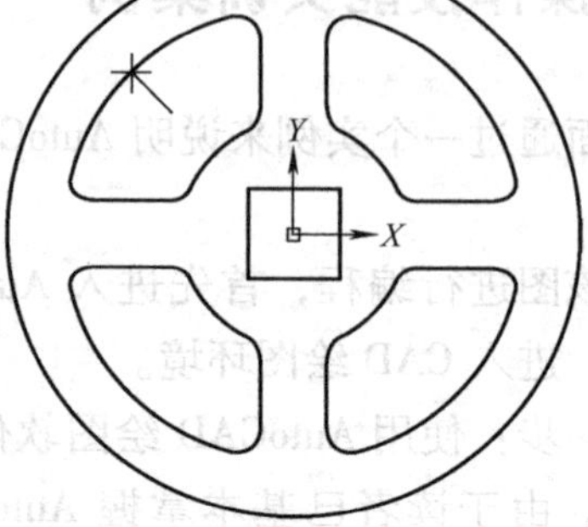

图8-42 穿丝点及切入点设置

以上操作完成后在图形中显示红、绿箭头指向的加工方向，同时信息提示区提示选择加工方向。选择图8-43a所示的顺时针方向（本例中其他图形均选择顺时针方向）作为加工方向，随后生成图8-43b所示的加工轨迹。

参照以上介绍的轨迹生成方法生成其他几个加工轨迹，各轨迹的穿丝点为*A*(-10.5，10.5)，*B*(10.5，-10.5)，*C*(10.5，10.5)，*D*(-10.5，-10.5)，*E*(0，0)，*F*(0，-35)。切入点*A*、*B*、*C*、*D*分别为四段*R*20mm圆弧的中点，*E*点对应的切入点坐标为(0，4)，*F*点对应的切入点坐标为(0，-25)。设置完成后的结果如图8-44所示。

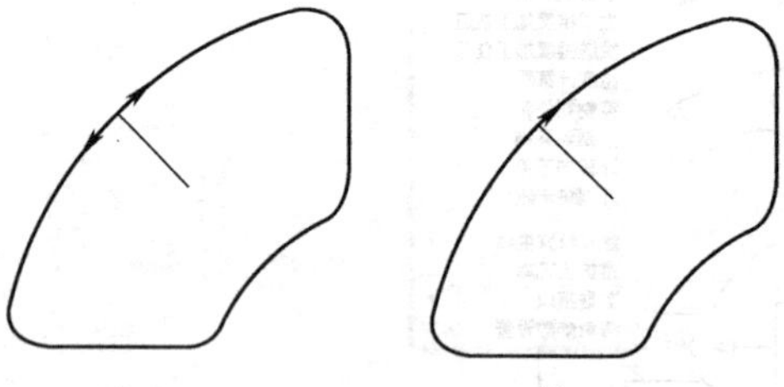
a) b)

图8-43 加工方向选择及轨迹生成

a）加工方向选择 b）轨迹生成

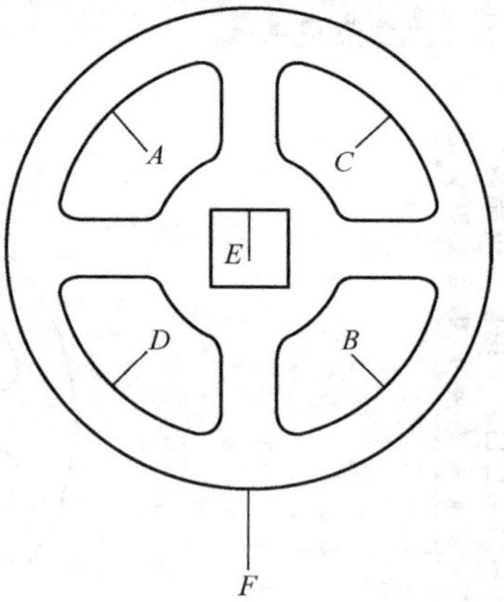

图8-44 加工轨迹生成

第三步：进入AutoCut菜单，在“虚拟卡”中进行轨迹跳步的设置。

在图8-45所示的“AutoCut”菜单栏中单击“发送加工任务”，在弹出的“选卡”对话框中选择“虚拟卡”（为了防止轨迹异常和加工安全，初学者在正式加工前必须先进入虚拟卡进行模拟加工），如图8-46所示。

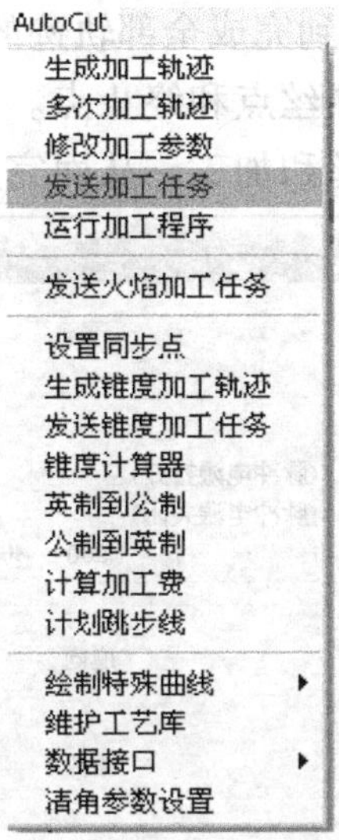

图 8-45　发送加工任务的选择

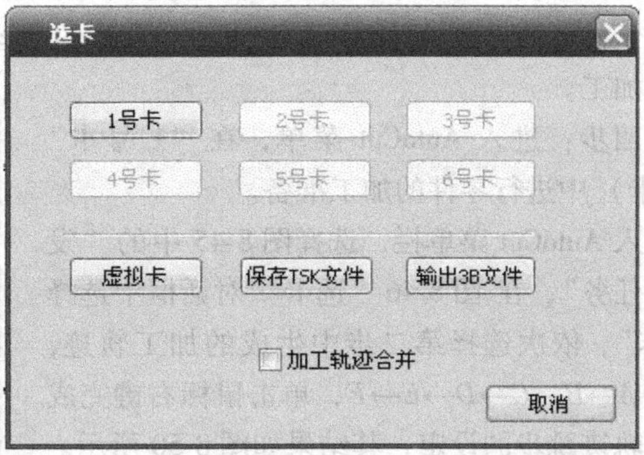

图 8-46　“选卡”对话框

依次选择第二步中生成的加工轨迹，顺序为 *A*→*B*→*C*→*D*→*E*→*F*，单击鼠标右键完成跳步轨迹的设置，其在虚拟卡的显示结果如图 8-47 所示。

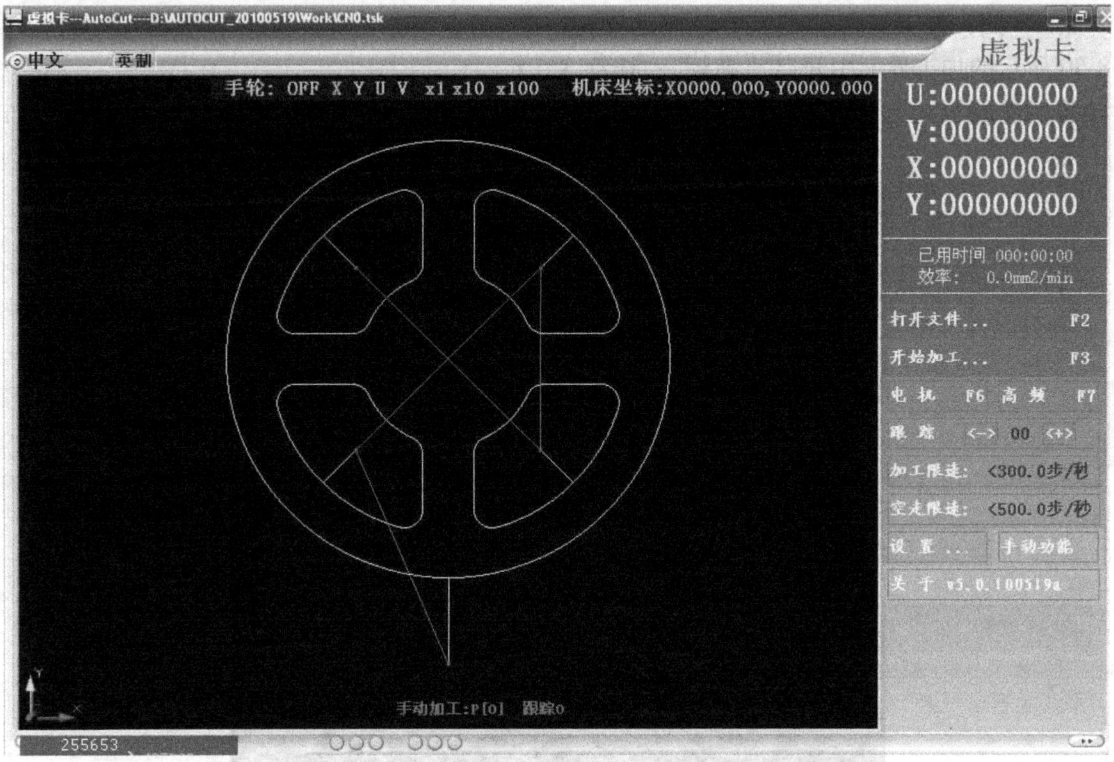

图 8-47　虚拟卡显示的跳步轨迹

在图 8-47 中单击“开始加工”，进入“开始加工—虚拟卡”对话框的设置。设置结果如图 8-48 所示。单击“确定”按钮，系统进行加工的仿真模拟。当第一段程序模拟结束后会弹出图 8-49 所示的“报警”对话框，单击“确定”即可，直到完成全部轨迹的模拟。

*说明：模拟时机床报警处的位置就是在实际加工中的轨迹穿丝点和终止点。暂停是为了便于抽丝，完成抽丝后运动到下一个轨迹的穿丝点处进行穿丝和加工，从而完成全部轨迹的加工。

第四步：进入 AutoCut 菜单，在“1 号卡”（加工卡）中进行零件的加工准备。

进入 AutoCut 菜单栏，选择图 8-45 中的“发送加工任务”，在图 8-46“选卡”对话框中选择“1 号卡”，依次选择第二步中生成的加工轨迹，顺序为 $A \to B \to C \to D \to E \to F$，单击鼠标右键完成加工时轨迹跳步的设定，其结果如图 8-50 所示。

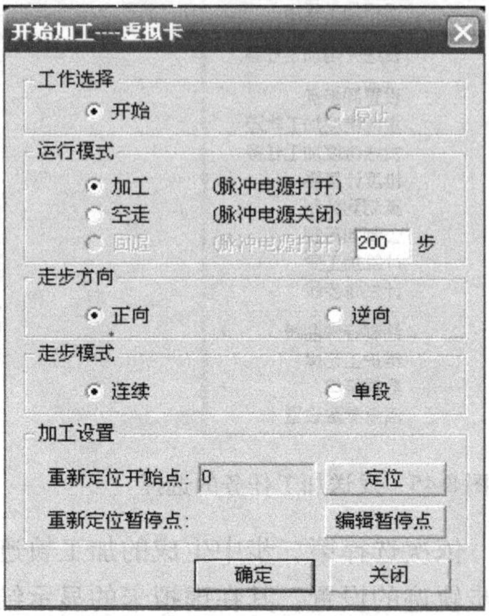

图 8-48 “开始加工—虚拟卡”对话框

第五步：电极丝准备。参考第 6 章的知识，将预处理后的毛坯装夹、找正，然后进行线切割电极丝的上丝、穿丝、紧丝，并对电极丝垂直度进行找正。

操作流程：将控制盒上的运丝旋钮旋转到“加工”挡；按下运丝开关使电极丝运动；在图 8-50 所示的加工界面中开启“高频”；摇动 X、Y 轴手柄使电极丝与毛坯定位部分接触放电，通过对边、对中等方法将电极丝定位到加工点。

图 8-49 轨迹完成后的“报警”对话框

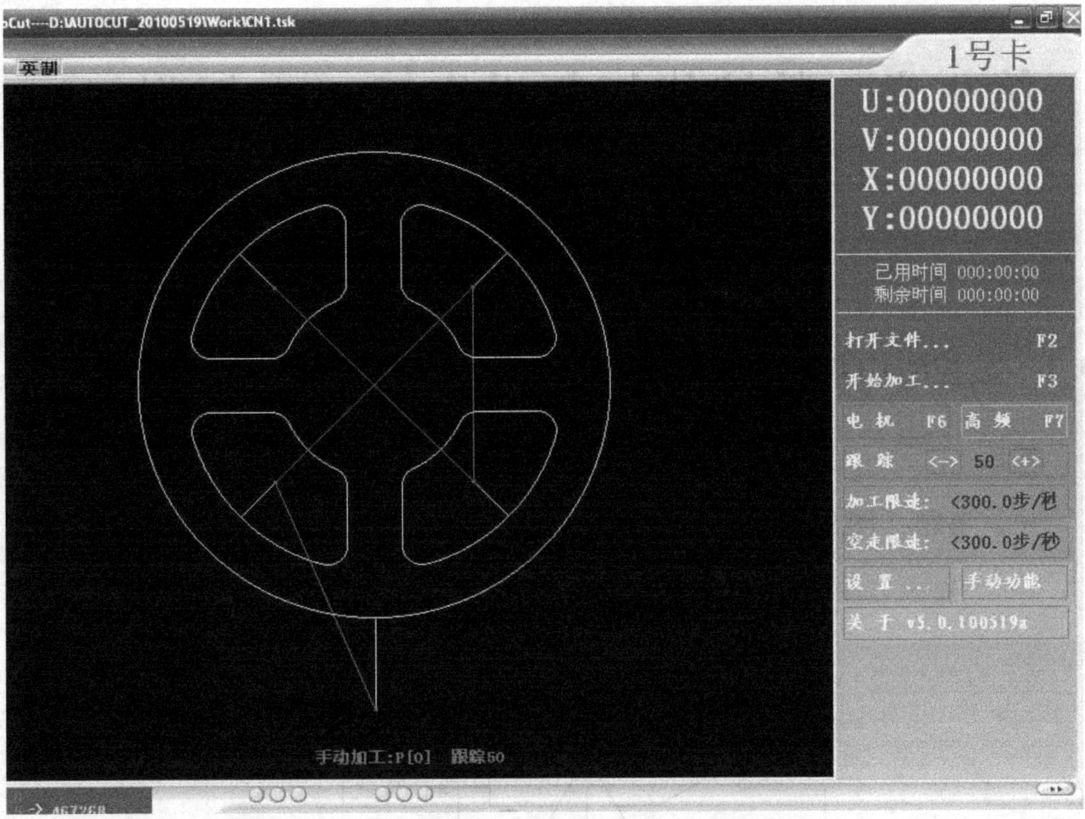

图 8-50　跳步零件加工（1 号卡）控制界面

第六步：加工。以上工作完成后，在控制盒上开启“运水”；在加工控制界面单击“开始加工”即可进行加工。当先加工的轨迹加工完毕后机床自动暂停；解开电极丝，在加工控制界面单击“开始加工”进行轨迹间的空走，完成后机床自动暂停；在当前的位置穿丝；在控制盒上开启“运水”，在加工控制界面中开启“高频”→“开始加工”。依据上述步骤执行，直到全部轨迹加工完成。

加工前、加工中应注意安全。加工完毕后机床自动停机，取下工件，测量相关尺寸，并与理论值相比较。最后注意关闭电源，打扫卫生并对机床进行保养。

第9章 数控线切割操作工（电切削工）职业技能鉴定操作技能试题

9.1 数控线切割操作工职业技能鉴定（初级）操作技能试题

姓名：＿＿＿＿＿＿ 准考证号：＿＿＿＿＿＿ 考件编号：＿＿＿＿＿＿

一、考题（图9-1）

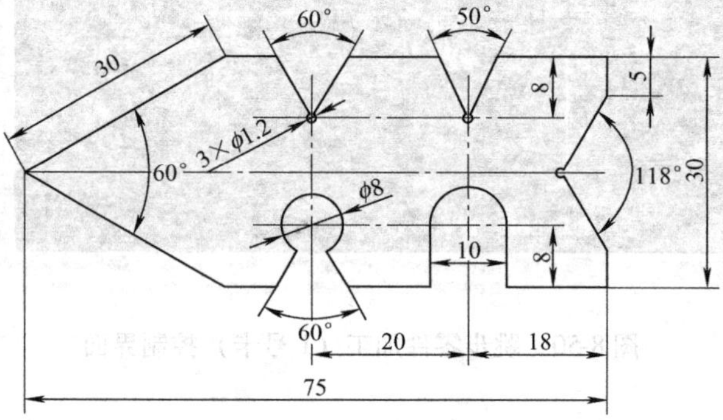

图9-1 角度样板零件

注：毛坯尺寸为110mm×45mm×5mm；未注极限偏差为±0.03mm，切割面的表面粗糙度值为$Ra2.5\mu m$。

二、考核配分与评分标准

考核项目	考核内容及要求	评分标准	配分	评定结果	得分
图形绘制（10分）	分析零件图，绘制加工图形	每错一处尺寸扣1分，扣完10分为止	10		
工艺编制（10分）	确定穿丝点、起割点、补偿量，生成加工轨迹和代码	引入线和引出线的绘制，补偿方向、补偿量数值，走丝路径等的设置，以上每错一处扣2分，扣完10分为止	10		
电极丝穿丝（15分）	根据图样要求进行穿丝	穿丝前检查行程挡杆位置是否合适	4		
		穿丝流程符合规范，操作熟练	7		
		穿丝后检查钼丝位置是否符合要求	4		
工件安装、定位(10分)	装夹工件，确定与电极丝的相对位置	装夹、定位操作过程中每错一处扣2分，扣完10分为止	10		

（续）

考核项目	考核内容及要求	评分标准	配分	评定结果	得分
技术要求（40 分）	尺寸精度符合要求	每项超差小于 0.01mm 扣 2 分，超差大于 0.01mm 扣 4 分，扣完 30 分为止	30		
	表面粗糙度符合要求	*Ra* 大于 3.2μm 扣 3 分，大于 2.5μm 扣 2 分，扣完 10 分为止	10		
安全文明（15 分）	加工过程符合安全文明生产要求	操作过程中是否符合安全操作规范	5		
		穿戴是否整齐	2		
		工、量具使用、摆放是否规范	4		
		设备卫生	4		
合计得分					

说明：考核过程中如发现下列情况之一必须立即终止考核，且认定该考生本次考核不合格。
①穿丝过程中断丝；②储丝筒的丝杠脱轨；③严重违规，有事故苗头。

考试开始时间：______________　考试结束时间：______________
考试员签字：______________　考评员签字：

三、参考操作流程（基于 AutoCut 系统）

第一步：使用 AutoCAD 绘图软件绘制图 9-1 所示的图形。绘制的图形必须精确，即图形中不应有断点、重复线、交叉线等。

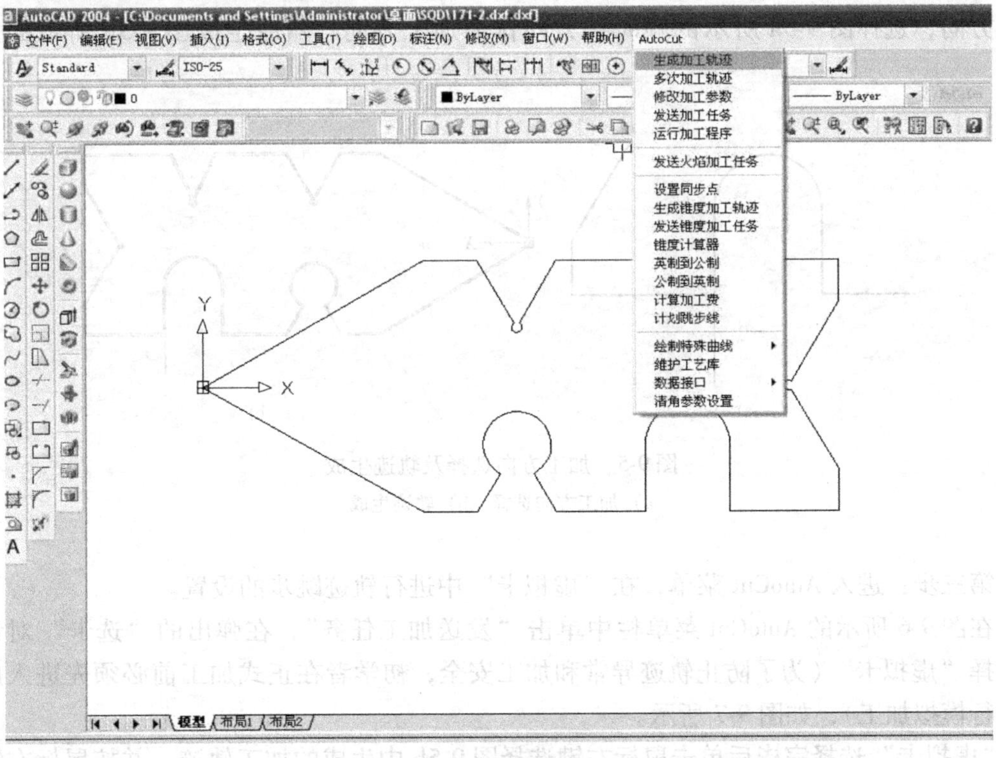

图 9-2　AutoCut 菜单栏

第二步：进入 AutoCut 菜单进行加工轨迹的设置，流程如下。

单击图 9-2 菜单栏中的“生成加工轨迹”，在弹出的图 9-3 所示的对话框中设置补偿值为 0.1mm，并单击“确定”。

加工轨迹设置完成后，根据信息提示区的提示使用键盘输入穿丝点坐标（62，－23），随后通过键盘输入切入点坐标（62，－15），如图 9-4 所示。

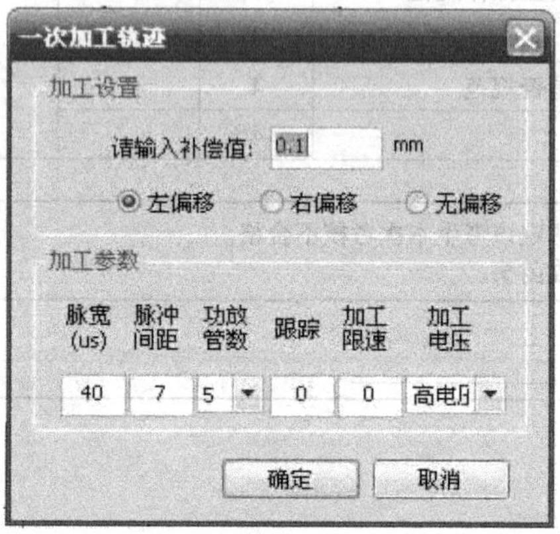

图 9-3 “一次加工轨迹”设置对话框

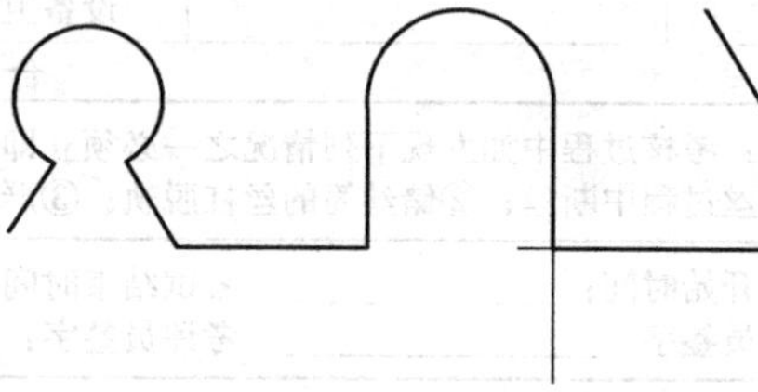

图 9-4 穿丝点及切入点设置

以上流程完成后在图形中显示红、绿箭头指向的加工方向，同时信息提示区提示选择加工方向，选择图 9-5a 所示的顺时针方向作为加工方向，随后生成图 9-5b 所示的加工轨迹。

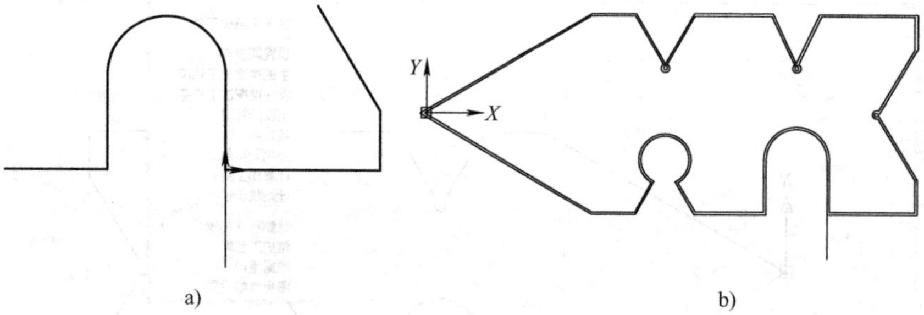

a) b)

图 9-5 加工方向选择及轨迹生成

a）加工方向选择 b）轨迹生成

第三步：进入 AutoCut 菜单，在“虚拟卡”中进行轨迹跳步的设置。

在图 9-6 所示的 AutoCut 菜单栏中单击“发送加工任务”，在弹出的“选卡”对话框中选择“虚拟卡”（为了防止轨迹异常和加工安全，初学者在正式加工前必须先进入虚拟卡进行模拟加工），如图 9-7 所示。

“虚拟卡”选择完毕后单击鼠标左键选择图 9-5b 中生成的加工轨迹，并按鼠标右键确定，其在“虚拟卡”的显示结果如图 9-8 所示。

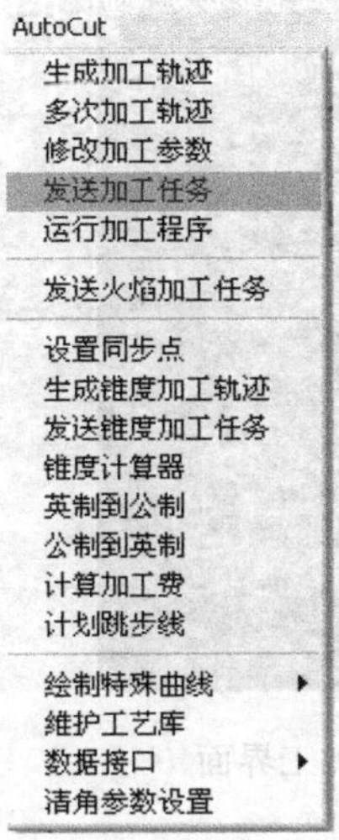

图9-6　发送加工任务的选择

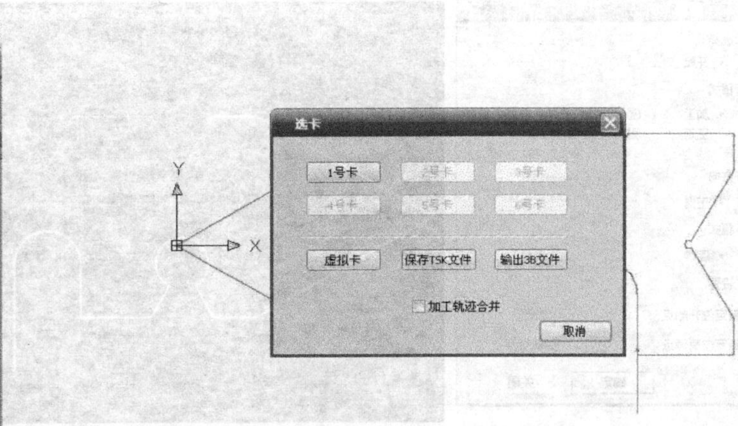

图9-7　“选卡”对话框

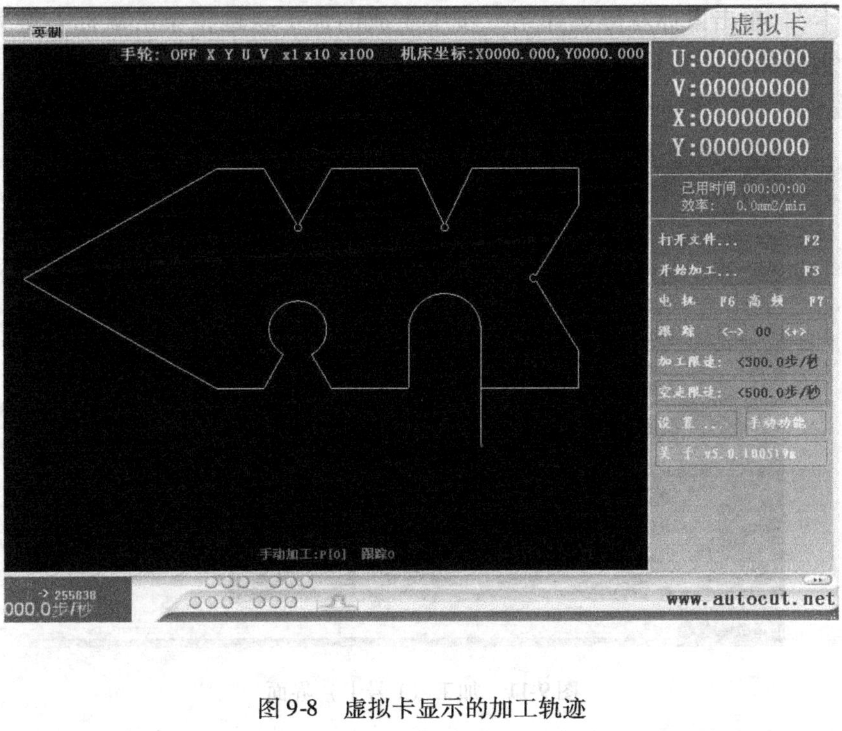

图9-8　虚拟卡显示的加工轨迹

在图9-8中右侧的功能区单击“开始加工”，进入“开始加工—虚拟卡”对话框的设置，如图9-9所示。单击“确定“按钮，系统进行仿真模拟加工，如图9-10所示。在模拟过程中注意观察加工轨迹的加工方向和模拟界面中右上角位置显示区中X、Y数值的变化，防止数值异常。模拟结束后在弹出的对话框中点“确定”完成加工模拟。

第四步：进入AutoCut菜单，在“1号卡”（加工卡）中进行零件的加工。

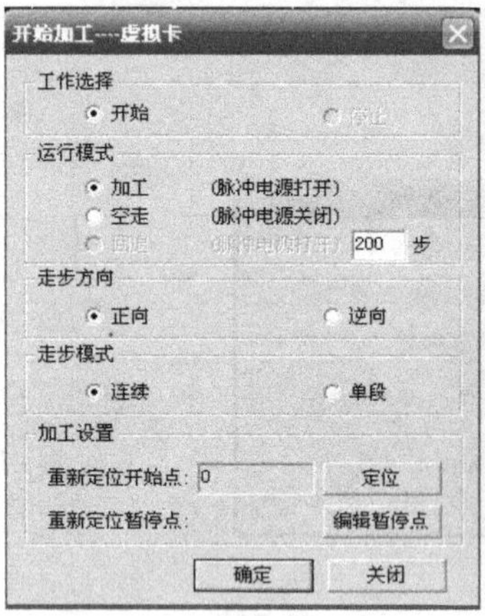

图 9-9 “开始加工—虚拟卡”对话框

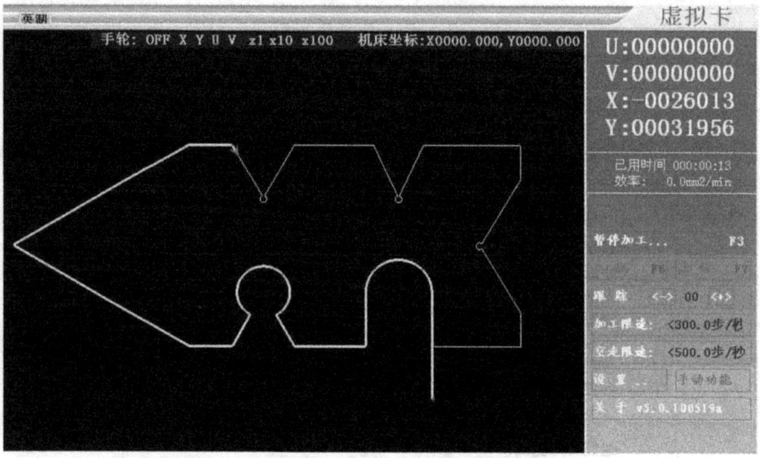

图 9-10 仿真模拟加工界面

进入 AutoCut 菜单栏，选择图 9-6 中的“发送加工任务”，在图 9-7“选卡”对话框中选择“1 号卡”，单击鼠标左键选择第二步中生成的加工轨迹，单击鼠标右键完成加工轨迹的拾取，其结果如图 9-11 所示。

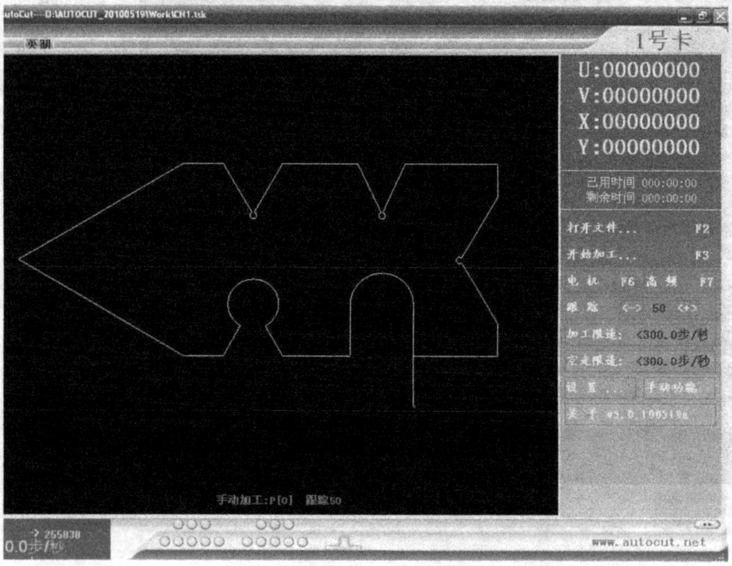

图 9-11 加工（1 号卡）界面

第五步：电极丝准备。参考第 6 章的知识，将预处理后的毛坯装夹、找正，然后进行线切割电极丝的上丝、穿丝、紧丝（如果在前面的加工中紧过丝则无需再紧丝），并对电极丝垂直度进行找正。

操作流程：将控制盒上的运丝旋钮旋转到“加工”挡；按下运丝开关使电极丝运动；在图 9-11 所示加工界面中开启“高频”；摇动 X、Y 轴手柄使电极丝与毛坯定位部分接触放电，通过对边、对中等方法将电极丝定位到加工点。

第六步：加工。以上工作完成后，在控制盒上开启“运水”；在加工界面单击“开始加工”即可进行加工。完成加工后机床自动停机。

加工前、加工中应注意安全。加工完毕后机床自动停机后，取下工件，测量相关尺寸，并与理论值相比较。最后注意关闭电源，打扫卫生并对机床进行保养。

9.2　数控线切割操作工职业技能鉴定（中级）操作技能试题

姓名：__________　准考证号：__________　考件编号：__________

一、考题（图9-12）

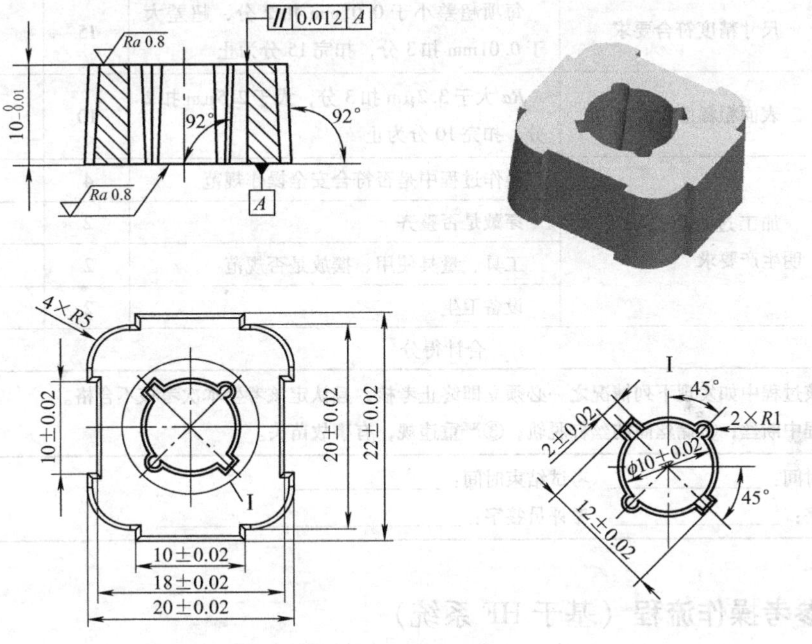

图9-12　内外锥体零件

注：毛坯尺寸为50mm×32mm×10mm；切割面的表面粗糙度值为Ra2.5μm。

二、考核配分与评分标准

考核项目	考核内容及要求	评分标准	配分	评定结果	得分
图形绘制（10分）	分析零件图，绘制内外形	每错一处尺寸扣1分，扣完10分为止	10		
工艺编制（10分）	确定穿丝点、起割点、补偿量，生成加工轨迹和代码	引入线和引出线的绘制，补偿方向、补偿量数值，走丝路径，锥度代码生成前工件厚度、导轮参数的测量与定义，以上每错一处扣1分，扣完10分为止	10		

（续）

考核项目	考核内容及要求	评分标准	配分	评定结果	得分
电极丝穿丝（10分）	根据图样要求进行穿丝	穿丝前检查行程挡杆位置是否合适	2		
		穿丝流程符合规范，操作熟练	4		
		穿丝后检查钼丝位置是否符合要求	4		
工件安装、定位(10分)	装夹工件，确定与电极丝的相对位置	装夹、定位操作过程中每错一处扣2分，扣完10分为止	10		
内形加工质量（25分）	尺寸精度符合要求	每项超差小于0.01mm扣2分，超差大于0.01mm扣3分，扣完15分为止	15		
	表面粗糙度符合要求	*Ra*大于3.2μm扣3分，大于2.5μm扣2分，扣完10分为止	10		
外形加工质量（25分）	尺寸精度符合要求	每项超差小于0.01mm扣2分，超差大于0.01mm扣3分，扣完15分为止	15		
	表面粗糙度符合要求	*Ra*大于3.2μm扣3分，大于2.5μm扣2分，扣完10分为止	10		
安全文明（10分）	加工过程符合安全文明生产要求	操作过程中是否符合安全操作规范	4		
		穿戴是否整齐	2		
		工具、量具使用、摆放是否规范	2		
		设备卫生	2		
合计得分					

说明：考核过程中如发现下列情况之一必须立即终止考核，且认定该考生本次考核不合格。
①穿丝过程中断丝；②储丝筒的丝杠脱轨；③严重违规，有事故苗头。

考试开始时间：__________ 考试结束时间：__________

考试员签字：__________ 考评员签字：__________

三、参考操作流程（基于HF系统）

第一步：工艺分析。

（1）内外锥切割顺序确定　该零件如果先加工外形再加工内形，必然导致加工内形时无法装夹。因此，必须先加工内锥，再加工外锥。

（2）编程基准面的确定　由图9-12分析可知，该零件的内锥优先保证上表面尺寸，因此应以上表面为编程基准面，下表面由切割度数自然确定；外锥优先保证下表面尺寸，因此应以下表面为编程基准面，上表面由切割度数自然确定。由此绘制编程的平面图形，如图9-13所示。

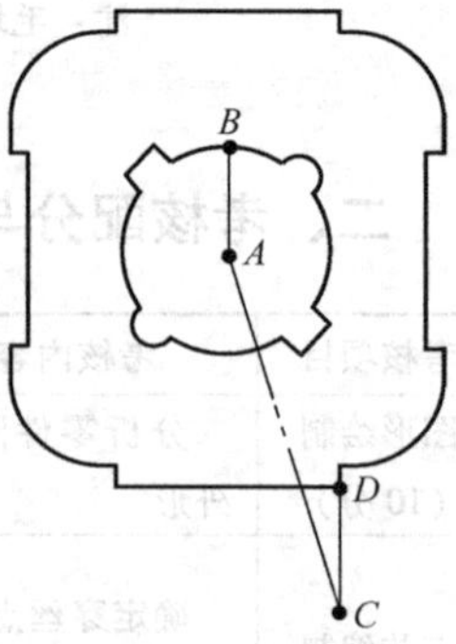

图9-13　内外锥编程基准图形及引入线

（3）穿丝点、起割点位置的确定　由图9-12分析可知，为了切割该零件的内锥，必须在工件上加工穿丝孔。内形的穿丝孔设为

A（0，0），即引入线的起点；起割点为 B（0，5），即引入线的终点。外锥切割时若在工件上不加工穿丝孔，可设置引入线的起点 C（5，－15），引入线的终点 D（5，－11），如图 9-13 所示。

＊说明：读者实际加工时可根据毛坯情况设置穿丝点的位置。

第二步：工件准备。

（1）工件的预加工　用钻床或电火花穿孔机在坯料上打孔（在热处理前用钻床加工，也可在热处理后用电火花高速穿孔机床加工）。打孔后应认真清理干净孔内的毛刺，避免加工时电极丝与毛刺接触短路从而造成加工困难。

（2）工件的装夹与找正　参考第 6 章相关知识采用桥式支撑法装夹毛坯。装夹时需对工作台横梁边 X 方向采用百分表找正（此例可以不精确找正，只要保证 A、C 点的位置精确就可以保证内外形的相对位置符合要求）。

第三步：程序编制。

在 HF 系统的“全绘编程”中绘制图 9-14 所示的图形并按图 9-13 中的 A、B、C 点的位置完成轨迹生成。

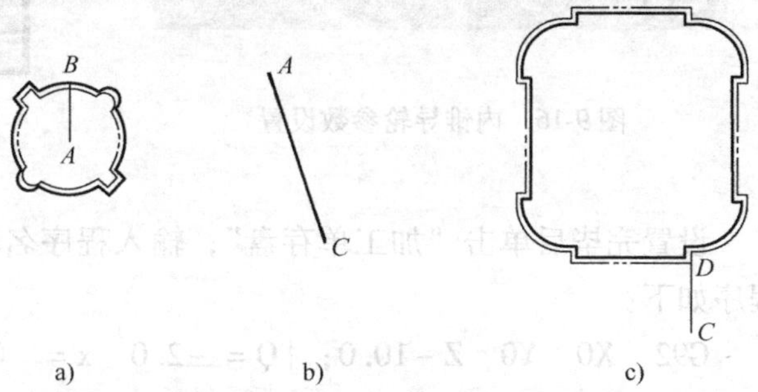

图 9-14　加工轨迹

a）内轮廓图形及加工轨迹　b）空走轨迹

c）外轮廓图形及加工轨迹

（1）内锥体切割程序　内锥体切割时的加工轨迹如图 9-14a 所示，加工方向为顺时针，间隙补偿量 $f=0.1\text{mm}$，在 HF 系统的加工界面中单击“参数”，弹出图 9-15 所示的参数设置界面，选择“加工厚度”，将数值设置为 10mm 并确定。

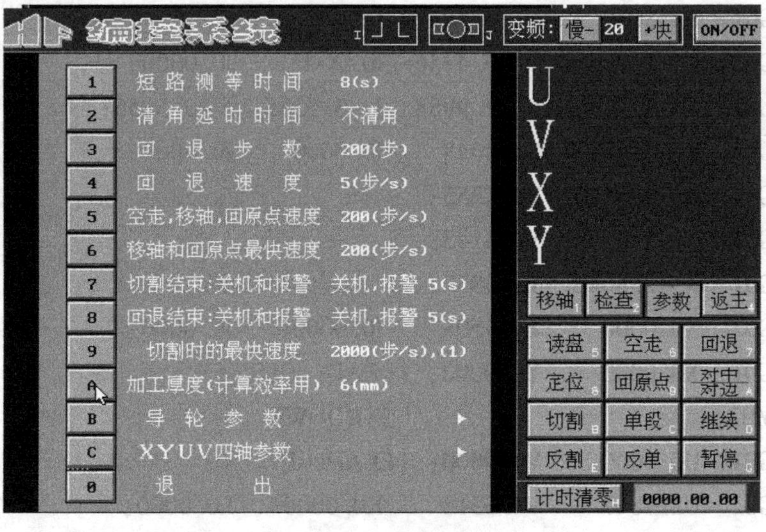

图 9-15　参数设置界面

加工厚度设置完成后，在图 9-15 所示的界面中选择“导轮参数”，在弹出的界面内设置加工锥体导轮的相关参数，如图 9-16 所示。

参数设置完成后单击“退出”，并进入 HF 绘图界面，单击“后置”→“生成一般锥度加工单”→设置锥体的参数，如图 9-17 所示。

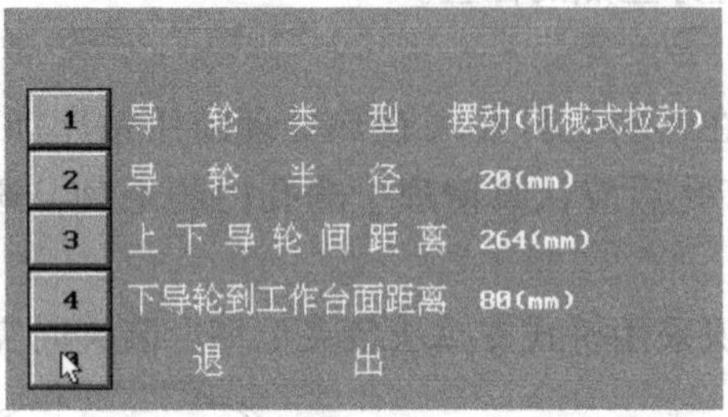

图 9-16 内锥导轮参数设置

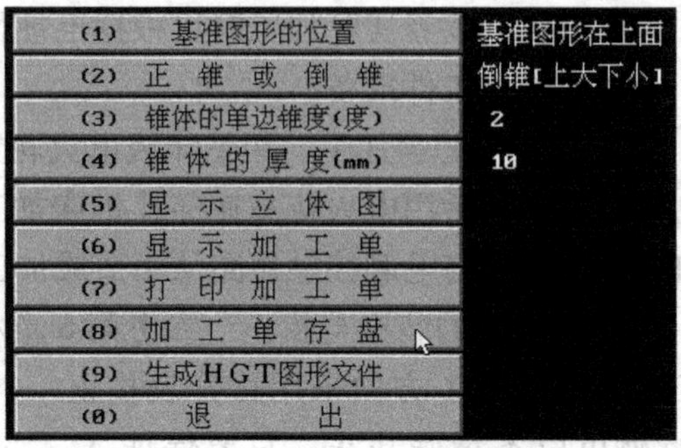

图 9-17 内锥体参数设置

设置完毕后单击“加工单存盘”，输入程序名称，单击“退出”完成程序设置。相关程序如下：

```
G92   X0   Y0   Z-10.0; {Q = -2.0   x =   0.0   y =   0.0};
N0001  G01  X0.0000     Y4.5508; {LEAD   IN};
N0002  G02  X2.9958     Y3.4256     I0.0000     J0.0000;
N0003  G02  X3.4256     Y2.9958     I3.5355     J3.5355;
N0004  G02  X3.5837     Y-2.8048    I0.0000     J0.0000;
N0005  G01  X4.3145     Y-3.5355;
N0006  G01  X3.5355     Y-4.3145;
N0007  G01  X2.8048     Y-3.5837;
N0008  G02  X-2.9958    Y-3.4256    I0.0000     J0.0000;
N0009  G02  X-3.4256    Y-2.9958    I-3.5355    J-3.5355;
N0010  G02  X-3.5837    Y2.8048     I0.0000     J0.0000;
N0011  G01  X-4.3145    Y3.5355;
N0012  G01  X-3.5355    Y4.3145;
N0013  G01  X-2.8048    Y3.5837;
N0014  G02  X0.0000     Y4.5508     I0.0000     J0.0000;
N0015  G01  X0.0000     Y0.0000; {LEAD   OUT}
N0016  M02;                      {ENDDOWN   }
N0001  G01  U0.0000     V4.9000; {LEAD   IN}
N0002  G02  U2.7847     V4.0318     K0.0000     L0.0000;
N0003  G02  U4.0318     V2.7847     K3.5355     L3.5355;
N0004  G02  U4.0423     V-2.7695    K0.0000     L0.0000;
N0005  G01  U4.8083     V-3.5355;
```

N0006　G01　U3. 5355　V－4. 8083；
N0007　G01　U2. 7695　V－4. 0423；
N0008　G02　U－2. 7847　V－4. 0318　K0. 0000　L0. 0000；
N0009　G02　U－4. 0318　V－2. 7847　K－3. 5355　L－3. 5355；
N0010　G02　U－4. 0423　V2. 7695　K0. 0000　L0. 0000
N0011　G01　U－4. 8083　V3. 5355；
N0012　G01　U－3. 5355　V4. 8083；
N0013　G01　U－2. 7695　V4. 0423；
N0014　G02　U0. 0000　V4. 9000　K0. 0000　L0. 0000；
N0015　G01　U0. 0000　V0. 0000；｛LEAD　OUT｝
N0016　M02；　｛ENDUP｝；

（2）空走程序　为保证内外锥的相互位置准确，内锥体切割完成后从 *A* 点移动到 *C* 点时必须位移精确（如图 9-13 中的双点画线 *AC*）。目前较实用的方法是绘制图 9-14b 的斜线并生成轨迹和空走程序。其程序如下：

N0000　G92　X0　Y0　Z0；｛f＝　0. 0　x＝　0. 0　y＝　0. 0｝
N0001　G01　X5. 0000　Y－15. 0000；
N0002　M02；

（3）外锥体切割程序　外锥度切割时的加工轨迹如图 9-14c 所示，加工方向为逆时针，间隙补偿量 $f=0.1$mm。在 HF 系统的加工界面单击“参数”，设置加工锥体导轮的相关参数，如图 9-18 所示。

参数设置完成后单击“退出”，进入 HF 绘图界面，单击“后置”→“生成一般锥度加工单”→设置锥体的参数，如图 9-19 所示。

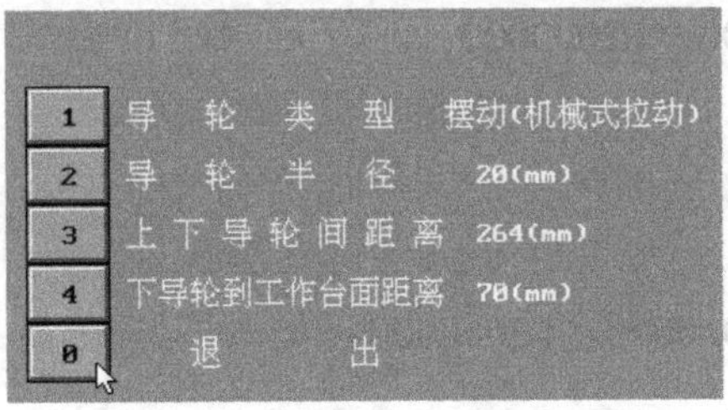

图 9-18　外锥导轮参数设置

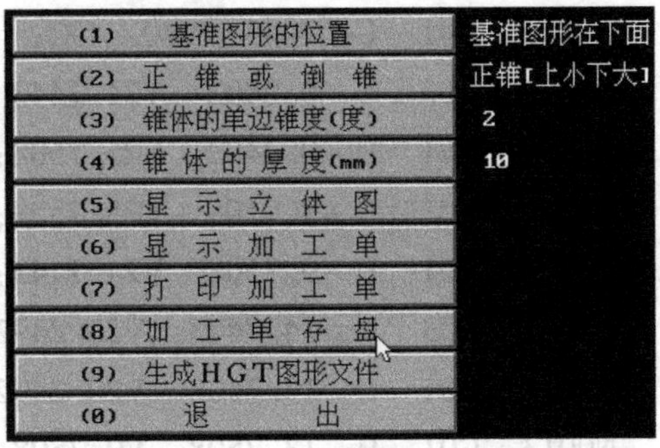

图 9-19　外锥体参数设置

设置完毕后单击“加工单存盘”，输入程序名称，单击“退出”完成程序设置。相关程序如下：

G92　X0　Y0　Z　10. 0；｛Q＝　2. 0　x＝　5. 0　y＝－15. 0｝
N0001　G01　X0. 1000　Y3. 9000；｛LEAD　IN｝
N0002　G01　X0. 1000　Y4. 9010；

```
N0003  G03  X5.0990  Y10.1000  I0.0000  J10.0000;
N0004  G01  X4.1000  Y10.1000;
N0005  G01  X4.1000  Y19.9000;
N0006  G01  X5.0990  Y19.9000;
N0007  G03  X0.1000  Y25.0990  I0.0000  J20.0000;
N0008  G01  X0.1000  Y26.1000;
N0009  G01  X-10.1000  Y26.1000;
N0010  G01  X-10.1000  Y25.0990;
N0011  G03  X-15.0990  Y19.9000  I-10.0000  J20.0000;
N0012  G01  X-14.1000  Y19.9000;
N0013  G01  X-14.1000  Y10.1000;
N0014  G01  X-15.0990  Y10.1000;
N0015  G03  X-10.1000  Y4.9010  I-10.0000  J10.0000;
N0016  G01  X-10.1000  Y3.9000;
N0017  G01  X0.1000  Y3.9000;
N0018  G01  X0.0000  Y0.0000;      {LEAD  OUT}
N0019  M02;                        {ENDDOWN}
N0001  G01  U-0.2492  V4.2492; {LEAD  IN}
N0002  G01  U-0.2492  V5.2557;
N0003  G03  U4.7443  V9.7508  K0.0000  L10.0000;
N0004  G01  U3.7508  V9.7508;
N0005  G01  U3.7508  V20.2492;
N0006  G01  U4.7443  V20.2492;
N0007  G03  U-0.2492  V24.7443  K0.0000  L20.0000;
N0008  G01  U-0.2492  V25.7508;
N0009  G01  U-9.7508  V25.7508;
N0010  G01  U-9.7508  V24.7443;
N0011  G03  U-14.7443  V20.2492  K-10.0000  L20.0000;
N0012  G01  U-13.7508  V20.2492;
N0013  G01  U-13.7508  V9.7508;
N0014  G01  U-14.7443  V9.7508;
N0015  G03  U-9.7508  V5.2557  K-10.0000  L10.0000;
N0016  G01  U-9.7508  V4.2492;
N0017  G01  U-0.2492  V4.2492;
N0018  G01  U0.0000  V0.0000; {LEAD OUT}
N0019 M02;                     {ENDUP}
```

＊说明：设置导轮参数时，导轮半径、上下导轮间距离、下导轮到工作台距离需要根

据每台机床的实测情况进行设置；生成锥体程序的前半部分为下表面的程序，后半部分为上表面的程序。

第四步：电极丝准备。

将预处理后的毛坯装夹、找正，然后进行线切割电极丝的上丝、穿丝、紧丝，并对电极丝垂直度进行找正。

操作流程：将控制盒上的运丝旋钮旋转到“加工”挡；按下运丝开关使电极丝运动；在加工界面中开启“高频”；摇动 *X*、*Y* 轴手柄，使电极丝与毛坯定位部分接触放电，通过对边、对中等方法将电极丝定位到穿丝点。

第五步：加工。

起动机床加工。在加工界面单击“读盘”，随后选择内锥体程序，开启控制盒中的“运水”；在加工界面单击“切割”进行内锥体加工；当内锥体加工完毕后机床自动停机；解开电极丝，在加工界面单击“读盘”，随后选择空走的斜线程序，单击“空走”，完成后机床自动停机；在当前的位置穿丝，单击“读盘”，选择外锥体程序，按下运丝开关使电极丝运动；开启控制盒中的“运水”；在加工界面单击“高频”→“切割”，加工完毕后机床自动停机。

加工前、加工中应注意安全。加工完毕后机床自动停机，取下工件，测量相关尺寸，并与理论值相比较。最后注意关闭电源，打扫卫生并对机床进行保养。

9.3　数控线切割操作工职业技能鉴定（高级）操作技能试题

姓名：__________　准考证号：__________　考件编号：__________

一、考题（图9-20）

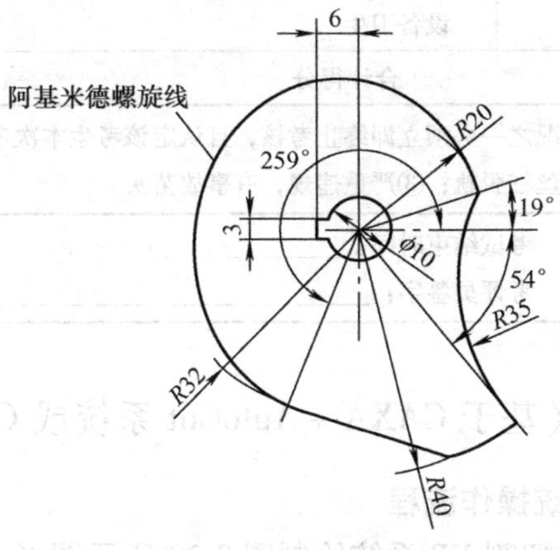

图9-20　阿基米德螺旋线凸轮

注：毛坯尺寸为90mm×70mm×8mm；未注极限偏差为±0.015mm，切割面的表面粗糙度值为 *Ra*1.6μm。

二、考核配分与评分标准

考核项目	考核内容及要求	评分标准	配分	评定结果	得分
图形绘制（10分）	分析零件图，绘制内外形	每错一处尺寸扣1分，扣完10分为止	10		
工艺编制（10分）	确定穿丝点、起割点、补偿量，生成加工轨迹和代码	引入线和引出线的绘制，补偿方向、补偿量数值，走丝路径等的设置，以上每错一处扣1分，扣完10分为止	10		
电极丝穿丝（10分）	根据图样要求进行穿丝	穿丝前检查行程挡杆位置是否合适	2		
		穿丝流程符合规范，操作熟练	4		
		穿丝后检查钼丝位置是否符合要求	4		
工件安装、定位(10分)	装夹工件，确定与电极丝的相对位置	装夹、定位操作过程中每错一处扣2分，扣完10分为止	10		
内形加工质量（25分）	尺寸精度符合要求	每项超差小于0.01mm扣2分，超差大于0.01mm扣3分，扣完15分为止	15		
	表面粗糙度符合要求	*Ra*大于2.5μm扣3分，大于1.6μm扣2分，扣完10分为止	10		
外形加工质量（25分）	尺寸精度符合要求	每项超差小于0.01mm扣2分，超差大于0.01mm扣3分，扣完15分为止	15		
	表面粗糙度符合要求	*Ra*大于2.5μm扣3分，大于1.6μm扣2分，扣完10分为止	10		
安全文明（10分）	加工过程符合安全文明生产要求	操作过程中是否符合安全操作规范	4		
		穿戴是否整齐	2		
		工具、量具使用、摆放是否规范	2		
		设备卫生	2		
合计得分					

说明：考核过程中如发现下列情况之一必须立即终止考核，且认定该考生本次考核不合格。
①穿丝过程中断丝；②储丝筒的丝杠脱轨；③严重违规，有事故苗头。

考试开始时间：________ 考试结束时间：________
考试员签字：________ 考评员签字：________

三、参考操作流程（基于CAXA + AutoCut系统或CAXA + HF系统）

1. CAXA + AutoCut系统操作流程

第一步：使用CAXA线切割XP系统绘制图9-20所示图形。

（1）绘制ϕ10mm的圆和宽为3mm的键槽 利用“绘制”命令下“基本曲线”中的“圆”指令绘制该圆，利用“中心线”指令绘制中心线，利用“等距线”以及“曲线编辑”下的“裁剪”指令完成键槽绘制。

（2）绘制阿基米德螺旋线　单击“绘制”命令下“高级曲线”中的“公式曲线”，在弹出的对话框中设置图 9-21 所示的参数，设置完成后单击“确定”按钮，然后在绘图界面左下角的信息提示框的提示下，通过键盘输入曲线定位点（0，0），单击鼠标右键确定后完成阿基米德螺旋线的绘制，如图 9-22 所示。

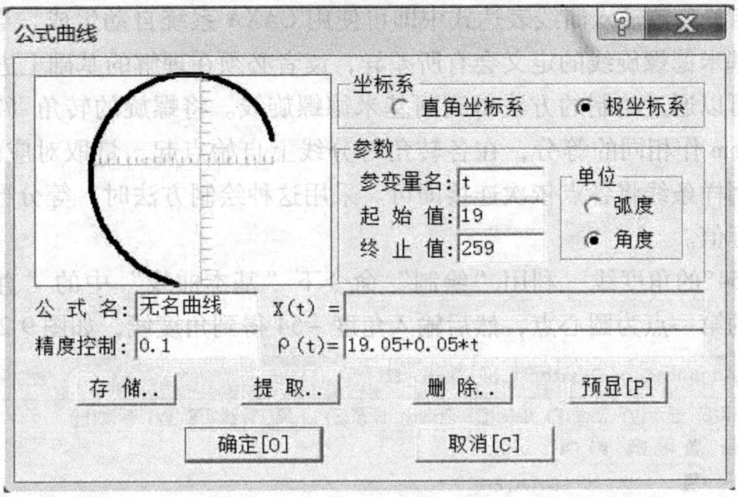

图 9-21　“公式曲线”对话框

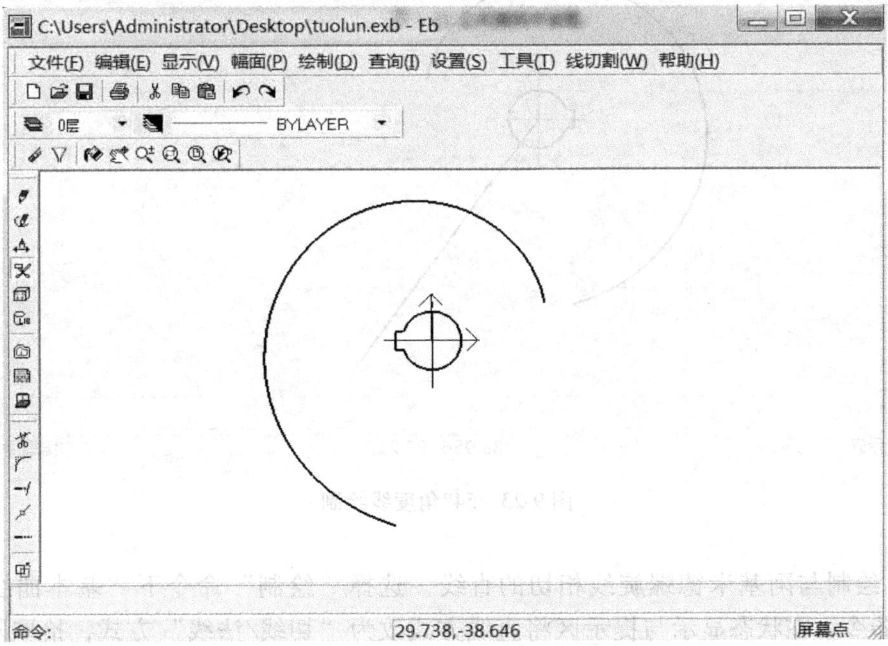

图 9-22　阿基米德螺旋线的绘制

* 说明：阿基米德螺旋线的标准极坐标方程为

$$\rho = \rho_0 + at$$

式中 ρ_0——当 $t = 0°$时的极径（mm）；

a——阿基米德螺旋线系数（mm），表示每旋转 1°时极径的增加（或减小）量；

t——极角（°），表示阿基米德螺旋线转过的总度数。

在该题中，$a = (32 - 20)\text{mm}/(259 - 19) = 0.05\text{mm}$，$\rho_0 = 20\text{mm} - 0.05 \times 19\text{mm} = 19.05\text{mm}$。将相关参数输入曲线表达式中即可使用 CAXA 系统自动生成。当然，不同的软件环境中，阿基米德螺旋线的定义会有所差异，读者必须在理解的基础上进行参数设置。

此外，也可以通过绘制的方法得到阿基米德螺旋线。将螺旋的转角（259 - 19)°和升程（32 - 20）mm 作相同的等分，在各转角等分线上自始点起，量取对应的升程等分长，得各终止点，用样条线将各点依次连接即可。采用这种绘制方法时，等分数越多，生成的曲线越接近实际值。

（3）绘制 54°的角度线　利用“绘制”命令下“基本曲线”中的“直线”指令绘制角度线，直线的第一点为圆心点，然后输入角度 -54 得到角度线，如图 9-23 所示。

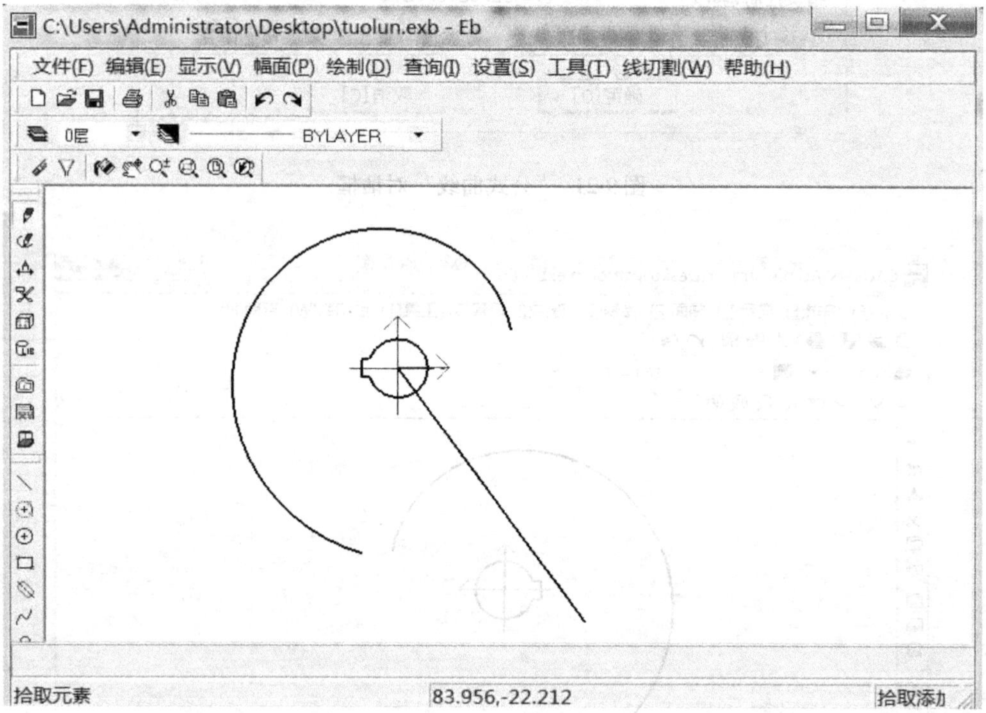

图 9-23　54°角度线绘制

（4）绘制与阿基米德螺旋线相切的直线　选择“绘制”命令下“基本曲线”中的“直线”指令，在状态显示与提示区将直线方式改为“切线/法线”方式，拾取阿基米德螺旋线，单击鼠标左键选择阿基米德螺旋线的终点为切线的第一点，然后单击鼠标左键确定第二点位置即可，如图 9-24 所示。

（5）绘制 $R40$mm 圆弧　选择“绘制”命令下“基本曲线”中的“圆”指令，绘制

*R*40mm 的圆，通过“曲线编辑”下的“裁剪”指令将多余的弧线修剪掉，如图 9-25 所示。

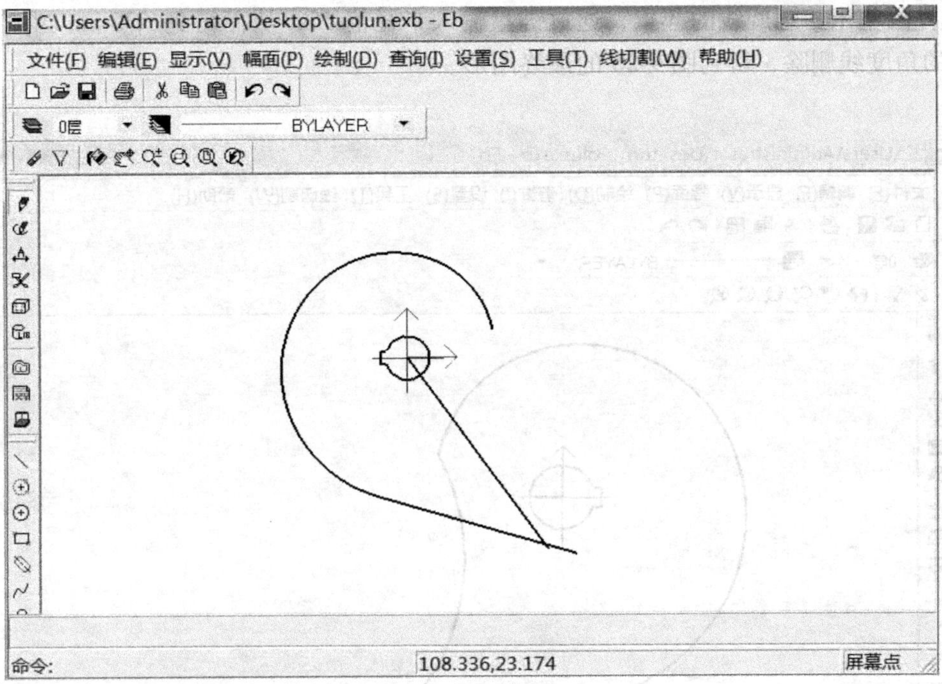

图 9-24　切线的绘制

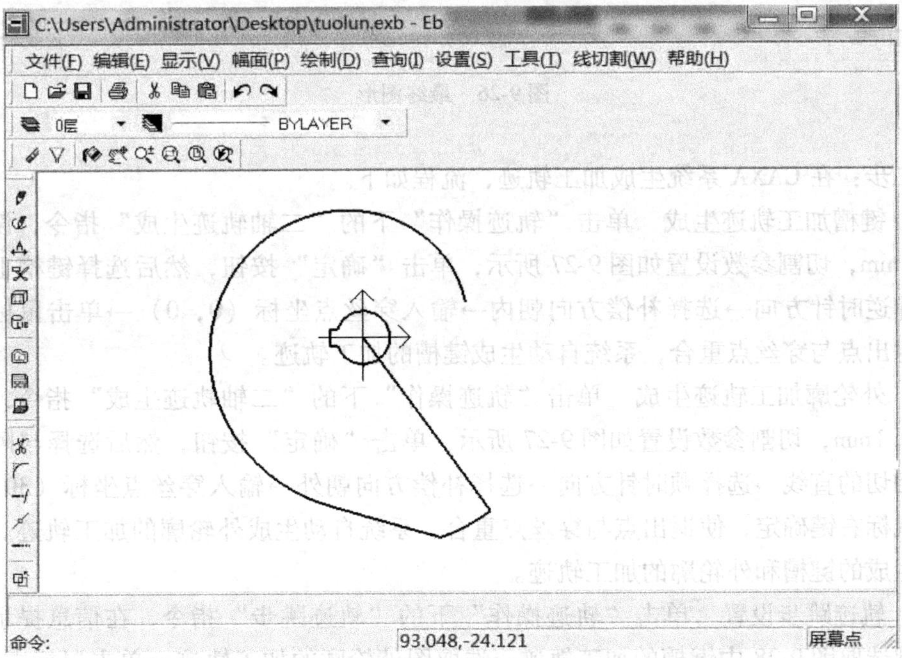

图 9-25　*R*40mm 圆弧的绘制

（6）绘制 $R35$mm 圆弧 选择“绘制”命令下“基本曲线”中的“圆弧”指令，将圆弧方式切换为“两点_半径”方式，单击鼠标左键选择刚才生成的 $R40$mm 圆弧终点，然后选择阿基米德螺旋线的起点，通过键盘输入半径值 35，从而得到 $R35$mm 圆弧。最后将 54°的角度线删除，得到图 9-26 的最终图形。

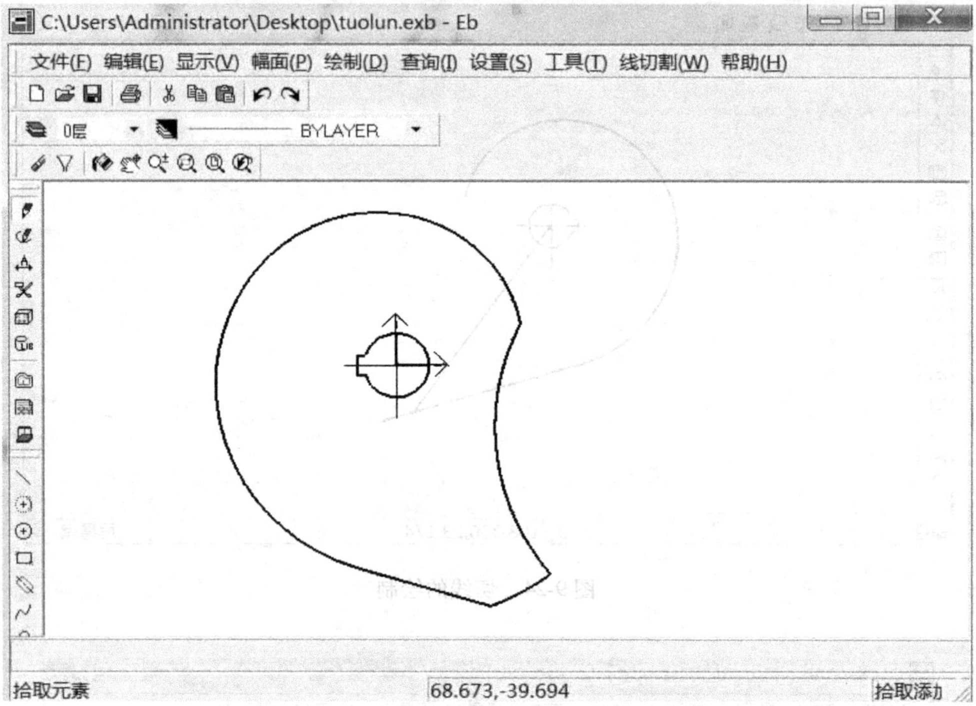

图 9-26 最终图形

第二步：在 CAXA 系统生成加工轨迹，流程如下。

（1）键槽加工轨迹生成 单击“轨迹操作”下的“二轴轨迹生成”指令，设置偏移量为 0. 1mm，切割参数设置如图 9-27 所示，单击“确定”按钮，然后选择键槽上部的直线→选择逆时针方向→选择补偿方向朝内→输入穿丝点坐标（0，0）→单击鼠标右键确定，使退出点与穿丝点重合，系统自动生成键槽的加工轨迹。

（2）外轮廓加工轨迹生成 单击“轨迹操作”下的“二轴轨迹生成”指令，设置偏移量为 0. 1mm，切割参数设置如图 9-27 所示，单击“确定”按钮，然后选择与阿基米德螺旋线相切的直线→选择顺时针方向→选择补偿方向朝外→输入穿丝点坐标（30，－40）→单击鼠标右键确定，使退出点与穿丝点重合，系统自动生成外轮廓的加工轨迹。图 9-28 所示为生成的键槽和外轮廓的加工轨迹。

（3）轨迹跳步设置 单击“轨迹操作”下的“轨迹跳步”指令，在信息提示下单击鼠标左键选取图 9-28 中键槽的加工轨迹→选取图外轮廓的加工轨迹→单击鼠标右键确认，生成图 9-29 所示的跳步轨迹。

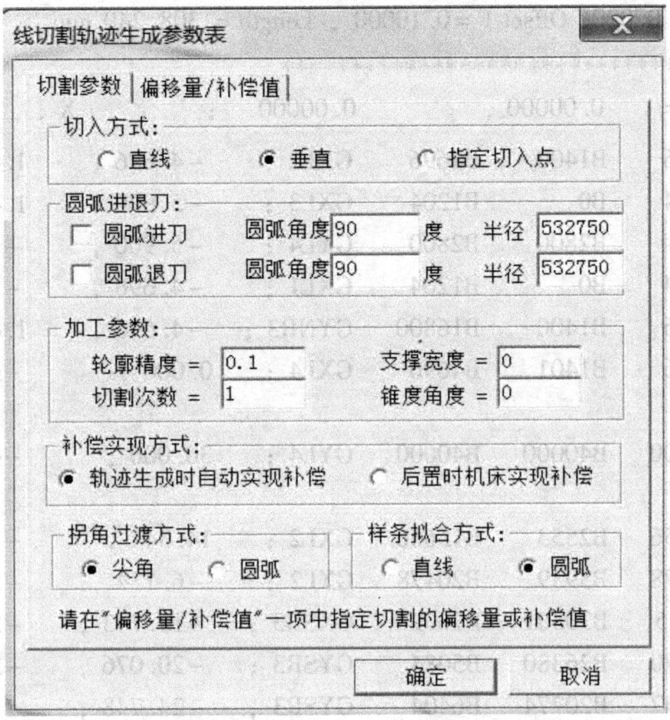

图 9-27　“线切割轨迹生成参数表”对话框

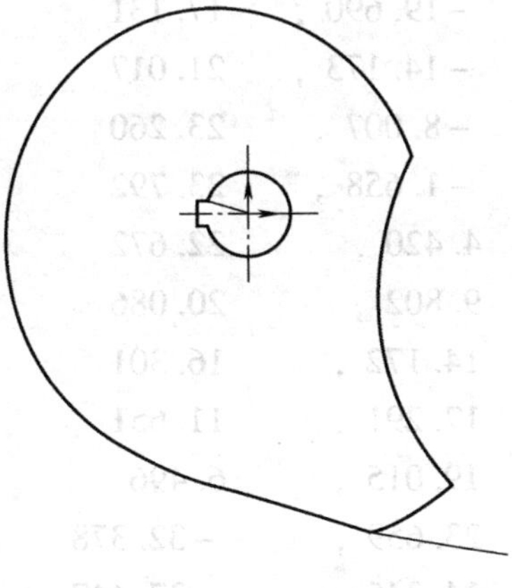

图 9-28　键槽和外轮廓的加工轨迹

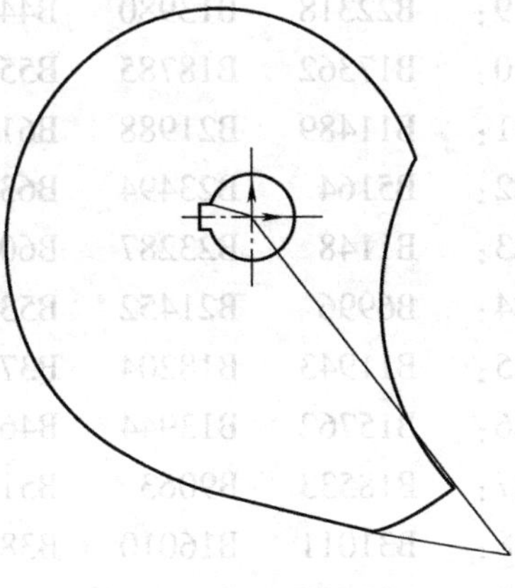

图 9-29　跳步轨迹生成

第三步：加工代码生成。

单击“代码生成”下的“生成 3B 代码”→输入代码名称“gaojitiaobu”→“保存”→单击鼠标左键拾取图 9-29 中的加工轨迹→单击鼠标右键确认。得到的 3B 代码如下：

```
****************************************
CAXAWEDM  - Version 2.0 , Name : gaojitiaobu.3B
Conner R = 0.00000, Offset F =0.10000 , Length = 308.240 mm
****************************************
Start Point  =     0.00000 ,          0.00000    ;          X ,          Y
N1:    B4696    B1400    B4696    GXL2 ;    -4.696 ,     1.400
N2:    B1204    B0       B1204    GXL3 ;    -5.900 ,     1.400
N3:    B0       B2800    B2800    GYL4 ;    -5.900 ,    -1.400
N4:    B1204    B0       B1204    GXL1 ;    -4.696 ,    -1.400
N5:    B4696    B1400    B16800   GYNR3 ;   -4.696 ,     1.401
N6:    B4696    B1401    B4696    GXL4 ;     0.000 ,    -0.000
N7:    D
N8:    B30000   B40000   B40000   GYL4 ;    30.000 ,   -40.000
N9:    D
N10:   B15656   B2553    B15656   GXL2 ;    14.344 ,   -37.447
N11:   B20478   B5939    B20478   GXL2 ;    -6.134 ,   -31.508
N12:   B 8815   B30501   B7609    GXSR3 ;  -13.743 ,   -28.178
N13:   B15970   B26380   B5084    GYSR3 ;  -20.076 ,   -23.094
N14:   B21747   B20774   B6404    GYSR3 ;  -24.748 ,   -16.690
N15:   B25785   B4025    B7225    GYSR3 ;  -27.517 ,    -9.465
N16:   B27819   B6621    B7488    GYSR3 ;  -28.281 ,    -1.977
N17:   B27810   B843     B7243    GYSR2 ;  -27.093 ,     5.266
N18:   B25903   B7864    B6507    GYSR2 ;  -24.131 ,    11.773
N19:   B22318   B13980   B4441    GXSR2 ;  -19.690 ,    17.131
N20:   B17362   B18785   B5517    GXSR2 ;  -14.173 ,    21.017
N21:   B11489   B21988   B6166    GXSR2 ;   -8.007 ,    23.260
N22:   B5164    B23494   B6349    GXSR2 ;   -1.658 ,    23.792
N23:   B1148    B23287   B6078    GXSR1 ;    4.420 ,    22.672
N24:   B6996    B21452   B5382    GXSR1 ;    9.802 ,    20.086
N25:   B11943   B18204   B3785    GYSR1 ;   14.172 ,    16.301
N26:   B15762   B13944   B4650    GYSR1 ;   17.291 ,    11.651
N27:   B18533   B9063    B5155    GYSR1 ;   19.015 ,     6.496
N28:   B31011   B16010   B38874   GYNR2 ;   23.659 ,   -32.378
N29:   B23658   B32378   B9314    GXSR4 ;   14.345 ,   -37.447
N30:   B15655   B2553    B15655   GXL4 ;    30.000 ,   -40.000
N31:   DD
```

第四步：AutoCut 系统环境下代码读取与模拟加工。

双击桌面快捷图标“WireCut”，在“选卡”对话框中选择“虚拟卡”，如图 9-30

所示。

在虚拟卡操作界面中选择“打开文件”，在图 9-31 所示的“打开”对话框中将“文件类型”改为“3B”，在文件目录中选择上一步操作结束时生成的“gaojitiaobu”文件，单击“打开”按钮，完成程序代码的读取。

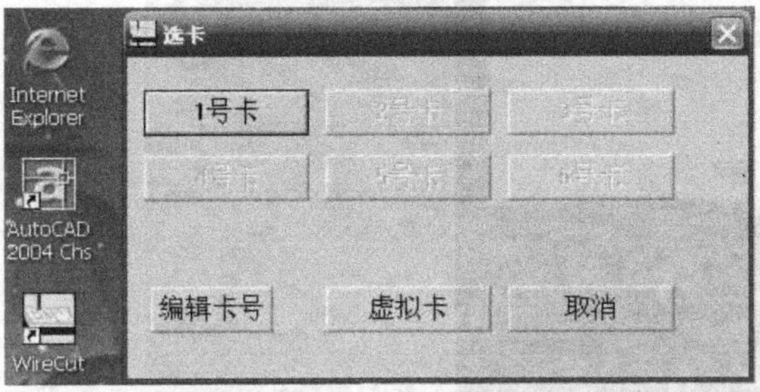

图 9-30　“选卡”对话框

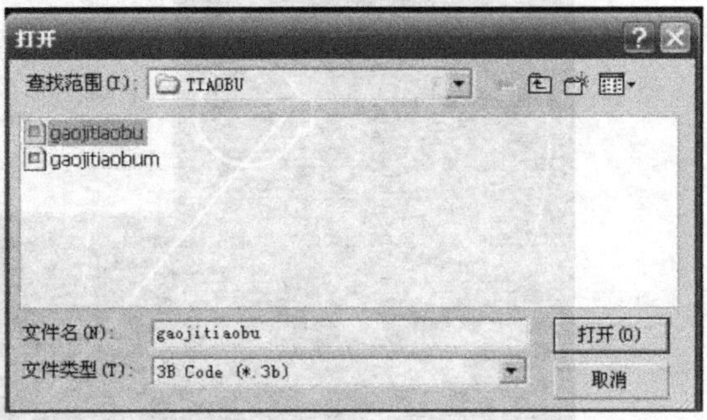

图 9-31　“打开”对话框

在虚拟卡操作界面中选择“开始加工”，在“开始加工”对话框中默认设置并单击“确定”按钮，进行轨迹仿真，如图 9-32 所示。

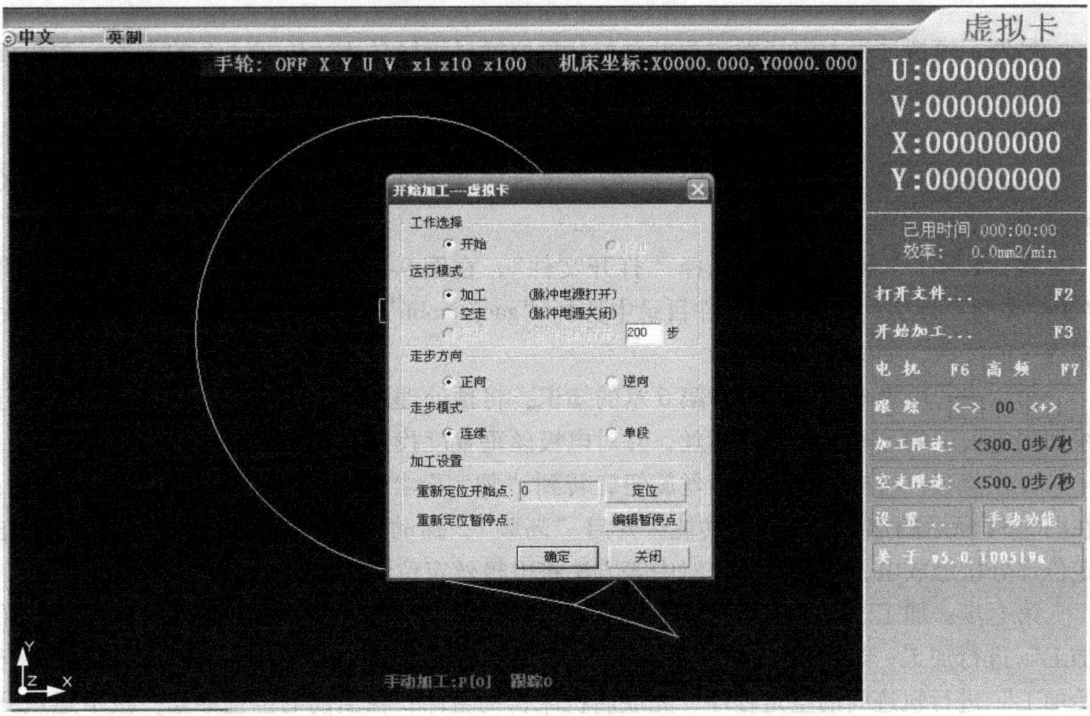

图 9-32　“开始加工”设置对话框

模拟加工过程中会有报警提示，如图 9-33 所示。报警有两次，一次是在键槽轨迹模拟加工完成后，另一次是在内外形间空走轨迹完成后。模拟中的报警实际上是真实加工中的暂停，可以方便抽丝、穿丝。

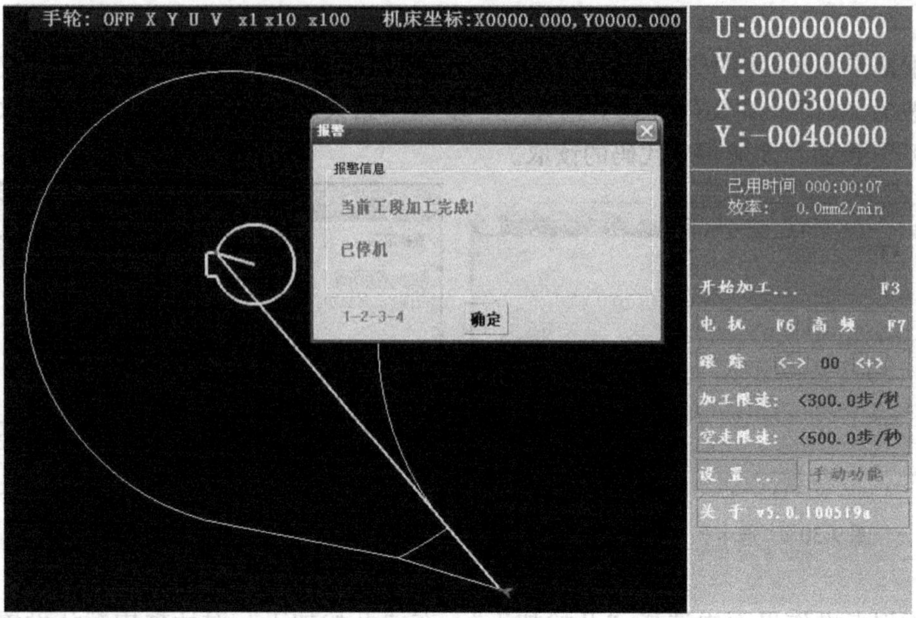

图 9-33 模拟界面及“报警”对话框

另外，模拟过程中应特别注意界面右上角位置显示区的 U、V、X、Y 的数值，防止读数异常，从而避免真实加工时误切到装夹用的支架等机床附件。

第五步：进入 AutoCut 菜单，在“1 号卡”（加工卡）中进行程序读取。

双击桌面快捷图标“WireCut”，在“选卡”对话框中选择“1 号卡”，如图 9-30 所示。

在“1 号卡”操作界面中选择“打开文件”，在图 9-31 所示的“打开”对话框中将“文件类型”改为“3B”，在文件目录中选择“gaojitiaobu”文件，单击“打开”按钮，完成程序的读取，如图 9-34 所示。

第六步：电极丝准备。参考第 6 章的知识，将预处理后的毛坯装夹、找正，然后进行线切割电极丝的上丝、穿丝、紧丝，并对电极丝垂直度找正。

操作流程：将控制盒上的运丝旋钮旋转到“加工”挡；按下运丝开关使电极丝运动；在图 9-34 所示的加工界面中的功能区开启“高频”；摇动 X、Y 轴手柄，使电极丝与毛坯定位部分接触放电，通过对边、对中等方法将电极丝定位到键槽的穿丝点。

第七步：加工。以上工作完成后，在控制盒上开启“运水”；在加工界面单击“开始加工”进行加工；当键槽的加工完毕后机床自动暂停；解开电极丝，在加工界面单击“开始加工”进行轨迹间的空走程序，完成后机床自动暂停；在当前的位置穿丝；按下运丝开关使电极丝运动；在控制盒上开启“运水”；在加工界面中开启“高频”、“开始加工”。依据上述步骤执行，直到全部加工完成。

加工前、加工中应注意安全。加工完毕后机床自动停机，取下工件，测量相关尺寸，并与理论值相比较。最后注意关闭电源，打扫卫生并对机床进行保养。

*说明：第四、五步中文件的读取也可以按如下流程操作。

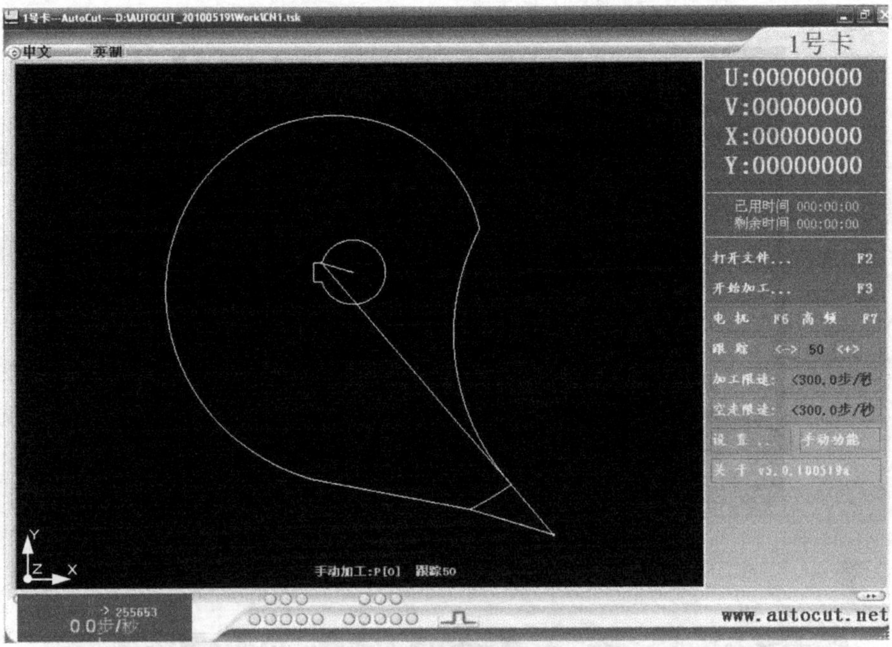

图 9-34　“1 号卡”（加工卡）对话框

双击桌面“AutoCAD2004Chs”，进入 AutoCut 菜单栏，选择“发送加工任务”，在“选卡”对话框中选择“虚拟卡”或“1 号卡”，随后选择加工文件即可。

2. CAXA + HF 系统操作流程

由于图形绘制、轨迹生成与代码生成均是在 CAXA 线切割 XP 系统下完成，因此操作流程中的前三步操作一致，差异主要体现在代码读取、模拟加工。下面从前面的第三步结束后进入 HF 系统进行操作。

第四步：HF 系统环境下代码读取与模拟加工。

进入 HF 系统，单击“加工”界面，单击图 9-35 所示界面中的“读盘”，在弹出的图 9-36 所示的界面中单击“读 3B 式程序”，在弹出的图 9-37 所示目录下选择程序“GAOJI-TIAOBU. 3B”，完成代码的读取。

图 9-35　加工界面选择

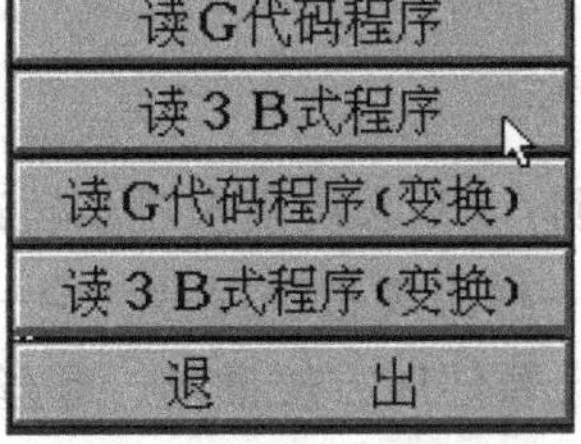

图 9-36　代码格式选择界面

在图 9-38 所示的加工界面中单击“检查”→“模拟轨迹”，设置完成后进行模拟加工。在模拟加工过程中，要特别注意图 9-39 中 X、Y、U、V 数值的变化，防止读数异常，从而避免真实加工时误切到装夹用的支架等机床附件。

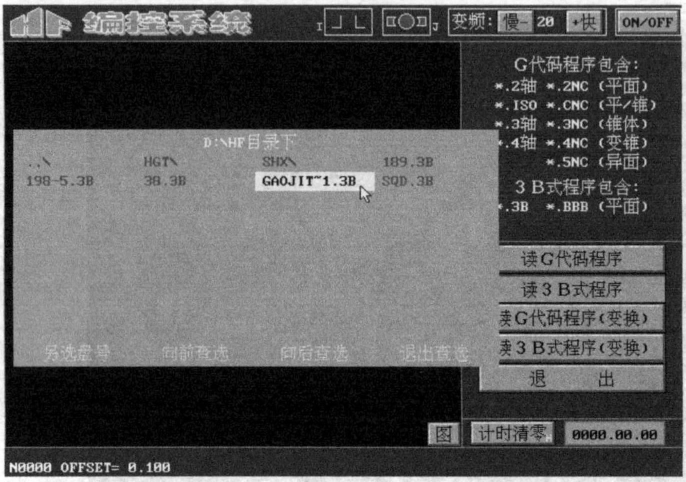

图 9-37 代码读取

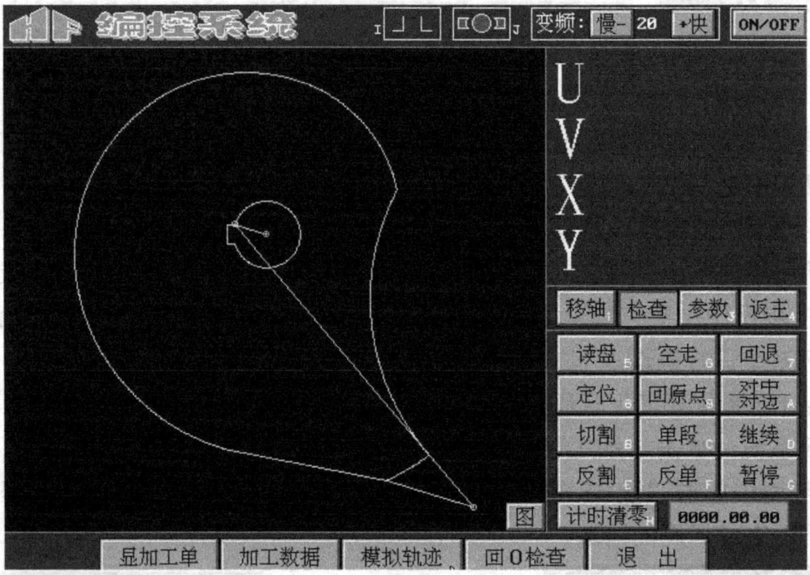

图 9-38 模拟轨迹设置

＊说明：HF 系统模拟跳步轨迹加工过程中，某一部分轨迹模拟完成后，不会像 AutoCAD 系统一样出现报警提示，会一直模拟到全部轨迹结束。但实际加工时，每一轨迹加工结束后均会暂停以方便抽丝、穿丝。另外，HF 系统将“模拟轨迹”设计在“加工”界面中，如图 9-38 中包含“检查”、“切割”等命令。

第五步：电极丝准备。将预处理后的毛坯装夹、找正，然后进行线切割电极丝的上丝、穿丝、紧丝，并对电极丝垂直度找正。

操作流程：将控制盒上的运丝旋钮旋转到“加工”挡；按下运丝开关使电极丝运动；

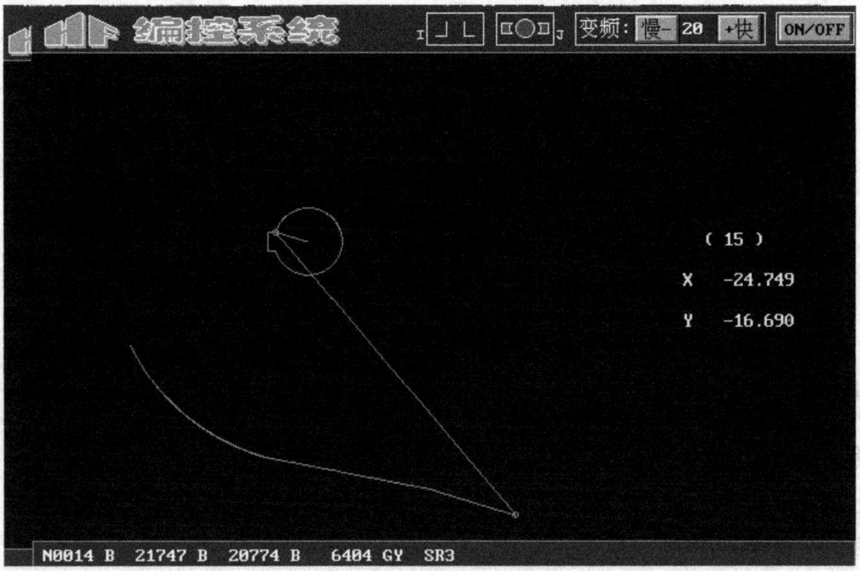

图 9-39　“模拟加工”界面

在图 9-38 所示的加工界面中开启“高频”；摇动 X、Y 轴手柄，使电极丝与毛坯定位部分接触放电，通过对边、对中等方法将电极丝定位到键槽的穿丝点。

第六步：加工。

在控制盒上开启“运水”；在图 9-38 的界面中单击“切割”，当键槽加工完毕后机床自动暂停；解开电极丝，在加工界面点“继续”，机床自动完成内外形之间的空走程序，完成后自动暂停；在当前的位置穿丝，完成后打开控制盒上的运丝按钮使电极丝运转，开启“运水”、“高频”、“继续”，加工完毕后机床自动停机。

加工前、加工中应注意安全。加工完毕后机床自动停机，取下工件，测量相关尺寸，并与理论值相比较。最后注意关闭电源，打扫卫生并对机床进行保养。

*说明：以上内容是编者依据 CAXA、HF、AutoCut 的操作实践经验编写而成的，操作过程中的部分流程可以视情况进行前后调整。在考核训练过程中和实际生成中，如果发现工件的加工精度和表面粗糙度达不到技术要求，应观察工作液是否清洁、电极丝张力是否合适，还应尝试采用小电流、小脉宽或多次切割等方法提高加工精度和表面质量。在技能操作实训和生产过程中，读者应根据机床系统及性能特点，不断总结经验，提高认知水平和操作技能。

附　　录

附录 A　电切削工考试大纲标准及内容

一、申报条件

1. 初级（具有以下条件之一者）

1）经本职业初级正规培训达规定准备学时数，并取得结业证书。

2）在本职业连续见习工作 1 年以上。

3）本职业学徒期满。

2. 中级（具有以下条件之一者）

1）取得本职业初级职业资格证书后，连续从事本职业工作 2 年以上，经本职业中级正规培训达规定标准学时数，并取得结业证书。

2）取得本职业初级职业资格证书后，连续从事本职业工作 4 年以上。

3）连续从事本职业工作 5 年以上。

4）取得经劳动保障行政部门审核认定的、以中级技能为培养目标的中等以上职业学校本职业（专业）毕业证书。

3. 高级（具备以下条件之一者）

1）取得本职业中级职业资格证书后，连续从事本职业工作 3 年以上，经本职业高级正规培训达标准学时数，并取得结业证书。

2）取得本职业中级职业资格证书后，连续从事本职业工作 5 年以上。

3）取得高级技工学校或劳动保障行政部门审核认定的、以高级技能为培养目标的高等职业学校本职业（专业）毕业证书。

4）取得本职业中级职业资格证书的大专以上本专业或相关专业毕业生，连续从事本职业工作 1 年以上。

4. 技师（具有以下条件之一者）

1）取得本职业高级职业资格证书后，连续从事本职业工作 3 年以上，经本职业技师正规培训达规定标准学时数，并取得结业证书。

2）取得本职业高级职业资格证书后，连续从事本职业工作 5 年以上。

3）取得本职业高级职业资格证书的高级技工学校本职业（专业）毕业生和大专以上本专业或相关专业毕业生，连续从事本职业工作 2 年以上。

5. 高级技师（具有以下条件之一者）

1）取得本职业技师职业资格证书后，连续从事本职业工作 3 年以上，经本职业高级技师正规培训达规定标准学时数，并取得结业证书。

2）取得本职业技师职业资格证书后，连续从事本职业工作5年以上。

二、基本要求

1. 职业守则

1）遵守法律、法规和有关规定。

2）爱岗敬业，具有高度的责任心。

3）严格执行工作程序、工作规范、工艺文件和安全操作规程。

4）工作认真负责，团结合作。

5）爱护设备、工具、量具及辅助设备。

6）着装整洁，符合规定；保持工作环境清洁有序，文明生产。

2. 基础知识

（1）基础理论知识

1）机械识图知识。

2）公差配合、形位公差和表面粗糙度知识。

3）常用金属材料及热处理基础知识。

4）计算机应用基本知识。

（2）专业知识

1）冷加工原理、加工工艺基础知识。

2）电切削加工原理、加工工艺知识。

3）常用电加工设备的名称、型号、规格、性能、结构和传动系统以及维护、保养知识。

4）编制加工工艺规程基本知识。

5）工具、量具、夹具的使用与维护知识。

6）钳工基础知识。

（3）电工知识

1）电工基础知识。

2）常用设备通用电器的种类及用途。

3）机床电器控制与原理。

（4）安全文明生产与环境保护知识

1）现场文明生产要求。

2）安全操作与劳动保护知识。

3）环境保护知识。

（5）质量管理知识

1）企业质量方针。

2）岗位质量要求。

3）岗位质量保护措施与责任。

(6) 相关法律、法规知识

1)《中华人民共和国劳动法》相关知识。

2)《中华人民共和国合同法》相关知识。

3)《中华人民共和国环境保护法》相关知识。

三、工作要求

本标准对初级、中级、高级、技师、高级技师的技能要求依次递进，高级别涵盖低级别的要求。本标准中初级、中级、高级部分将线切割加工、电火花加工分为两个独立考核的模块。

1. 初级

职业功能	工作内容	技能要求	相关知识
一、线切割加工	(一) 读图与识读工艺文件	1. 能读懂对刀样板等简单零件工作图 2. 能读懂工艺文件	1. 简单零件的识读知识及各种符号的含义 2. 工艺文件的识读知识
	(二) 设备维护与保养	能润滑线切割机床	线切割机床常用润滑油的种类以及加注方法
	(三) 装夹工件	能使用通用夹具装夹工件	使用通用夹具对工件进行定位与夹紧的方法
	(四) 加工工件	能加工直线、圆等组成的工件	1. 线切割机床操作规程 2. 线切割加工工件基本知识 3. 线切割的加工条件
	(五) 检测工件	1. 能使用游标卡尺、千分尺、深度尺等量具测量对刀样板等简单零件的相关尺寸 2. 能判断工件几何尺寸是否达到技术要求	1. 简单零件的检测方法 2. 常用量具的保养知识 3. 工件几何尺寸是否合格的判断方法
二、电火花加工	(一) 读图与识读工艺文件	1. 能读懂带有细长孔、深槽等的简单零件工作图 2. 能读懂工艺文件	1. 简单零件的识读知识及各种符号的含义 2. 工艺文件的识读知识
	(二) 设备维护与保养	能润滑电火花机床	电火花机床常用润滑油的种类以及加注方法
	(三) 装夹工件	能使用通用夹具装夹工件	使用通用夹具对工件进行定位与夹紧的方法
	(四) 加工工艺	能进行电极进给、加工	1. 电火花机床操作规程 2. 电火花加工工件基本知识 3. 电火花的加工条件
	(五) 检测工件	1. 能使用游标卡尺、千分尺、深度尺等量具测量工件的相关尺寸 2. 能判断工件几何尺寸是否达到技术要求	1. 简单零件的检测方法 2. 常用量具的保养知识 3. 工件几何尺寸是否合格的判断方法

2. 中级

职业功能	工作内容	技能要求	相关知识
一、线切割加工	（一）读图与绘图	1. 能读懂带有曲线等的较复杂零件工作图及其相应的技术要求 2. 能绘制一般零件图	1. 带有曲线等的较复杂零件图的表达方式 2. 一般零件图的绘制方法
	（二）编制程序	1. 能编制直线加工、圆加工的程序 2. 能确定电极丝直径、损耗量	1. 编程基础知识 2. 电极丝直径的确定方法 3. 电极丝损耗量知识
	（三）程序输入	能按照程序格式输入程序	程序指令的输入方法
	（四）设备维护与保养	1. 能选择润滑油并润滑机床 2. 能对线切割机床进行日常维护与保养	1. 线切割机床常用润滑油的种类、性能及适用范围 2. 线切割机床日常维护与保养知识
	（五）配制工作液	能配制线切割加工工作液	线切割加工工作液的选择与配制知识
	（六）调整机床	1. 能安装电极丝 2. 能完成电极丝的垂直度找正 3. 能选择线切割加工的参数	1. 电极丝材料、规格选择知识 2. 电极丝的安装方法 3. 电极丝的垂直度检测方法 4. 线切割加工原理
	（七）装夹工件	能选择夹具装夹工件	线切割加工夹具的种类与选择原则
	（八）加工工件	能加工零件，并达到以下要求： （1）表面粗糙度为 $Ra2.5\mu m$ （2）公差等级为 IT8	脉冲放电参数选择的知识
	（九）误差分析	能分析产生误差的原因	定位基准、测量基准对加工误差的影响
二、电火花加工	（一）读图与绘图	1. 能读懂带有曲线等的较复杂零件工作图及其相应的技术要求 2. 能绘制零件图	1. 带有曲线等的较复杂零件图的表达方式 2. 一般零件图的绘制方法
	（二）编制程序	1. 能选择电极材料 2. 能确定电极损耗量 3. 能根据电极损耗量编制加工程序	1. 电极材料选择方法 2. 电极损耗量的确定方法 3. 编程基础知识
	（三）程序输入	能按照程序格式输入程序	程序指令的输入方法
	（四）设备维护与保养	1. 能选择润滑油并润滑机床 2. 能对机床进行日常维护与保养	1. 电火花加工机床常用润滑油的种类、性能及适用范围 2. 电火花加工机床日常维护与保养知识
	（五）配制工作液	能配制电火花加工工作液	电火花加工工作液的选择与配制知识

（续）

职业功能	工作内容	技能要求	相关知识
二、电火花加工	（六）调整机床	1. 能安装电极 2. 能完成电极的垂直度校正 3. 能选择电火花加工的参数	1. 电极材料、规格选择知识 2. 电极的安装方法 3. 电极垂直度的检测方法 4. 电火花加工原理
	（七）装夹工件	能选择夹具装夹工作	电火花加工夹具的种类与选择原则
	（八）加工工件	能加工工件，并达到以下要求： （1）表面粗糙度为 $Ra2.5\mu m$ （2）公差等级为 IT8	脉冲放电参数选择的知识
	（九）误差分析	1. 能选择量具测量电极尺寸 2. 能分析工件误差的原因	1. 电极尺寸测量方法 2. 定位基准、测量基准对加工误差的影响

3. 高级

职业功能	工作内容	技能要求	相关知识
一、线切割加工	（一）读图与绘图	1. 能读懂装配图及其技术要求 2. 能绘制凸轮等复杂零件图 3. 能读懂机床传动以及工作原理图 4. 能使用计算机绘图	1. 复杂零件图的绘制方法 2. 常用电器、电子元件的表示方法 3. 计算机绘图软件应用知识
	（二）编制程序	能编制带有规律曲线、齿轮等零件的加工程序	规则曲线加工程序的编制方法
	（三）设备维护与保养	能判定线切割加工机床的常见故障	线切割机床常见故障判定方法
	（四）调整机床	1. 能对线切割加工设备机床部分主要结构以及电极进行调整 2. 能根据加工精度、加工效率调整线切割加工参数	1. 线切割机床设备结构及工作原理 2. 线切割加工参数对加工的影响
	（五）装夹工件	能对带有规则曲线的精密工件进行装夹、定位、测量	精密工件的装夹、定位、测量知识
	（六）加工工件	能加工零件，并达到以下要求： （1）表面粗糙度为 $Ra1.6\mu m$ （2）公差等级为 IT7	线切割加工影响因素
	（七）检测工件	能用精密量具检测工件	精密量具使用方法
	（八）误差分析	能针对误差产生原因采取措施	零件定位与夹紧对加工精度的影响

（续）

职业功能	工作内容	技能要求	相关知识
二、电火花加工	（一）读图与绘图	1. 能读懂零件图和装配图及其技术要求 2. 能绘制齿轮、成形刀具等复杂零件图 3. 能读懂机床传动及工作原理图 4. 能使用计算机绘图	1. 复杂零件图的绘制方法 2. 常用电器、电子元件的表示方法 3. 计算机绘图软件应用知识
	（二）编制程序	1. 能编制规则曲线的加工程序 2. 能计算对称电极损耗量	1. 规则曲线加工程序的编制方法 2. 对称电极损耗量计算知识 3. 电极材料的相关知识
	（三）设备维护与保养	能判定电火花加工机床的常见故障	电火花加工机床常见故障判定
	（四）调整机床	1. 能对电火花加工设备机床部分主要结构以及电极进行调整 2. 能根据加工精度、加工效率、电极损耗调整电火花加工参数	1. 电火花机床设备结构及工作原理 2. 电火花加工参数对加工的影响
	（五）装夹工件	能对带有规则曲线的精密工件进行装夹、定位、测量	精密工件的装夹、定位、测量
	（六）加工工件	能加工零件，并达到以下要求： （1）表面粗糙度为 $Ra1.6\mu m$ （2）公差等级为 IT7	电火花加工影响因素
	（七）检测工件	能用精密量具检测工件以及电极	精密量具使用方法
	（八）误差分析	能针对误差产生原因采取措施	零件定位与夹紧对加工精度的影响

4. 技师

职业功能	工作内容	技能要求	相关知识
线切割及电火花加工	（一）绘图及编制工艺	1. 能根据装配图拆画零件图 2. 能测绘电切削加工机床常用配件零件图 3. 能对零件的加工工艺方案进行合理性分析 4. 能编制零件加工工艺规程，并解决关键加工难题	1. 零件的测绘方法 2. 根据装配图拆画零件图的方法 3. 电切削加工机床常用配件零件图的画法 4. 机械制造工艺知识
	（二）工装设计	能设计异形工件的工装装置	工装装置的设计知识
	（三）编制程序	1. 能利用计算机编制带有不规则非圆曲线工件加工程序 2. 能计算非对称电极损耗量	1. 带有不规则非圆曲线工件加工程序编制方法 2. 非对称电极损耗量计算方法

（续）

职业功能	工作内容	技能要求	相关知识
线切割及电火花加工	（四）设备维护与保养	1. 能检验电切削加工机床的加工精度、定位精度、重复定位精度 2. 能分析电切削加工机床常见故障	1. 电切削加工机床精度检验内容与方法 2. 电切削加工机床常见故障的诊断方法
	（五）装夹工件	能设计夹具装夹异形工件	1. 夹具、工件精确定位知识 2. 异形工件装夹方法
	（六）加工工件	1. 能加工零件，并达到以下要求： （1）表面粗糙度为 $Ra0.8\mu m$ （2）工差等级为 IT6 2. 能对薄板，易变形等零件进行加工 3. 能解决加工中出现的超机床加工范围的工件等实际难题	电切削加工影响因素消除，控制的方法
	（七）误差分析	1. 能分析加工零件路线及误差产生原因 2. 能针对加工过程中可能产生的误差采取措施避免	影响加工精度的因素
	（八）培训与指导	1. 能指导高级及以下人员的实际操作 2. 能讲授本专业技术理论知识	培训教学的基本方法
	（九）管理	1. 能在本职工作中贯彻各项质量标准 2. 能运用质量管理知识，实现操作过程的质量分析与控制 3. 能组织有关人员协同作业	1. 相关质量标准 2. 质量分析与控制方法 3. 多人协同作业的组织方法

5. 高级技师

职业功能	工作内容	技能要求	相关知识
线切割及电火花加工	（一）编制工艺	能编制换热器，异形件等精密、复杂零件加工工艺方案	精密零件加工工艺知识
	（二）工装设计	能设计异形夹具	1. 机械制造工艺知识 2. 夹具设计知识
	（三）编制程序	能编制易变形，特殊材料工件的加工程序	金属材料以及热处理知识
	（四）设备维护与保养	能排除电加工机床常见故障	1. 电切削加工机床常见故障的排除方法 2. 脉冲电源的相关知识

（续）

职业功能	工作内容	技能要求	相关知识
线切割及电火花加工	（五）装夹工件	1. 能借助化学加工工艺的其他工艺方法装夹微型、超薄工件 2. 能装夹精密零件	1. 相邻领域工艺处理方法，工作液的系统知识 2. 精密零件的装夹方法
	（六）加工工件	能用电极加工进行粉末冶金模，镶拼型腔模，拉丝模等复杂模具的精加工	电极加工的计算知识
	（七）误差分析	能使用表面粗糙度检查仪等设备分析零件加工状态，调整加工参数、分析加工误差，选择最佳工作参数	使用示波器分析加工状态，调整加工参数的知识
	（八）培训与指导	1. 能指导本职业技师及以下人员的实际操作 2. 能对本职业初级、中级、高级工进行技术理论培训	培训讲义的编写方法
	（九）管理	1. 能组织实施质量攻关项目 2. 能参加产品的质量评审 3. 能协助部门领导进行生产计划、调度及人员的管理	1. 产品质量评审的相关质量标准 2. 生产管理基本知识

附录B　电切削工技师、高级技师技能大赛相关题库及参考答案

一、是非题（将判断结果填入括号内。正确的画“✓”，错误的画“×”）

1. 脉冲宽度及脉冲能量越大，则放电间隙越小。（　）

2. 目前线切割加工中应用较普遍的工作液是煤油。（　）

3. 数控电火花线切割机床的控制系统不仅对轨迹进行控制，同时还对进给速度等进行控制。（　）

4. 在线切割加工中不能使用煤油作为工作液。（　）

5. 在快走丝线切割加工中不能使用煤油作为工作液。（　）

6. 如果线切割单边放电间隙为0.01mm，钼丝直径为$\phi 0.18$mm，则加工圆孔时的电极丝补偿量为0.19mm。（　）

7. 目前线切割加工中应用较普遍的工作液是乳化液，其成分和磨床使用的乳化液成分相同。（　）

8. 利用电火花线切割机床可以加工不通孔。（　）

9. 利用电火花线切割机床可以加工任何形状的通孔。（ ）

10. 利用电火花线切割机床可以加工任何导电的材料。（ ）

11. 利用电火花线切割机床不仅可以加工导电材料，还可以加工不导电材料。（ ）

12. 电火花线切割加工通常采用正极性加工。（ ）

13. 电火花线切割加工通常用于粗加工。（ ）

14. 电火花线切割在加工过程中总的材料蚀除量比较小，使用电火花线切割加工比较节省材料，因此电火花线切割加工是零件加工时首先考虑选择的加工方法。（ ）

15. 在慢走丝线切割中，由于电极丝不存在损耗，所以加工精度高。（ ）

16. 在慢走丝线切割中，由于采用单向连续供丝的方式，在加工区总是保持新电极丝加工，所以加工精度高。（ ）

17. 在设备维修中，利用电火花线切割加工齿轮，其主要目的是节省材料，提高材料的利用率。（ ）

18. 目前，由于电火花线切割加工费用比较高，所以电火花线切割一般只用于普通机械加工不能完成的工作。（ ）

19. 由于电火花线切割加工的材料蚀除量比电火花成形加工要少很多，所以电火花线切割加工速度比电火花成形加工要快许多。（ ）

20. 由于电火花线切割加工速度比电火花成形加工要快许多，所以电火花线切割加工零件的周期就比较短。（ ）

21. 由于电火花线切割加工是利用电极丝作为工具电极，而电火花成形加工需要制造成形电极，所以用电火花线切割加工零件的周期比电火花成形加工要短。（ ）

22. 由于快走丝线切割加工中电极丝的损耗比慢走丝线切割的要大，所以慢走丝线切割加工精度比快走丝要高。（ ）

23. 因为快走丝线切割加工中电极丝的损耗大，加工零件精度低，所以快走丝线切割一般用于零件的粗加工。（ ）

24. 在电火花切割加工中，用水基液作为工作液时，在开路状态下，加工间隙的工作液中不存在电流。（ ）

25. 由于使用煤油作为电火花线切割加工工作液时很容易发生火灾，所以为了安全，一般不用煤油作为电火花线切割加工工作液。（ ）

26. 在快走丝线切割加工中，由于电极丝走丝速度比较快，所以电极丝和工件间不会发生电弧放电。（ ）

27. 电火花线切割不能加工半导体材料。（ ）

28. 在电火花线切割加工过程中，工件与电极丝之间会发生互相飞溅镀覆及吸附的现象，这种现象会对线切割加工精度造成影响，所以属于不利的影响。（ ）

29. 在型号为 DK7732 的数控电火花线切割机床中，其字母 K 属于机床特性代号，是数控的意思。（ ）

30. 在型号为 DK7732 的数控电火花线切割机床中，其字母 D 属于机床类别代号，是指电加工机床的意思。（ ）

31. 在型号为 DK7632 的数控电火花线切割机床中，数字 32 是机床基本参数，它代表该线切割机床使用的电极丝最大直径为 ϕ0. 32mm。 (　)

32. 快走丝线切割机床中只使用 B 代码格式编程，而不使用 ISO 代码编程。 (　)

33. B 代码格式分为 3B 格式、4B 格式、5B 格式等，其中 3B、4B、5B 的含义是指编程时使用指令参数的个数，它们分别为 3 个、4 个、5 个指令参数。 (　)

34. 在利用 3B 代码编程加工直线时，程序格式中的 X、Y 是指直线的终点坐标值，其单位为 μm。 (　)

35. 在利用 3B 代码编程加工圆弧时，程序格式中的 X、Y 是指圆弧的终点坐标值，其单位为 μm。 (　)

36. 在利用 3B 代码编程加工圆弧时，程序格式中的 X、Y 是指圆弧的起点坐标值，其单位为 μm。 (　)

37. 在使用 3B 代码编程中，B 称为分隔符，它的作用是将 X、Y、J 的数值分隔开，如果 B 后的数字为 0，则 0 可以省略不写。 (　)

38. 在利用 3B 代码编程加工直线时，为了看上去简单、方便，可以用公约数将 X、Y 的数值同时缩小相同的倍数。 (　)

39. 在利用 3B 代码编程加工圆弧时，为了看上去简单、方便，可以用公约数将 X、Y 的数值同时缩小相同的倍数。 (　)

40. 在加工冲孔模具时，为了保证孔的尺寸，应将配合间隙加在凸模上。 (　)

41. 在加工落料模具时，为了保证冲下零件的尺寸，应将配合间隙加在凹模上。 (　)

42. ISO 代码编程是一种通用的编程方法，由于其控制功能强大，使用广泛，它将是数控编程的发展方向。 (　)

43. B 代码编程是快走丝线切割通用的编程方法，由于其使用广泛，它将是快走丝线切割机床数控编程的发展方向。 (　)

44. 程序中只要出现一次 G01，以后便可以不再写 G01 了。 (　)

45. 上一程序段中有了 G02 指令，下一程序段如果仍是 G02 指令，则 G02 可略。 (　)

46. 上一程序段中有了 G04 指令，下一程序段如果仍是 G04 指令，则 G04 可略。 (　)

47. 机床在执行 G01 指令时，电极丝所走的轨迹在宏观上一定是一条直线段。(　)

48. 机床在执行 G00 指令时，电极丝所走的轨迹在宏观上一定是一条直线段。(　)

49. 机床在执行 G00 指令时，电极丝所走的轨迹在宏观上可能是一条直线段，也可能是折线，即由两个直线段组成。 (　)

50. G01 指令和 G00 指令的作用相同。 (　)

51. 电极丝补偿初始建立段的距离可以为任意值。 (　)

52. 电极丝补偿取消段的距离可以为任意值。 (　)

53. 机床控制精度的稳定性决定着加工零件质量的稳定性和误差的一致性。 (　)

54. 线切割机床在精度检验前，必须让机床各个坐标往复移动几次，储丝筒运转十多分钟，即在机床处于热稳定状态下进行检测。 （ ）

55. 线切割机床在精度检验中，检测工具的精度必须比所测的几何精度高一个等级。 （ ）

56. 轴的定位误差可以反映机床的加工精度能力，是数控机床最关键的技术指标。 （ ）

57. 机床的定位精度应与该机床的几何精度相匹配，定位精度要求较高的机床，几何精度相应的也较高。 （ ）

58. 工作台直线运动重复定位精度是反映轴运动稳定性的一个基本指标。 （ ）

59. 工作台各坐标轴直线运动的矢动量是坐标轴在进给传动链上的驱动元件反向死区和各机械传动副的反向间隙、弹性变形等误差的综合反映。 （ ）

60. 工作台各坐标轴直线运动的矢动量一般是进给传动链刚性不足、滚珠丝杠预紧力不够、导轨副过紧或松动等原因造成的。 （ ）

61. 通常数控系统都具有矢动量的补偿功能，这种功能又称为反向间隙补偿功能。 （ ）

62. 数控线切割机床的工作精度又称为动态精度，是在放电加工情况下，对机床的几何精度和数控精度的一项综合考核。 （ ）

63. 在一定的工艺条件下，脉冲间隔的变化对切割速度的影响比较明显，对表面粗糙度的影响比较小。 （ ）

64. 电流波形的前沿上升比较缓慢时，加工中电极丝损耗较少；而电流波形的前沿上升比较快时，加工中电极丝损耗就比较大。 （ ）

65. 在线切割加工中，当电压表、电流表的表针稳定不动，此时进给速度均匀、平稳，是线切割加工速度和表面质量均好的最佳状态。 （ ）

66. 在型号为 DK7632 的数控电火花线切割机床中，数字 32 是机床的基本参数，它代表该切割机床的工作台宽度为 320mm。 （ ）

67. 在型号为 DK7632 的数控电火花线切割机床中，数字 32 是机床的基本参数，它代表该线切割机床工作台的横向行程为 320mm。 （ ）

68. 在快走丝线切割加工中，工件材料的硬度越小，越容易加工。 （ ）

69. 悬臂式支撑是快走丝线切割比较常用的装夹方法，其特点是通用性强，装夹方便，但装夹后工件容易出现倾斜现象。 （ ）

70. 桥式支撑是快走丝切割最常用的装夹方法，其特点是通用性强，装夹方便，装夹后稳定，平面定位精度高，适用于装夹各类工件。 （ ）

71. 数控快走丝线切割加工机床主要由机床本体、脉冲电源、控制系统、工作液循环系统和机床附件等几部分组成。 （ ）

72. 由于慢走丝线切割加工机床与快走丝线切割加工机床的组成基本相似，所以二者在整体布局、机械结构及机床外观等各方面都比较相似。 （ ）

73. 快走丝线切割机床的主体主要包括工作台、运丝机构、丝架和床身四个部分。
（　　）

74. 力封式滚动导轨具有较好的工艺性，制造、装配、调整都比较方便，受力较均匀，润滑良好；其缺点是在外力的作用下可能会向上抬起，从而破坏传动。这种结构的导轨通常用在小型线切割机床上。（　　）

75. 自封式滚动导轨具有运动不易受外力影响，防尘条件好等优点；其缺点是结构复杂，工艺性较差。这种结构的导轨通常用在大、中型线切割机床上。（　　）

76. 由于滚珠丝杠副的制造精度较高，所以丝杠与螺母间不存在传动间隙。（　　）

77. 虽然线切割机床型号不同，但它们所能使用的电极丝直径都相同。（　　）

二、选择题（选择正确答案，将相应字母填入题内的括号中）

1. 下列说法中不正确的是（　　）。
A. 电火花线切割加工属于特种加工方法
B. 电火花线切割加工属于放电加工
C. 电火花线切割加工属于电弧放电加工
D. 电火花线切割加工属于成形电极加工

2. 第一台实用的电火花加工装置的发明时间是（　　）。
A. 1952 年　B. 1943 年　C. 1940 年　D. 1963 年

3. 发明了世界上第一台实用的电火花加工装置的是（　　）。
A. 美国的爱迪生　B. 中国科学院电工研究所
C. 美国的麻省理工学院　D. 前苏联的拉扎林柯夫妇

4. 第一台快走丝简易数控线切割样机是由（　　）研制出来。
A. 中国的张维良　B. 复旦大学与上海交通电器厂联合
C. 前苏联的拉扎林柯夫妇　D. 瑞士阿奇公司

5. 目前我国主要生产的电火花线切割机床是（　　）。
A. 普通的快走丝电火花线切割机床
B. 普通的慢走丝电火花线切割机床
C. 高档的快走丝电火花线切割机床
D. 高档的慢走丝电火花线切割机床

6. 下列选项中不是电火花切割机床采用过的控制方式是（　　）。
A. 靠模仿行　B. 光电跟踪　C. 数字控制　D. 声电跟踪

7. 对于铣削和电火花线切割都能加工的材料来说，下列说法中正确的是（　　）。
A. 铣削平面一定比线切割加工平面粗糙
B. 加工面积相同的平面，线切割加工比铣削快
C. 线切割加工平面一定比铣削平面粗糙
D. 加工面积相同的平面，线切割加工比铣削慢

8. 关于电火花线切割加工，下列说法中正确的是（　　）。

A. 快走丝线切割由于电极丝反复使用，电极丝损耗大，所以与慢走丝相比加工精度低

B. 快走丝线切割电极丝运行速度快，丝运行不平稳，所以与慢走丝相比加工精度低

C. 快走丝线切割使用的电极丝直径比慢走丝线切割大，所以加工精度比慢走丝低

D. 快走丝线切割使用的电极丝材料比慢走丝线切割差，所以加工精度比慢走丝低

9. 对于数控快走丝电火花线切割机床，影响其加工质量和加工稳定性的关键部件是(　　)。

A. 走丝机构　B. 工作液循环系统　C. 脉冲电源　D. 伺服控制系统

10. 关于线切割加工对材料可加工性和结构工艺性的影响，下列说法中正确的是(　　)。

A. 线切割加工提高了材料的可加工性，不管材料硬度、强度、韧性、脆性及其是否导电都可以加工

B. 线切割加工影响了零件的结构设计，不管什么形状的孔如方孔、小孔、阶梯孔、窄缝等，都可以加工

C. 线切割加工速度的提高为一些零件小批量加工提供了方法

D. 线切割加工改变了零件的典型加工工艺路线，工件必须先淬火然后才能进行电火花线切割加工

11. 有关电火花线切割机床使用电极丝情况，下列说法中不正确的是(　　)。

A. 钼、钨钼合金电极丝常用于快走丝线切割加工

B. 铜丝也可用于快走丝线切割加工

C. 铜丝只能用于慢走丝线切割加工

D. 钼丝也可用于慢走丝线切割加工

12. 电火花线切割加工过程中，电极丝与工件间存在的状态有(　　)。

A. 开路　B. 短路　C. 火花放电　D. 电弧放电

13. 通过电火花线切割的微观过程，可以发现在放电间隙中存在的作用力有(　　)。

A. 电场力　B. 磁力　C. 热力　D. 流体动力

14. 电火花线切割的微观过程可分为四个连续阶段：①电极材料的抛出；②极间介质的电离、击穿，形成放电通道；③极间介质的消电离；④介质热分解，电极材料融化，汽化热膨胀。这四个阶段的排列顺序为(　　)。

A. ①②③④　B. ②④①③　C. ①③④②　D. ③②①④

15. 在电火花线切割加工过程中，放电通道中心温度最高可达(　　)左右。

A. 1000℃　B. 10000℃　C. 100000℃　D. 5000℃

16. 在电火花线切割加工过程中，如果产生的电蚀产物（如金属微粒，气泡等）来不及排除，扩散出去，可能产生的影响有(　　)。

A. 改变间隙介质的成分，并降低绝缘强度

B. 使放电时产生的热量不能及时传出，消电离过程不充分

C. 使金属局部表面过热而使毛坯产生变形

D. 使火花放电转变为电弧放电

17. 对于快走丝线切割机床，在线切割加工过程中电极丝运行速度一般为（　）。

A. 3 ~5m/s　B. 8 ~10m/s　C. 11 ~15m/s　D. 4 ~8m/s

18. 对于慢走丝线切割机床，在切割加工过程中电极丝运行速度一般不大于（　）。

A. 1m/s　B. 2m/s　C. 0. 25m/s　D. 0. 6m/s

19. 在利用 3B 代码编程加工斜线时，如果斜线的加工指令为 L3，则该斜线与 X 轴正方向的夹角为（　）。

A. $180° < \alpha < 270°$　B. $180° < \alpha \leqslant 270°$　C. $180° \leqslant \alpha < 270°$　D. $180° \leqslant \alpha \leqslant 270°$

20. 关于机床坐标系，下列说法正确的是（　）。

A. 数控线切割机床采用的坐标系为右手直角笛卡儿坐标系

B. 数控线切割机床规定以工作台为基准，按照右手直角笛卡儿坐标系来判断坐标方向

C. 数控线切割机床规定以电极丝为基准，按照右手直角笛卡儿坐标系来判断坐标方向

D. 以工作台为基准和以电极丝为基准判断出的坐标方向相同

21. 电火花线切割加工的特点有（　）。

A. 不必考虑电极丝损耗

B. 不能加工精密细小、形状复杂的工件

C. 不需要制造电极

D. 不能加工不通孔类和阶梯型面类工作

22. 电火花线切割加工的对象有（　）。

A. 任何硬度、高熔点包括经热处理的钢和合金

B. 成形刀、样板

C. 阶梯孔、阶梯轴

D. 塑料模中的型腔

23. 如果线切割单边放电间隙为 0. 02mm，钼丝直径为 ϕ0. 18mm，则加工圆孔时的电极丝补偿量为（　）。

A. 0. 10mm　B. 0. 11mm　C. 0. 20mm　D. 0. 21mm

24. 用线切割机床加工直径为 ϕ10mm 的圆孔，在加工中当电极丝的补偿量设置为 0. 12mm 时，加工孔的实际直径为 ϕ10. 02mm。如果要使加工的孔径为 ϕ10mm，则采用的补偿量应为（　）。

A. 0. 10mm　B. 0. 11mm　C. 0. 12mm　D. 0. 13mm

25. 对于线切割加工，下列说法正确的有（　）。

A. 使用步进电动机驱动的线切割机床在线切割加工圆弧时，其运动轨迹是折线

B. 使用步进电动机驱动的线切割机床在线切割加工斜线时，其运动轨迹是一条斜线

C. 在利用 3B 代码编程加工斜线时，取加工的终点为编程坐标系的原点

D. 在利用 3B 代码编程加工圆弧时，取圆心为线切割加工坐标系的原点

26. 线切割加工中，当使用3B代码进行数控程序编制时，下列关于计数方向的说法正确的有（　）。

A. 斜线终点坐标（X_e，Y_e），当 $|Y_e| > |X_e|$ 时，计数方向取GY

B. 斜线终点坐标（X_e，Y_e），当 $|X_e| > |Y_e|$ 时，计数方向取GY

C. 圆弧终点坐标（X_e，Y_e），当 $|X_e| > |Y_e|$ 时，计数方向取GY

D. 圆弧终点坐标（X_e，Y_e），当 $|X_e| < |Y_e|$ 时，计数方向取GY

27. 线切割加工编程时，计数长度的单位应为（　　）。

A. 以μm为单位　B. 以mm为单位　C. 以cm为单位　D. 以m为单位

28. 电火花线切割加工过程中，工作液必须具有的性能是（　　）。

A. 绝缘性能　B. 洗涤性能　C. 冷却性能　D. 润滑性能

29. 利用3B代码编程加工斜线OA，设起点O在切割坐标原点，终点A的坐标为 $X_e = 17\text{mm}$，$Y_e = 5\text{mm}$，其加工程序为（　　）。

A. B17　B5　B17　GX　L1

B. B17000　B5000　B017000　GX　L1

C. B17000　B5000　B017000　GY　L1

D. B17000　B5000　B005000　GY　L1

E. B17　B5　B017000　GY　L1

30. 利用3B代码编程加半圆AB，切割方向从A到B，起点坐标A（−5，0），终点坐标B（5，0），其加工程序为（　　）。

A. B5000 BB010000 GX SR2

B. B5 BB010000 GY SR2

C. B5000 BB010000 GY SR2

D. BB5000 B010000 GY SR2

31. 使用ISO代码编程时，关于圆弧插补指令，下列说法正确的是（　　）。

A. 整圆只能用圆心坐标来编程

B. 圆心坐标必须是绝对坐标

C. 所有圆弧或圆都可以使用圆心坐标来编程

D. 从线切割机床工作台上方看G03为顺时针加工，G02为逆时针加工

32. 使用ISO代码编程，以下说法中（　　）是正确的。

A. 只有G92是工件坐标系设定指令

B. 所有数控机床加工时都必须返回参考点

C. 根据需要，一个工件可以设置几个工件坐标系

D. 执行程序前必须将电极丝移动到程序原点

33. M00是线切割机床使用ISO代码编程时经常使用的辅助功能字，其含义是(　)。

A. 起动丝筒电动机　B. 关闭丝筒电动机

C. 起动工作液泵　D. 程序暂停

34. M02 是线切割机床使用 ISO 代码编程时经常使用的辅助功能字，其含义是(　　)。

A. 程序开始　　B. 关闭丝筒电动机

C. 关闭工作液泵　　D. 程序结束

35. 使用 ISO 代码编程时，在下列有关圆弧插补中利用半径 R 编程说法正确的是(　　)。

A. 因为 R 代表圆弧半径，所以 R 一定为非负数

B. R 可以取正数，也可以取负数，它们的作用相同

C. R 可以取正数，也可以去负数，但它们的作用不同

D. 利用半径 R 编程比利用圆心坐标编程方便

36. 关于建立和取消电极丝半径补偿功能，下列说法中正确的是（　　）。

A. 在用 G41、G42 建立电极丝补偿时，该程序段可以使用 G00、G01 和 G02、G03 四个指令来建立

B. 在用 G40 取消电极丝补偿时，该程序段可以使用 G00、G01 和 G02、G03 四个指令来取消

C. 在用 G41、G42 建立电极丝补偿时，该程序段必须使用 G00 和 G01 两个指令来建立

D. 在用 G40 取消电极丝补偿时，该程序段必须使用 G00 和 G01 两个指令来取消

37. 下列关于使用 G41、G42 指令建立电极丝补偿功能的有关叙述，正确的有(　　)。

A. 当电极丝位于工件的左边时，使用 G41 指令

B. 当电极丝位于工件的右边时，使用 G42 指令

C. G41 为电极丝右补偿指令，G42 为电极丝左补偿指令

D. 沿着电极丝前进方向向看，当电极丝位于工件的左边时，使用 G41 左补偿指令；当电极丝位于工件的右边时，使用 G42 右补偿指令

38. 关于电极丝半径补偿初始建立段和补偿取消段，下列说法中正确的是（　　）。

A. 电极丝补偿初始建立段可以是加工工件的轮廓轨迹

B. 电极丝补偿取消段可以是加工工件的轮廓轨迹

C. 电极丝补偿初始建立段不能利用工件的轮廓轨迹

D. 电极丝补偿取消段也不能利用工件的轮廓轨迹

39. 数控线切割机床的工作精度检测中，有关尺寸精度与最佳表面粗糙度的检测对象应是（　　）。

A. 与机床坐标轴平行的表面

B. 与机床坐标轴垂直的表面

C. 任意表面，无特殊要求

D. 与机床坐标轴夹角为 45°的表面

40. 有关线切割机床安全操作方面，下列说法正确的是（　　）。

A. 当机床电器发生火灾时，应用四氯化碳灭火器灭火

B. 当机床电器发生火灾时，可以用水对其进行灭火

C. 线切割机床在加工过程中产生的气体对操作者的健康没有影响

D. 由于线切割机床在加工过程中的放电电压不高，所以加工中可以用手接触工件或机床工作台

41. 在线切割加工中，关于工件装夹问题，下列说法正确的是（　　）。

A. 由于线切割加工中工件几乎不受力，所以加工中工件不需要夹紧

B. 虽然线切割加工中工件受力很小，但为了防止工件应力变化产生变形，对工件应施加较大的夹紧力

C. 由于线切割加工工件受力很小，所以加工中工件只需要较小的夹紧力

D. 线切割加工中，对于工件夹紧力大小没有要求

42. 电火花线切割机床一般的维护保养方法是（　　）。

A. 定期润滑　　B. 定期调整　　C. 定期更换　　D. 定期检查

43. 电火花线切割机床使用的脉冲电源输出的是（　　）。

A. 固定频率的单向直流脉冲　　B. 固定频率的交变脉冲电源

C. 频率可变的单向直流脉冲　　D. 频率可变的交变脉冲电源

44. 在快走丝线切割加工中，当其他工艺条件不变时，增大短路峰值电流，可以（　　）。

A. 提高切割速度　　B. 表面粗糙度会变好

C. 降低电极丝的损耗　　D. 增大单个脉冲能量

45. 在快走丝线切割加工中，当其他工艺条件不变时，增大开路电压，可以（　　）。

A. 提高切割速度　　B. 表面粗糙度变差

C. 增大加工间隙　　D. 降低电极丝的损耗

46. 在快走丝线切割加工中，当其他工艺条件不变时，增大脉冲宽度，可以（　　）。

A. 提高切割速度　　B. 表面粗糙度会变好

C. 增大电极丝的损耗　　D. 增大单个脉冲能量

47. 在加工工件较厚时，要保证加工的稳定，放电间隙要大，所以（　　）。

A. 脉冲宽度和脉冲间隔都取较大值

B. 脉冲宽度和脉冲间隔都取较小值

C. 脉冲宽度取较大值，脉冲间隔取较小值

D. 脉冲宽度取较小值，脉冲间隔取较大值

48. 快走丝线切割最常用的加工波形是（　　）。

A. 锯齿波　　B. 矩形波　　C. 分组脉冲波　　D. 前阶梯波

49. 在电火花切割加工中，下列说法正确的有（　　）。

A. 因为只有正极发生电蚀，负极不发生电蚀，所以工件接正极，电极丝接负极

B. 正极和负极，都会发生不同程度的电蚀

C. 正极蚀除量大，负极蚀除量小

D. 正极蚀除量小，负极蚀除量大

50. 在电火花加工中，下列说法正确的有（　　）。

A. 正极蚀除量大，负极蚀除量小

B. 正极蚀除量小，负极蚀除量大

C. 采用长脉冲加工时，负极的蚀除速度大于正极的蚀除速度

D. 采用短脉冲加工时，正极的蚀除速度大于负极的蚀除速度

51. 在电火花线切割加工中，采用正极性接法的目的有（　）。

A. 提高加工速度　　B. 减少电极丝的损耗

C. 提高加工精度　　D. 表面粗糙度变好

52. 快走丝线切割加工中可以使用的电极丝有（　）。

A. 黄铜丝　B. 纯铜丝　C. 钨丝　D. 钼丝　E. 钨钼丝

53. 下列关于电极丝直径对线切割加工的影响，说法正确的有（　）。

A. 电极丝直径越小，其承受电流小，所以切割速度低

B. 电极丝直径越小，其切缝也窄，所以切割速度高

C. 电极丝直径越大，其承受电流大，所以切割速度高

D. 在一定范围内，电极丝的直径加大可以提高切割速度；但电极丝的直径超过一定程度时，反而又降低切割速度

54. 下列关于电极丝的张紧力对线切割加工的影响，说法正确的有（　）。

A. 电极丝张紧力越大，其切割速度越大

B. 电极丝张紧力越小，其切割速度越大

C. 电极丝的张紧力过大，电极丝有可能发生疲劳而造成断丝

D. 在一定范围内，电极丝的张紧力增大，切割速度增大；当电极丝的张紧力增加到一定程度后，其切割速度随张紧力增大而减小

55. 在快走丝线切割加工中，电极丝张紧力的大小应根据（　　）的情况来确定。

A. 电极丝的直径　　B. 加工工件的厚度

C. 电极丝的材料　　D. 加工工件的精度要求

56. 在快走丝线切割加工过程中，如果电极丝的位置精度较低，电极丝就会发生抖动，从而导致（　）。

A. 电极丝与工件间瞬时短路，开路次数增多

B. 切缝变宽

C. 切割速度降低

D. 提高了加工精度

57. 常用的电极丝垂直度找正方法有（　）。

A. 利用找正器找正　　B. 利用校直仪找正

C. 利用目测法找正　　D. 利用直角尺找正

58. 快走丝线切割在加工钢件时，在切割表面的进出口两端附近，往往有黑白相间交错的条纹，关于这些条纹下列说法中正确的是（　）。

A. 黑色条纹微凹，白色条纹微凸；黑色条纹处为入口，白色条纹处为出口

B. 黑色条纹微凸，白色条纹微凹；黑色条纹处为入口，白色条纹处为出口

C. 黑色条纹微凹，白色条纹微凸；黑色条纹处为出口，白色条纹处为入口

D. 黑色条纹微凸，白色条纹微凹；黑色条纹处为出口，白色条纹处为入口

59. 在快走丝切割加工中，关于不同厚度工件的加工，下列说法正确的是（ ）。

A. 工件厚度越大，其切割速度越慢

B. 工件厚度越小，其切割速度越大

C. 工件厚度越小，线切割加工的精度越高；工件厚度越大，线切割加工的精度越低

D. 在一定范围内，工件厚度增大，切割速度增大；当工件厚度增加到某一值后，其切割速度随厚度的增大而减小

60. 在快走丝切割加工中，关于工作液的陈述正确的有（ ）。

A. 纯净工作液的加工效果最好

B. 煤油工作液切割速度低，但不易断丝

C. 乳化型工作液比非乳化型工作液的切割速度高

D. 水类工作液冷却效果好，所以切割速度高，同时使用水类工作液不易断丝

61. 在线切割加工中，加工穿孔丝的目的有（ ）。

A. 保证零件的完整性　　B. 减小零件在切割中的变形

C. 容易找到加工起点　　D. 提高加工速度

62. 在线切割加工中，当穿丝孔靠近装夹位置时，开始切割时电极丝的走向应（ ）。

A. 沿离开夹具的方向进行加工

B. 沿与夹具平行方向进行加工

C. 沿离开夹具的方向或与夹具平行方向进行加工

D. 无特殊要求

63. 线切割加工时，工作的装夹方式一般采用（ ）。

A. 悬臂式支撑　　B. V 形夹具装夹

C. 桥式支撑　　D. 分度夹具装夹

64. 线切割加工中，在工件装夹时一般要对工件进行找正，常用的找正方法有（ ）。

A. 指示表找正法　　B. 划线法

C. 电极丝找正法　　D. 固定基面找正法

65. 下列关于使用指示表找正法对工件进行找正的说法，其中不正确的是（ ）。

A. 使用指示表找正法可以对工件的上表面进行找正

B. 使用指示表找正法还可以对工件的侧面进行找正

C. 使用指示表找正法的找正精度比较高

D. 使用指示表找正法的找正效率比较高

66. 下列关于使用固定表面找正法对工件进行找正的说法，其中正确的是（ ）。

A. 使用固定基面找正法是对工件上的基准直接进行找正

B. 使用固定基面找正法是利用通用或专用夹具的基准面进行找正

C. 使用固定基面找正法比指示表找正法的找正精度高

D. 使用固定基面找正法其找正效率比较高

67. 快走丝线切割加工厚度较大工件时，对于工作液的使用下列说法正确的是(　　)。

A. 工作液的浓度要大些，流量要略小

B. 工作液的浓度要大些，流量也要大些

C. 工作液的浓度要小些，流量也要略小

D. 工作液的浓度要小些，流量要大些

68. 电火花线切割加工的主要工艺指标有（　　）。

A. 切割速度　B. 加工工件的表面粗糙度

C. 电极丝损耗量　D. 加工工件的精度

69. 下列不属于滚珠丝杠副传动优点的是（　　）。

A. 传动效率高　B. 摩擦力小　C. 使用寿命长　D. 自锁性能好

70. 内循环式结构的滚珠丝杠副有（　　）。

A. 丝杠　B. 螺母与滚珠　C. 返向器　D. 回珠管

71. 外循环式结构的滚珠丝杠副有（　　）。

A. 丝杠　B. 螺母与滚珠　C. 返向器　D. 回珠管

72. 快走丝线切割机床的走丝机构中，电动机轴与储丝筒中心轴一般利用联轴器将二者联接在一起，这个联轴器是（　　）。

A. 刚性联轴器　B. 弹性联轴器

C. 摩擦锥式联轴器　D. 上面三个都可以用

三、名词解释

1. 放电加工	2. 电火花加工	3. 电火花穿孔成形加工	4. 电火花线切割加工
5. 脉冲放电	6. 电弧放电	7. 放电通道	8. 放电间隙
9. 电蚀	10. 金属转移	11. 开路电压	12. 放电电压
13. 加工电压	14. 短路峰值电流	15. 短路电流	16. 加工电流
17. 击穿电压	18. 击穿延时	19. 脉冲宽度	20. 放电时间
21. 脉冲间隔	22. 停歇时间	23. 脉冲周期	24. 脉冲频率
25. 电参数	26. 开路脉冲	27. 工作脉冲	28. 短路脉冲
29. 短路	30. 开路	31. 极性效应	32. 正极性和负极性
33. 切割速度	34. 快走丝线切割	35. 慢走丝线切割	36. 偏移
37. 左偏和右偏	38. 多次切割	39. 锥度切割	40. 左锥和右锥
41. 条纹	42. 伺服控制	43. 表面粗糙度	44. 电火花加工表层
45. 热影响层	46. 基体金属		

四、简答题

1. 电火花线切割加工的物理本质是什么？
2. 电火花线切割加工与电火花成形加工有什么不同？
3. 电火花线切割加工特点有哪些？其主要应用在哪些方面？
4. 电火花线切割加工的主要工艺指标有哪些？影响表面粗糙度的主要因素有哪些？
5. 电火花线切割中常采用哪些措施来提高加工质量？
6. 电火花切割加工中对工件装夹有哪些要求？
7. 快走丝线切割与慢走丝线切割哪个加工精度高？为什么？
8. 线切割加工电极丝的选择原则是什么？
9. 电火花切割机床有哪些常用的功能？
10. 什么是极性效应？在电火花切割加工中如何利用极性效应？
11. 分析影响电火花切割加工速度的因素。
12. 电火花线切割的微观过程包括哪几个阶段？在每个阶段表现出什么主要现象？

五、工艺编程题

1. 若要加工图 B-1 所示的斜线段，终点 A 的坐标为 $X_e = 14\text{mm}$，$Y_e = 5\text{mm}$，分别用 3B 和 ISO 代码编制其线切割程序。

2. 加工图 B-2 所示的与正 Y 轴重合的直线线段，长度为 22.4mm。分别用 3B 和 ISO 代码编制其线切割程序。

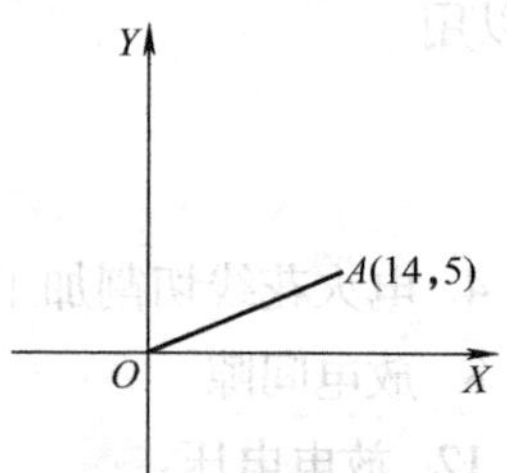

图 B-1

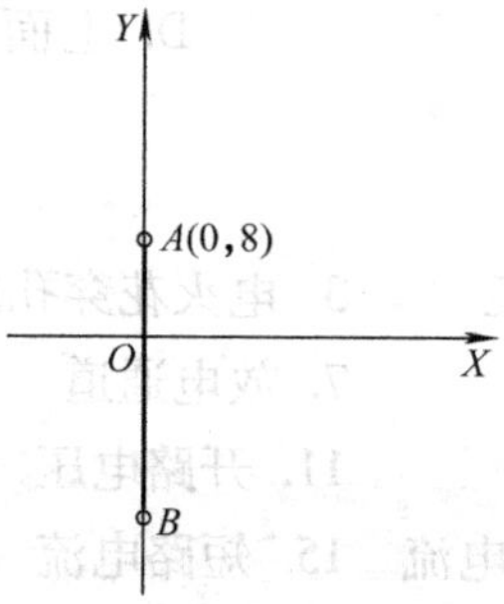

图 B-2

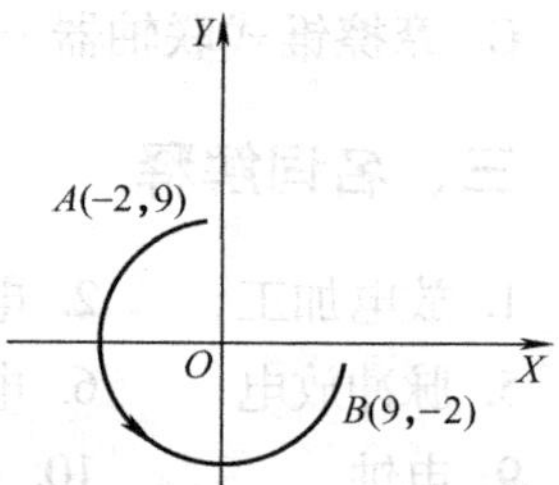

图 B-3

3. 加工图 B-3 所示的圆弧，A 为此逆圆弧的起点，B 为终点。分别用 3B 和 ISO 代码编制其线切割程序。

4. 利用 ISO 代码编制图 B-4 所示凹模的线切割程序，电极丝为 $\phi 0.2\text{mm}$ 的钼丝，单边放电间隙为 0.01mm。

5. 电火花线切割加工图 B-5 所示的零件，零件材料为 GCr15，厚度为 40mm，试制订其线切割加工工艺。

6. 电火花线切割加工图 B-6 所示的内花键扳手，内花键模数为 1.5mm，压力角为 30°，齿数为 12，材料为 GCr15，材料厚度为 6mm，试制订其线切割加工工艺。

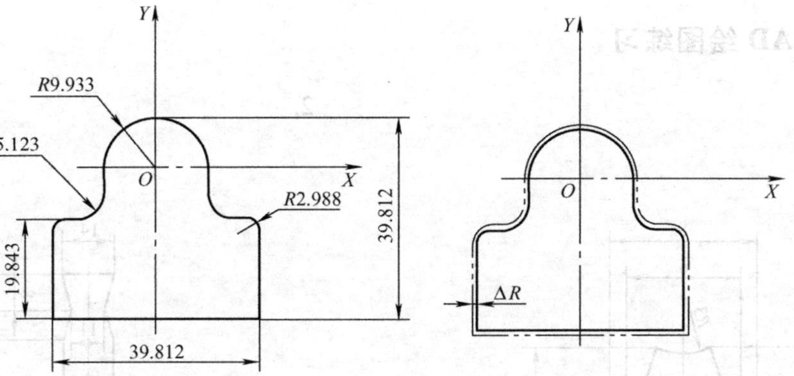

图 B-4

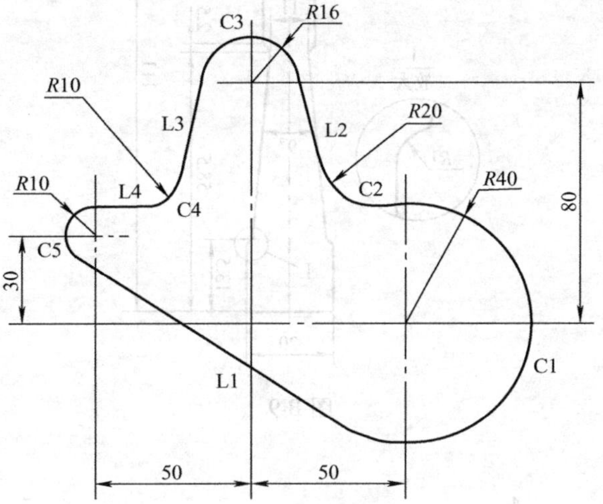

图 B-5

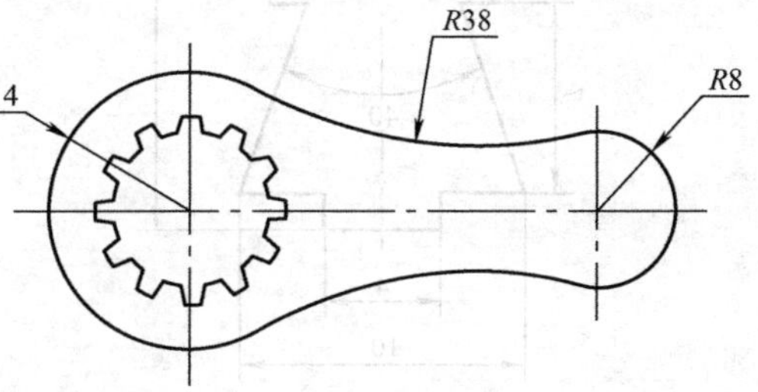

图 B-6

7. 加工图 B-7 所示零件，试分析说明图示穿丝点位置选择的优缺点。

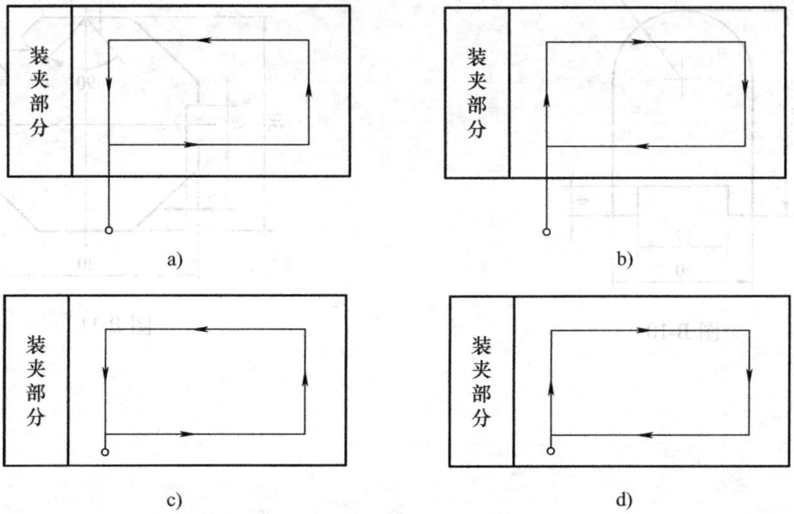

图 B-7

六、CAD 绘图练习

1.

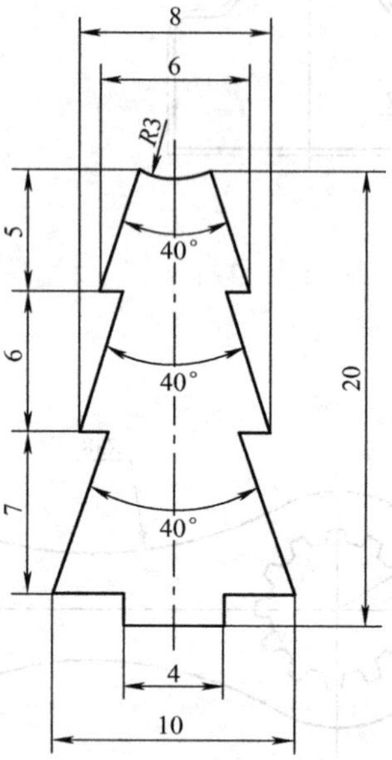

图 B-8

2.

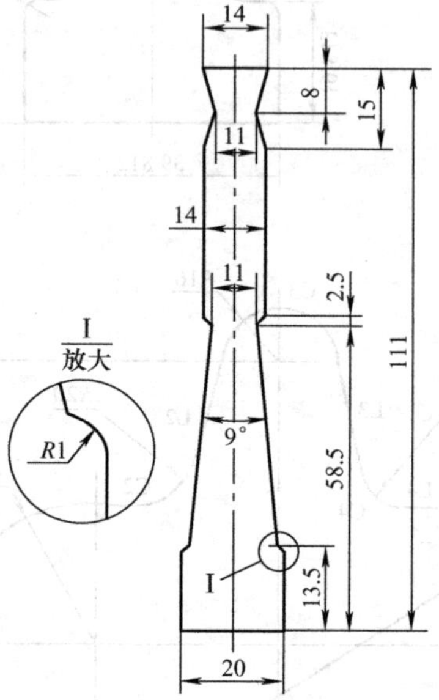

图 B-9

3.

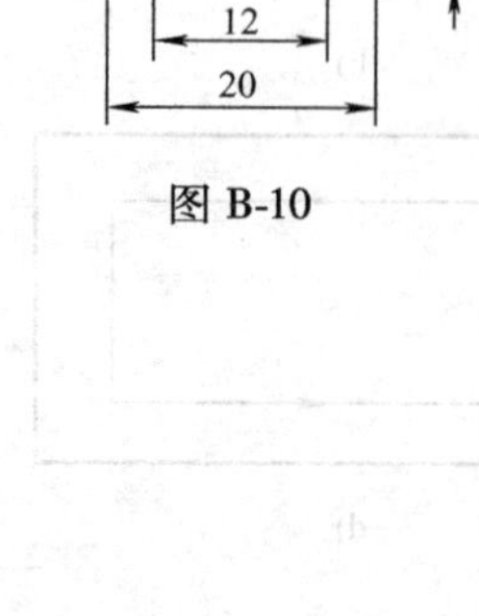

图 B-10

4.

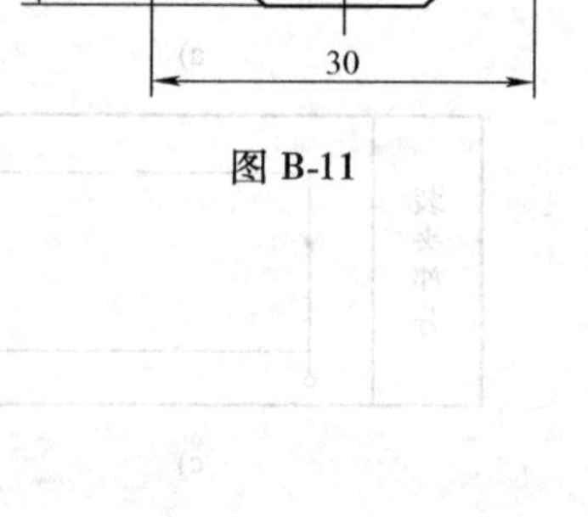

图 B-11

5.

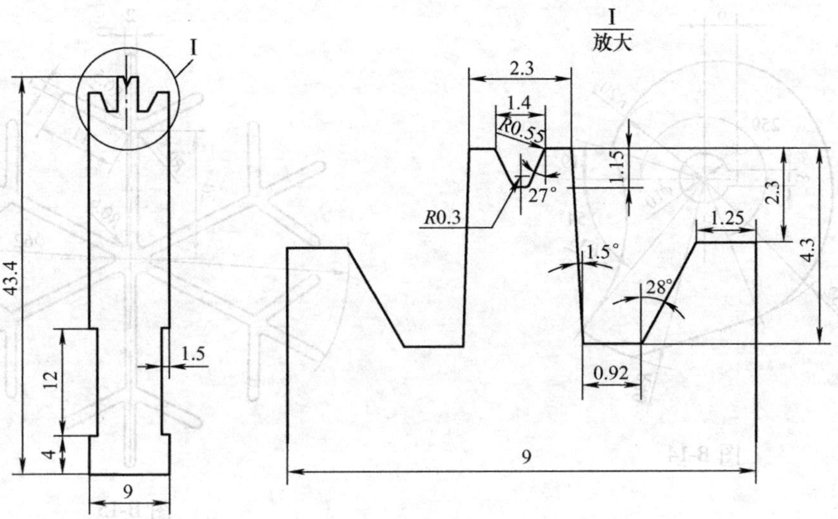
I
43.4
12
4
9
1.5
I
放大
2.3
1.4
R0.55
27°
R0.3
1.15
2.3
4.3
1.25
1.5°
28°
0.92
9

图 B-12

6.

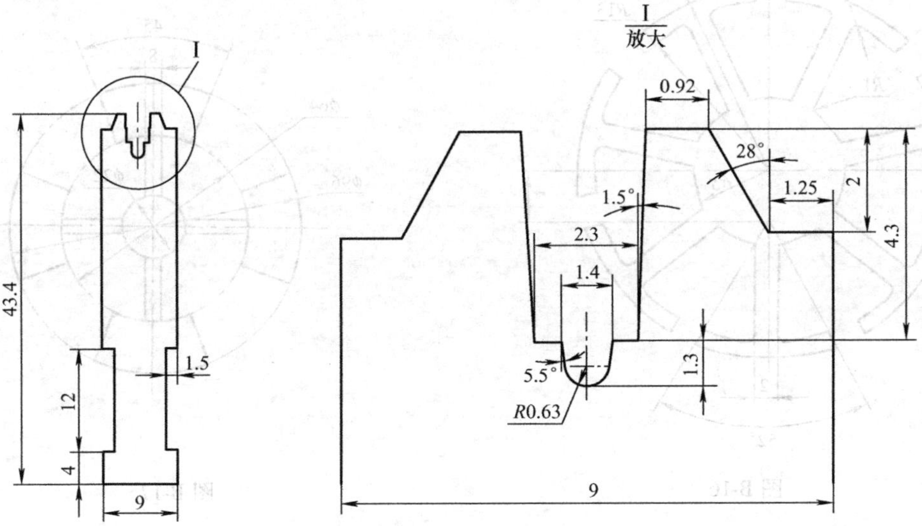
I
43.4
12
4
9
1.5
I
放大
0.92
28°
1.5°
1.25
2
4.3
2.3
1.4
5.5°
R0.63
1.3
9

图 B-13

7.

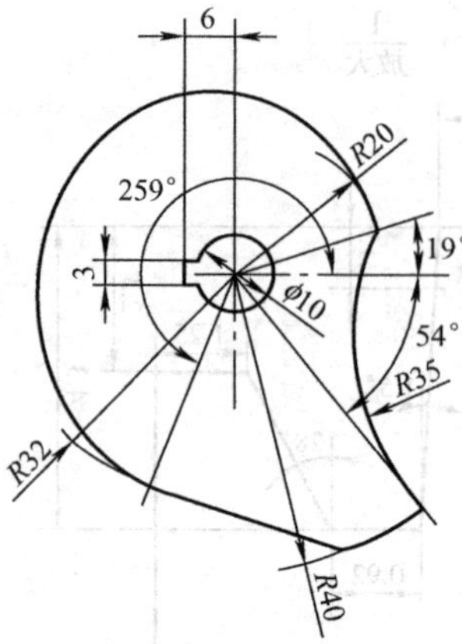

图 B-14

8.

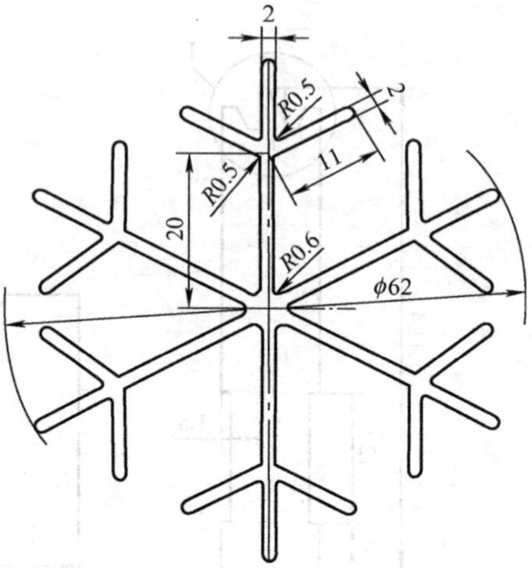

图 B-15

9.

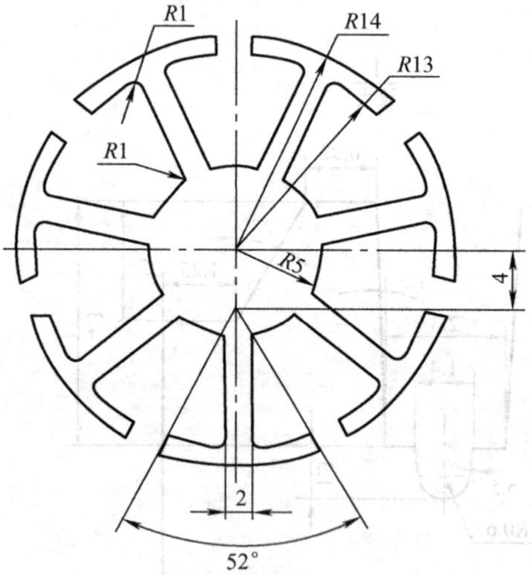

图 B-16

10.

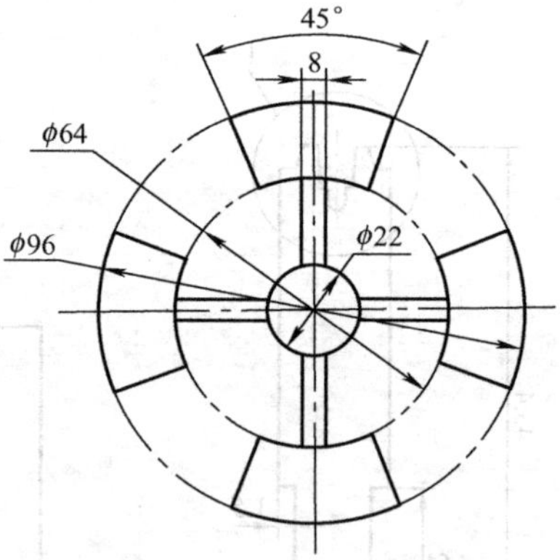

图 B-17

11.

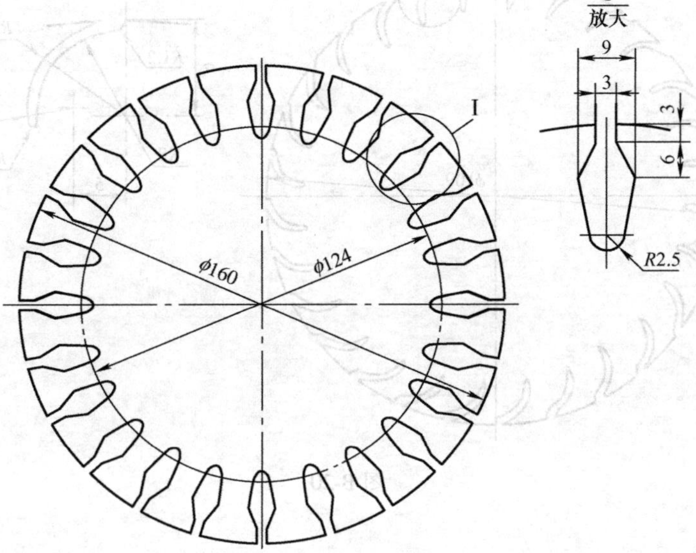

图 B-18

12.

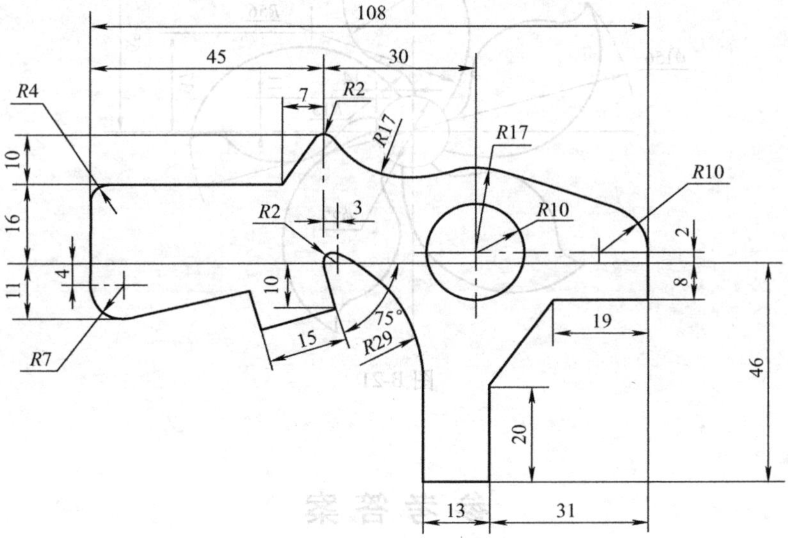

图 B-19

13.

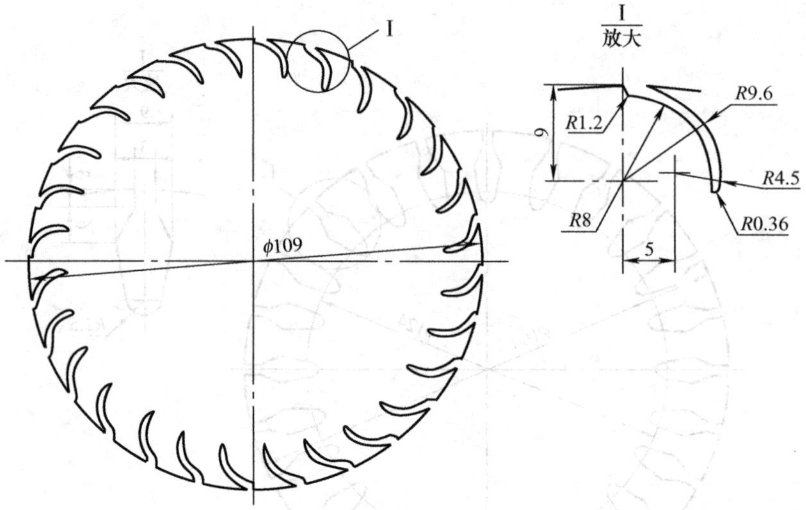

图 B-20

14.

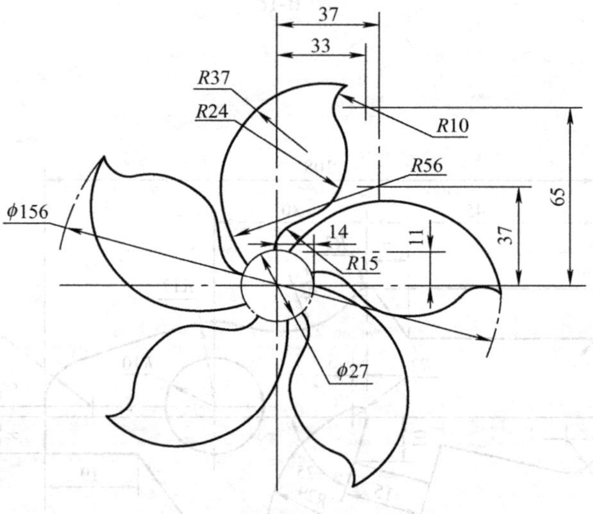

图 B-21

参考答案

一、是非题

1. × 2. × 3. ✓ 4. × 5. × 6. × 7. × 8. × 9. × 10. ✓
11. × 12. ✓ 13. × 14. × 15. × 16. ✓ 17. × 18. × 19. × 20. ×

21. ✓	22. ×	23. ×	24. ×	25. ×	26. ×	27. ×	28. ×	29. ✓	30. ✓
31. ×	32. ×	33. ×	34. ×	35. ×	36. ×	37. ×	38. ✓	39. ×	40. ×
41. ×	42. ✓	43. ×	44. ×	45. ✓	46. ×	47. ✓	48. ×	49. ×	50. ×
51. ×	52. ×	53. ✓	54. ✓	55. ✓	56. ✓	57. ✓	58. ✓	59. ✓	60. ✓
61. ✓	62. ✓	63. ✓	64. ✓	65. ✓	66. ×	67. ✓	68. ×	69. ✓	70. ✓
71. ✓	72. ✓	73. ✓	74. ×	75. ×	76. ×	77. ×			

二、选择题

1. CD	2. B	3. D	4. A	5. A	6. D	7. D
8. AB	9. A	10. C	11. B	12. ABCD	13. ABCD	14. B
15. B	16. ABD	17. B	18. C	19. C	20. AC	21. AD
22. AB	23. B	24. D	25. AD	26. AC	27. A	28. ABC
29. BE	30. C	31. AC	32. C	33. D	34. D	35. CD
36. CD	37. D	38. CD	39. D	40. A	41. C	42. ABCD
43. C	44. AD	45. ABC	46. ACD	47. A	48. B	49. B
50. CD	51. ABC	52. CDE	53. AD	54. CD	55. ABC	56. ABC
57. AB	58. A	59. D	60. BC	61. AB	62. A	63. AC
64. ABCD	65. D	66. BD	67. D	68. ABCD	69. D	70. ABC
71. ABD	72. BC					

三、名词解释

1. 放电加工

在一定的加工介质中，通过两极（工具电极和工件电极）之间的火花放电或电弧放电的电蚀作用来对材料进行加工的方法称为放电加工，简称 EDM。

2. 电火花加工

在放电加工中，当采用电火花脉冲放电形式来进行加工时，称为电火花加工。

3. 电火花穿孔成形加工

在成形的工具电极与工件电极间，当它们作相对的伺服进给运动时，通过放电介质在它们之间发生火花放电，最终使工件表面具有与成形电极表面相同的截面和相反的形状。

4. 电火花线切割加工

用移动的金属线（电极丝）作为工具电极与工件之间产生火花放电，从而对工件进行切割，其特点是电极丝作单向低速或双向高速走丝运动，工件相对电极丝作 X、Y 向的任意轨迹运动，工件的移动可以采用靠模、光电或数字等方式控制。

5. 脉冲放电

脉冲放电属于脉冲性的放电，这种放电在时间上是持续的，在空间上放电点是分散的，它是电火花加工采用的放电形式。

6. 电弧放电

电弧放电是一种渐趋稳定的放电，这种放电在时间上是持续的，在空间上是完全集中在一点或一点的附近。在电火花加工中，发生电弧放电时常常会引起电极和工件的烧伤，这是因为当放电间隙中排屑不良或脉冲间隔过小时，放电介质来不及消电离恢复绝缘状态。脉冲电源损坏变成直流放电等情况下常会发生电弧放电。

7. 放电通道

放电通道又称电离通道或等离子通道，在电火花加工中，当介质击穿后电极间形成导电的等离子体通道。

8. 放电间隙

放电间隙是指放电发生时电极丝与工件间的距离。这个间隙存在于电极丝的周围，因此侧面的间隙会影响成形尺寸，确定加工尺寸时应予以考虑。快走丝线切割加工钢件时，放电间隙一般在0.01mm左右，加工硬质合金时，放电间隙在0.005mm左右，加工纯铜时，放电间隙在0.02mm左右。

9. 电蚀

在火花放电作用下，电极材料被蚀除的现象称为电蚀。

10. 金属转移

在火花放电过程中，一个电极的金属材料转移到另一个电极的现象称为金属转移。用快走丝切割机床切割纯铜材料时，钼丝表面的颜色逐渐转变成紫红色，就是因为部分铜转移到钼丝上。

11. 开路电压

在电火花加工中，间隙开路或间隙击穿之前的极间峰值电压，称为开路电压。

12. 放电电压

在电火花加工中，当间隙击穿后形成放电电流时，间隙两端的瞬时电压称为放电电压。

13. 加工电压

在电火花加工中，当加工正在进行时，间隙两端电压的平均值称为加工电压，也就是电压表上显示的电压值。

14. 短路峰值电流

在电火花加工中，两个电极发生短路时的最大瞬时电流称为短路峰值电流，也就是功放管导通而负载发生短路时的最大瞬时电流。

15. 短路电流

短路电流又称为平均短路脉冲电流，即在发生持续短路情况下电流表上指示的电流平均值。

16. 加工电流

在电火花加工中，正常火花放电时，通过加工间隙电流的平均值称为加工电流，也就是电流表上显示的电流大小。

17. 击穿电压

在电火花加工中，放电开始或介质击穿瞬间的极间电压称为击穿电压。

18. 击穿延时

在电火花加工中，从间隙两端加上电压脉冲到介质击穿之前的一段时间称为击穿延时。

19. 脉冲宽度

在电火花加工中，加到间隙两端的电压脉冲的持续时间称为脉冲宽度。对于矩形波脉冲，脉冲宽度的值等于击穿延迟时间加上放电时间。

20. 放电时间

在电火花加工中，当介质击穿后，间隙通过放电电流的时间称为放电时间，这个时间也就是电流脉宽。

21. 脉冲间隔

在电火花加工中，连续两个脉冲电压之间的时间称为脉冲间隔。

22. 停歇时间

在电火花加工中，停歇时间又称放电间隔时间，它是指相邻两次放电之间的时间间隔。对于矩形波脉冲，停歇时间的值等于击穿延时时间加上脉冲间隔时间。

23. 脉冲周期

在电火花加工中，从一个电压脉冲开始到相邻电压脉冲开始之间的时间称为脉冲周期，它等于脉冲宽度加脉冲间隔，也等于放电时间加停歇时间。

24. 脉冲频率

单位时间内，电源发生电压脉冲的个数称为脉冲频率，它等于脉冲周期的倒数。

25. 电参数

在电火花加工过程中，脉冲波形、电压、电流、脉冲宽度、脉冲间隔、放电峰值电流、极性等参数称为电参数。

26. 开路脉冲

在电火花加工中，间隙未被击穿时的电压脉冲称为开路脉冲，此时没有形成放电通道，所以不存在电流脉冲。

27. 工作脉冲

在电火花加工中，正常加工时既存在电压脉冲又有电流脉冲，此时称为工作脉冲，又称为有效放电脉冲或正常放电脉冲。

28. 短路脉冲

在电火花加工中，两个电极发生短路时的脉冲称为短路脉冲。由于发生短路现象，所以此时没有电压脉冲或电压脉冲值很小，此时的电流脉冲值很大。

29. 短路

电极丝的进给速度大于材料的蚀除速度，致使电极丝与工件接触，不能正常放电，称为短路。它使放电加工不能持续进行，严重时还会在工件表面留下明显条纹。短路发生后，伺服控制系统会作出判断并使电极丝沿原路回退，以形成放电间隙，保证加工顺利进行。

30. 开路

开路时电极丝的进给速度小于材料的蚀除速度。开路不但影响加工速度，还会形成二次放电，影响已加工精度，也会使加工状态变得不稳定。开路状态可从加工电流表上反映出，即加工电流间断性回落。

31. 极性效应

电火花加工中，即使两个电极使用相同的材料，但在正、负两个电极上还是存在电极蚀除量不同的现象。这种现象和电极与脉冲电源的极性连接有关，所以称为极性效应。一般在采用短脉冲加工时，正极的蚀除量较大；采用长脉冲加工时，负极的蚀除量较大。

32. 正极性和负极性

电火花加工中，当工件接脉冲电源的正极，工具电极接脉冲电源的负极时，这种接法称为正极性；反之，当工件接脉冲电源的负极，工具电极接脉冲电源的正极时，称为负极性，又称反极性。电火花线切割加工属于短脉冲加工，为了提高切割速度和减少电极丝的损耗，采用正极性加工。

33. 切割速度

在电火花线切割加工中，在保持一定的表面粗糙度前提下，单位时间内电极丝中心线在工件上切割的面积总和称为切割速度，单位为 mm^2/min。

34. 快走丝线切割

快走丝线切割又称高速走丝线切割。在电火花线切割加工过程中，它的电极丝以高速往复的方式运动，走丝速度一般为 8 ~ 10m/s。

35. 慢走丝线切割

慢走丝线切割又称低速走丝线切割。在电火花线切割加工过程中，它的电极丝以低速单向的方式运动，走丝速度一般为 0.001 ~ 0.25m/s。

36. 偏移

线切割加工时，电极丝中心的运动轨迹与零件的轮廓有一个平行位移量，也就是说电极丝中心相对于理论轨迹要偏向一边，这就是偏移，平行位移量称为偏移量。在电火花线切割加工中，为了保证理论轨迹的正确，偏移量等于电极丝半径与放电间隙之和。

37. 左偏和右偏

在电火花线切割加工中，电极丝的偏移根据实际需要又分为左偏和右偏。左偏还是右偏要根据成形尺寸的需要来确定。沿着电极丝的前进方向看，电极丝位于理论轨迹的左边时称为左偏，电极丝位于理论轨迹的右边时称为右偏。

38. 多次切割

在电火花线切割加工中，为了改善表面质量和提高加工精度，对同一个表面先后进行两次或两次以上的切割称为多次切割。一般快走丝线切割只切割一次，通常不采用多次切割的加工方法。

39. 锥度切割

在电火花线切割加工中，电极丝不仅可以进行二维切割，同时电极丝还能按一定的规律进行偏摆，形成一定的倾斜角，加工出带锥度的工件，称为锥度切割。

40. 左锥和右锥

电火花线切割加工具有锥度的零件，当加工方向确定时，电极丝的倾斜方向不同，加工出的工件锥度方向也就不同，反映在工件上就是上大还是下大，所以锥度有左锥、右锥之分。沿着电极丝的前进方向看，当电极丝向左倾斜时称为左锥，当电极丝向右倾斜时称为右锥，如图 B-22 所示。

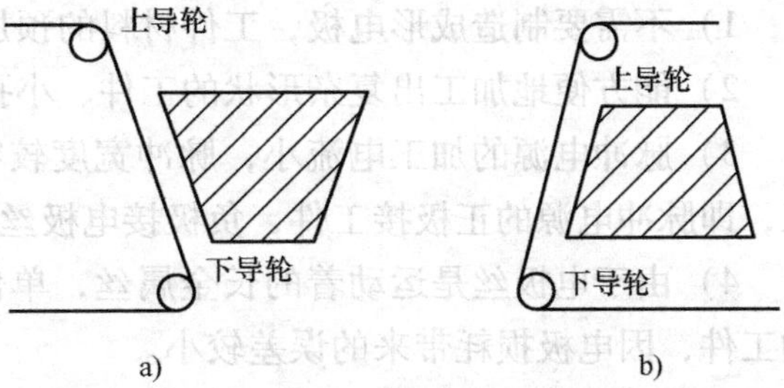

图 B-22

a）左锥 b）右锥

41. 条纹

在电火花线切割加工中，被切割工件的表面上出现的相互间隔的凸凹不平或颜色不同的痕迹称为条纹。当导轮、导轨轴承等精度不良时，条纹更加明显。

42. 伺服控制

电火花线切割加工过程中，电极丝的进给速度是由材料的蚀除速度和极间放电状况的好坏决定的。伺服控制系统能自动调节电极丝的进给速度，使电极丝根据工件的蚀除速度和极间放电状态进给或后退，保证加工顺利进行。电极丝的进给速度与材料的蚀除速度一致，此时的加工状态最好，加工效率和表面质量均较好。

43. 表面粗糙度 *Ra*

Ra 是机械加工中衡量表面质量的一个通用参数，其含义是工件表面微观不平度的算术平均值，单位为 μm。*Ra* 也是衡量线切割加工表面质量的一个重要指标。

44. 电火花加工表层

电火花加工表层包括熔化层和热影响层。

45. 热影响层

在电火花加工的零件表层中，热影响层位于熔化层的下面，它是由于热作用而改变了基体金属金相组织和性能的一层金属。

46. 基体金属

基体金属位于热影响层的下面，其金属的金相组织和性能都未因线切割加工而发生变化。

四、简答题

1. 电火花线切割加工的物理本质是什么？

答：电火花线切割加工是用电极丝作为工具电极与工件之间产生火花放电，从而对工件进行切割加工，火花放电的微观过程是电场力、磁力、热力、流体动力、电化学和胶体化学等综合作用的过程。这一过程大致可分为以下四个连续阶段：极间介质的电离、击穿，形成放电通道；介质热分解、电极材料熔化、汽化热膨胀；电极材料的抛出；极间介质的消电离。这一微观的物理过程又称为电火花加工的物理本质。

2. 电火花线切割加工与电火花成形加工有什么不同？

答：与电火花成形加工相比，电火花线切割加工的特点有：

1）不需要制造成形电极，工件材料的预加工量小。

2）能方便地加工出复杂形状的工件、小孔、窄缝等。

3）脉冲电源的加工电流小，脉冲宽度较窄。属中、精加工范畴，一般采用正极性加工，即脉冲电源的正极接工件，负极接电极丝。

4）由于电极丝是运动着的长金属丝，单位长度电极损耗较小，所以对切割面积不大的工件，因电极损耗带来的误差较小。

5）只对工件进行平面轮廓加工，故材料的蚀除量小，余料还可以利用。

6）工作液也选用乳化液，而不是煤油，成本低又安全。

3. 电火花线切割加工特点有哪些？其主要应用在哪些方面？

答：电火花线切割加工有以下一些特点：

1）它以直径为 $\phi0.03 \sim 0.35$mm 的金属丝为工具电极，与电火花成形加工相比，它不需要制造特定的电极，省去了成形电极的设计和制造，缩短了生产准备时间，加工周期短。

2）电火花线切割加工是用直径较小的电极丝作为工具电极，与电火花成形加工相比，电火花线切割加工的脉冲宽度、平均电流等比较小，加工工艺参数的范围也较小，属于中、精电火花加工，一般情况下工件常接电源的正极，故也称为正极性加工。

3）电火花线切割加工的主要对象是平面形状，除了在加工零件的内侧形状拐角处有最小圆弧半径的限制，其他任何复杂的形状都可以加工。

4）电火花线切割加工中总的材料蚀除量比较小，所以使用电火花线切割加工比较节省材料。特别在加工贵重材料时，能有效节约材料，提高材料的利用率。

5）在加工过程中可以不考虑电极丝的损耗。

6）电火花线切割加工的工作液一般为水基液或去离子水，因此不必担心发生火灾，可以实现安全无人加工。

7）一般没有稳定电弧放电状态。

8）电极丝与工件之间存在着“疏松接触”式轻压放电现象。

9）现在的电火花线切割机床一般都是依靠微型计算机来控制电极丝的轨迹和间隙补偿功能，所以在加工凸模与凹模时，它们的配合间隙可任意调节。

10）电火花线切割加工是依靠电极丝与工件之间产生火花放电对工件进行加工，所以无论被加工工件的硬度如何，只要是导体或半导体的材料都能实现加工。

11）现在有的电火花线切割机床具有四轴联动功能，可以加工上下异形体、形状扭曲曲面体、变锥度和球形体等零件。

电火花线切割加工主要应用在如下几个方面：

1）试制新产品。

2）加工特殊材料。

3）加工模具零件。

4. 电火花线切割加工的主要工艺指标有哪些？影响表面粗糙度的主要因素有哪些？

答：电火花线切割加工的主要工艺指标有：

1）切割速度。

2）表面粗糙度。

3）电极丝损耗量。

4）加工精度。

影响表面粗糙度的主要电参数有：短路峰值电流、开路电压、脉冲宽度、脉冲间隔、放电波形、电源的极性以及进给速度。

影响表面粗糙度的非电参数有：电极丝、工件厚度及材料、工作液等。

5. 电火花线切割中常采用哪些措施来提高加工质量？

答：电火花线切割常在如下几个方面采取措施来提高加工质量：

1）正确地理解图样的各项技术要求，合理地制订加工工艺路线。编程时要仔细尽可能减少编程的错误。

2）工作液要及时更换，保持一定的清洁度，保证上、下喷嘴不堵塞，流量合适。

3）电极丝校准精度要适合工件的加工要求，工件定位要合理，夹紧要可靠。

4）合理调整脉冲电源的脉冲宽度、脉冲间隔和功率管个数及电压幅值等电参数，加工不稳定时及时调整变频进给速度。

5）保证导丝机构必要的精度。经常检查导轮、导电块等的工作情况。导轮槽部的直径应小于电极丝的直径，支撑导轮的轴承间隙要进行严格控制，以免电极丝运转时破坏了稳定的直线性，使工件精度下降，放电间隙变大，导致加工不稳定。导电块应保持接触良好，磨损后要及时调整，不允许在钼丝和导电块间出现火花放电，应使脉冲能量全部送往工件与电极丝之间。

6）控制器必须有较强的抗干扰能力。如果变频进给系统不稳定，必须对其进行调整。步进电动机进给要平稳，进给过程中不能发生丢步现象。

7）工件材料选择要正确。最好选择锻造的毛坯，材料要尽量使用热处理淬透性好、变形小的合金钢，如 Cr12 及 Cr12MoV 等。对毛坯的热处理要严格按工艺要求进行，最好进行两次回火。回火后的硬度在 58～60HRC 为宜。在电火花线切割加工前，必须将工件被加工区热处理后的残物和氧化物清理干净。

总之，影响电火花线切割加工工件质量的因素很多，而且各种因素是相互影响的，概括起来有机床、材料、工艺参数、操作人员的素质及工艺路线等。若各方面的因素都能控制在最佳状态，就可以有效提高加工工件的质量。

6. 电火花线切割加工中对工件装夹有哪些要求？

答：电火花线切割加工中对工件装夹的一般要求是：

1）工件定位面要有良好的精度，一般以磨削加工过的面定位为好，定位面加工清洁无毛刺，通常要对棱边进行倒钝处理、孔口进行倒角处理。

2）切入点的导电性能要好，对于热处理工件，切入处及扩孔的台阶处都要进行去氧化皮处理。

3）热处理工件要进行充分回火以便去除应力，经过平面磨削加工后的工件要进行充分退磁。

4）工件装夹的位置应有利于工件找正，并应与机床的行程相适应，夹紧螺钉高度要合适，保证在加工的全程范围内，工件、夹具与丝架不发生干涉。

5）对工件的夹紧力要均匀，不得使工件变形和翘起。

6）批量生产时，最好采用专用夹具，以利于提高生产率。夹具应具有必要的精度，并将其稳固地固定在工作台上，拧紧螺钉时用力要均匀。

7）细小、精密、薄壁的工件应先固定在不易变形的辅助夹具上再进行装夹，否则将无法加工。

8）加工精度要求较高时，工件装夹后，还必须用指示表找正。

7. 快走丝线切割与慢走丝线切割哪个加工精度高？为什么？

答：慢走丝线切割加工精度高。因为在慢走丝线切割加工中电极丝为单向运行，一次性使用，电极丝的损耗可以忽略不计；另外，电极丝运行速度低，振动小。而在快走丝线切割加工中，电极丝为往复供丝，反复使用，电极丝损耗较大；另外，电极丝运行速度快，振动比较大。

8. 线切割加工电极丝的选择原则是什么？

答：现有的线切割机床分快走丝和慢走丝两类。

快走丝机床的电极丝是快速往复运行的，电极丝在加工过程中反复使用。这类电极丝主要有钼丝、钨丝和钨钼丝（W20Mo、W50Mo）。常用的电极丝为钼丝，其直径为ϕ0.1～0.25mm。在满足机床要求的情况下，当加工工件厚度较大时，电极丝直径取较大，当需要切割较小的圆角或缝槽时，选择较小直径的电极丝。钨丝耐腐蚀，抗拉强度高，但脆而不耐弯曲，且因价格昂贵，仅在特殊情况下使用。

慢走丝线切割机床一般用黄铜丝作电极丝。电极丝作单向低速运行，用一次就弃掉，因此一般不用高强度的钼丝。

9. 电火花线切割机床有哪些常用的功能？

答：1）轨迹控制。

2）加工控制，其中主要包括对伺服进给速度、电源装置、走丝机构、工作液系统以及其他的机床操作控制。此外，还有断电保护、安全控制及自诊断功能等也是比较重要的方面。

3）其他的控制还有电极丝半径补偿功能、图形的缩放、对称、旋转和平移功能、锥度加工功能、自动找中心功能、信息显示功能等。

10. 什么是极性效应？在电火花线切割加工中如何利用极性效应？

答：在线切割加工过程中，不管是正极还是负极，都会发生电蚀，但它们的电蚀程度不同。这种由于正、负极性不同而彼此电蚀量不一样的现象称为极性效应。实践表明，在电火花加工中，当采用短脉冲加工时，负极的蚀除速度大于正极的蚀除速度。由于线切割加工的脉冲宽度较窄，属于短脉冲加工，所以采用工件接电源的正极，电极丝接电源负极，这种接法又称正极性接法，反之称为负极性接法。电火花线切割采用正极性接法不仅有利于提高加工速度，而且有利于减少电极丝的损耗，从而有利于提高加工精度。

11. 分析影响电火花线切割加工速度的因素。

答：影响电火花线切割加工速度的因素有电参数和非电参数。其中主要的电参数有：短路峰值电流、开路电压、脉冲宽度、脉冲间隔以及电源的极性。在这些电参数中，短路峰值电流、开路电压、脉冲宽度这三个参数值的增大都会使线切割加工速度增大。

脉冲间隔减小时平均电流增大，切割速度加快，但一般情况下脉冲间隔不能取得太小。如果脉冲间隔太小，放电产物来不及排出，放电间隙来不及充分消电离，将使加工不稳定，容易发生电弧放电致使工件烧伤和出现断丝现象。但脉冲间隔也不能太大，否则会使切割速度明显下降，严重时不能持续进给，使加工变得不稳定。

非电参数有：电极丝、工件厚度及材料、工作液等。电极丝的直径对切割速度的影响较大。若电极丝直径过小，则承受电流小，切缝也窄，不利于排屑的稳定加工，显然不可能获得理想的切割速度。因此，在一定的范围内，电极丝的直径加大是对切割速度有利的。但是电极丝的直径超过一定程度，造成切缝过大，反而又影响速度的提高。因此，电极丝的直径又不宜过大。

切割速度起先随工件厚度的增加而增加，达到某一最大值（一般为 50 ~ 100mm）后开始下降，这是因为工件厚度过大时，排屑条件变差。工件材料不同，其熔点、汽化点、热导率等都不一样，因而切割速度也不同。

工艺条件相同时，改变工作液的种类或浓度，对线切割加工速度都有较大影响。同时，工作液的脏污程度对线切割加工速度也有一定的影响。

12. 电火花线切割的微观过程包括哪几个阶段？在每个阶段表现出什么主要现象？

答：电火花线切割的微观过程包括四个连续阶段：①极间介质的电离、击穿，形成放电通道；②介质热分离、电离材料熔化、汽化热膨胀；③电极材料的抛出；④极间介质的消电离。

第一阶段中，在电场作用下电子高速向正极运动，并撞击工作液介质中的分子或中性原子，产生碰撞电离，形成带负电的粒子和带正电的粒子，导致带电粒子雪崩式增多，使介质击穿而电阻率迅速降低，形成放电通道。放电通道是由数量大体相等的带正电的正离子和带负电的电子以及中性粒子组成的等离子体。正、负带电粒子相向高速运动相互碰撞，产生大量的热，使通道温度相当高，中心温度可高达 10000℃以上。

第二阶段中，当放电通道形成后，在通道内正极和负极表面分别成为瞬时热源，达到很高的温度。通道高温将工作液介质汽化，进而热裂分解汽化，如水基工作液分解为氢气和氧气甚至原子等。正负极表面的高温除使工作液汽化、热分解汽化外，也使金属材料熔化甚至沸腾汽化。这些汽化后的工作液和金属蒸气，瞬间体积猛增，在放电间隙内成为气泡，迅速热膨胀，并产生爆炸。

第三阶段中，通道和正负极表面放电点瞬时高温使工作液汽化和金属材料熔化、汽化。热膨胀产生很高的瞬时压力；通道中心的压力最高，使汽化了的气体体积不断向外膨胀，形成气泡；气泡上下、内外的瞬时压力并不相等，压力高处的熔融金属液体和蒸气就被排挤、抛出而进入工作液中。

第四阶段中，随着脉冲电压的结束，脉冲电流也迅速降为零，标志着一次脉冲放电结束，但此后仍应有一段间隔时间，使间隙介质消除电离，即放电通道中的正负带电粒子复合为中性粒子，恢复本次放电通道处间隙介质的绝缘强度，以及降低电极表面温度等，以免下次总是重复在同一处电离击穿而导致电弧放电，从而保证在别处按两极相对最近处或电阻率最小处形成下一放电通道。

五、编程题（编程题由于系统不同，程序会有所差别，再加上图形复杂的零件程序比较长。因此编程题不提供答案。）

参考文献

[1] 杨建新. 电切削工（初级、中级、高级）[M]. 北京：机械工业出版社，2013.

[2] 陈前亮. 数控线切割操作工技能鉴定考核培训教程 [M]. 北京：机械工业出版社，2006.

[3] 李家杰. 数控线切割机床培训教程 [M]. 北京：机械工业出版社，2012.

[4] 宋昌才. 数控电火花加工培训教程 [M]. 北京：化学工业出版社，2008.

[5] 孙庆东，尹晨. 模具零件电加工 [M]. 北京：国防工业出版社，2013.

[6] 邱建忠. CAXA 线切割 XP 实例教程 [M]. 北京：北京航空航天大学出版社，2005.

[7] 李力. 数控线切割加工禁忌与技巧 [M]. 北京：机械工业出版社，2010.

[8] 机械工业职业技能鉴定指导中心，人力资源和社会保障部教材中心. 电切削工（初级 中级）[M]. 北京：中国劳动社会保障出版社，2010.

[9] 机械工业职业技能鉴定指导中心，人力资源和社会保障部教材中心. 电切削工（高级）[M]. 北京：中国劳动社会保障出版社，2011.

[10] 人力资源和社会保障部教材办公室，中国就业培训技术指导中心上海分中心，上海市职业培训研究发展中心. 电切削工（五级）[M]. 北京：中国劳动社会保障出版社，2010.

[11] 人力资源和社会保障部教材办公室，中国就业培训技术指导中心上海分中心，上海市职业培训研究发展中心. 电切削工（四级）[M]. 北京：中国劳动社会保障出版社，2010.

[12] 中华人民共和国劳动和社会保障部. 电切削工国家职业标准 [M]. 北京：中国劳动社会保障出版社，2007.

[13] 刘晋春，等. 特种加工 [M]. 北京：机械工业出版社，2008.

[14] 周旭光. 模具特种加工技术 [M]. 北京：人民邮电出版社，2010.

[15] 袁根福，祝锡晶. 精密与特种加工技术 [M]. 北京：北京大学出版社，2007.

[16] 伍端阳. 数控电火花线切割加工技术培训教程 [M]. 北京：化学工业出版社，2008.

[17] 汤家荣. 模具特种加工技术 [M]. 北京：北京理工大学出版社，2010.

[18] 苑海燕，袁玉兰. 高速走丝线切割机床操作与实训 [M]. 北京：国防工业出版社，2010.

[19] 苏州工业园区江南赛特数控设备有限公司. 苏州工业园区江南赛特数控设备有限公司电加工机床说明书. 苏州：苏州工业园区江南赛特数控设备有限公司，2012.

[20] 苏三光科技股份有限公司. 苏三光科技股份有限公司线切割机床说明书. 苏州：苏三光科技股份有限公司，2010.

[21] 沙迪克机电有限公司. 沙迪克机电有限公司线切割机床说明书. 北京：沙迪克机电有限公司，2010.

[22] 北京阿奇夏米尔工业电子有限公司. 北京阿奇夏米尔工业电子有限公司线切割机床说明书. 北京：北京阿奇夏米尔工业电子有限公司，2004.